中等职业教育"十二五"规划教材

电机与控制

贾士伟 李开慧 主编

国防工业出版社

·北京·

内容简介

本书是中等职业教育"十二五"规划教材项目式教学配套用书，根据教育部最新颁布的《中等职业学校电子技术应用专业教学指导方案》中"电机与电气控制教学基本要求"，并参照有关行业的职业技能鉴定及中级技术工人等级考核标准编写而成。教材的编写是以项目任务为主线，以具体工作实践过程为导向来实施课程教学的。

本书设有七个项目：安全用电及电工基本工具的使用；单相异步电动机的拆装与维护；三相交流异步电动机的拆装与维护；直流电动机的拆装与维护；常用低压电器的拆装与维护；三相异步电动机基本控制线路的安装；常用机床电气控制线路的基本维护等。

本书突出实用，注重应用，图文并茂，可作为中等职业学校、技工学校的机电技术应用专业、自动化专业、电子技术应用专业及相关专业教学用书，也可作为岗位培训教材或自学用书。

图书在版编目(CIP)数据

电机与控制/贾士伟，李开慧主编. —北京：国防工业出版社，2011.6
中等职业教育"十二五"规划教材
ISBN 978-7-118-07434-5

Ⅰ.①电… Ⅱ.①贾…②李… Ⅲ.①电机—控制系统—中等专业学校—教材 Ⅳ.①TM301.2

中国版本图书馆 CIP 数据核字(2011)第 105045 号

※

国防工业出版社 出版发行
(北京市海淀区紫竹院南路 23 号 邮政编码 100048)
腾飞印务有限公司印刷
新华书店经售

*

开本 787×1092 1/16 印张 13¼ 字数 312 千字
2011 年 6 月第 1 版第 1 次印刷 印数 1—4000 册 定价 26.00 元

(本书如有印装错误，我社负责调换)

国防书店：(010)68428422 发行邮购：(010)68414474
发行传真：(010)68411535 发行业务：(010)68472764

前　言

《教育部关于进一步深化中等职业教育教学改革的若干意见》【2008】8号文件中指出"要高度重视实践和实训教学环节,突出'做中学、做中教'的职业教育教学特色",对职业教育的教学内容、教学方法的改革提出了明确的要求。本书正是根据教育部最新颁布的《中等职业学校电子技术应用专业教学指导方案》中"电机与电气控制教学基本要求",并参照有关行业的职业技能鉴定及中级技术工人等级考核标准编写的。

本教材在内容组织、结构编排等方面都较传统教材做出了重大改革,每个项目均由"项目情景展示"、"项目学习目标"、"工作任务"、"知识链接"和"项目学习评价小结"五个模块组成。通过指导学生完成项目任务,进而学习理论知识;再通过理论知识的学习,总结项目任务的实践操作过程,充分体现理论与实践的结合。强调"先做再学,边做边学",变学生对单纯知识的被动学习为对实用技能的探究,树立起主动学习的信心和兴趣。

本书的主要特色如下:

1. 以项目实施为主线,通过项目任务的完成来实现教学目标

在教学内容安排上,全书共计7个项目24个任务,将知识点和技能训练巧妙地隐含于各个项目中。通过项目实施,不仅激发了学生的学习兴趣,而且强化了学生思考探究的学习过程。当完成整个项目后,学生也就掌握了新知识。

2. 以"实用、够用"为原则,突出实践操作

在教学内容选取上,浅显易懂,减少了理论知识的分析介绍,注重了项目的实用性和可操作性,明确了实践与理论一体化的教学目标,突出了技能训练和职业能力的培养。

3. 教材图文并茂,内容通俗易懂,教学效果有评价

教学内容采用大量的图片,有助于提高学习效果,增强教材的直观性、可读性。每个项目的完成情况可对照"项目学习评价小结"进行评价考核。

本书由大连市庄河职业教育中心贾士伟、武汉经济技术开发区职业技术学校李开慧任主编,参加编写的其他教师有:武汉市东西湖职业技术学校左雅莉、许其刚,大连市庄河职业教育中心于忠德。编写分工如下:贾士伟编写项目四、项目五、附录A和附录B;李开慧编写项目一、项目六;左雅莉、许其刚编写项目二、项目三;于忠德、贾士伟编写项目七;全书由贾士伟统稿。

本书在编写过程中,参阅了许多文献资料,谨向这些文献的作者致以诚挚的谢意!

本书在教学过程中,任课教师可根据具体情况适当调整和取舍教学内容。参考学时如下:

授 课 内 容		理论	实训	合计
项目一	安全用电及电工基本工具的使用	4	6	10
项目二	单相异步电动机的拆装与维护	6	6	12
项目三	三相交流异步电动机的拆装与维护	6	10	16
项目四	直流电动机的拆装与维护	6	6	12
项目五	常用低压电器的拆装与维护	10	16	26
项目六	三相异步电动机基本控制线路的安装	8	20	28
项目七	常用机床电气控制线路的基本维护	6	8	14
总 计		46	72	118

由于成书时间紧以及编者学识水平有限，书中难免有疏漏和不足之处，恳请同行和读者提出宝贵意见和建议。编者联系方式：lndl jsw@163.com。

编 者

2011年3月

目 录

项目一 安全用电及电工基本工具的使用 …………………………………………… 1

    任务一 触电现场的处置与急救 ……………………………………………… 1
    知识链接一 安全用电的基本知识 …………………………………………… 4
    知识链接二 安全用电的措施 ………………………………………………… 7
    任务二 电工基本工具的正确使用 …………………………………………… 10
    知识链接三 常用电工工具 …………………………………………………… 12

项目二 单相异步电动机的拆装及维护 …………………………………………… 18

    任务 单相异步电动机的拆装 ………………………………………………… 19
    知识链接一 单相异步电动机的基本工作原理 ……………………………… 20
    知识链接二 电容分相式单相异步电动机的工作原理 ……………………… 25
    知识链接三 罩极式单相异步电动机的工作原理 …………………………… 26
    知识链接四 单相异步电动机常见故障的维护 ……………………………… 28

项目三 三相交流异步电动机的拆装与维护 ……………………………………… 33

    任务一 三相交流异步电动机的拆装 ………………………………………… 33
    知识链接一 三相交流电的基础知识 ………………………………………… 35
    知识链接二 三相交流异步电动机的工作原理 ……………………………… 37
    知识链接三 三相交流异步电动机常见故障的维护 ………………………… 42
    任务二 三相对称负载的电压、电流测量 …………………………………… 44
    知识链接四 三相交流电源的连接 …………………………………………… 46
    知识链接五 三相负载的连接 ………………………………………………… 47

项目四 直流电动机的拆装与维护 ………………………………………………… 55

    任务 直流电动机的拆装 ……………………………………………………… 55
    知识链接一 直流电动机的结构和工作原理 ………………………………… 59
    知识链接二 直流电动机的基本控制线路 …………………………………… 62
    知识链接三 直流电动机的基本维护 ………………………………………… 67

项目五 常用低压电器的拆装与维护 ……………………………………………… 71

    任务一 按钮、组合开关、倒顺开关、行程开关的拆装 …………………… 72

知识链接一	低压电器与电气图的基础知识	76
知识链接二	按钮、刀开关、组合开关、倒顺开关的基础知识	79
知识链接三	行程开关的基础知识	84
任务二	熔断器、低压断路器的拆装	85
知识链接四	熔断器的基础知识	87
知识链接五	低压断路器的结构及工作原理	90
任务三	交流接触器的拆装	92
知识链接六	交流接触器的基础知识	94
知识链接七	交流接触器的常见故障及维修	97
任务四	热继电器、中间继电器的拆装	99
知识链接八	热继电器、中间继电器的基础知识	100
任务五	时间继电器的拆装及接线	104
知识链接九	时间继电器的基础知识	106
知识链接十	低压电器的常见故障及排除	108

项目六 三相异步电动机基本控制线路的安装 …… 117

任务一	手动控制启动线路的安装	118
任务二	点动控制线路的安装	120
任务三	长动控制线路的安装	122
知识链接一	短路、过载、失压、欠压保护功能分析	125
任务四	按钮联锁正、反转控制线路的安装	127
任务五	接触器按钮联锁正、反转控制线路的安装	131
知识链接二	正、反转控制线路工作原理及自锁、互锁功能分析	134
任务六	顺序控制线路的安装	136
任务七	多点控制线路的安装	139
知识链接三	顺序控制工作原理及多点控制原则	143
任务八	行程控制线路的安装	144
知识链接四	行程控制的工作原理	149
任务九	降压启动控制线路的安装	150
知识链接五	时间控制、降压启动的类型及工作原理	154
任务十	制动控制线路的安装	157
知识链接六	制动的类型及工作原理	162

项目七 常用机床电气控制线路的基本维护 …… 169

任务一	普通车床控制线路的基本维护	170
知识链接一	普通车床的电气结构	175
任务二	Z3040 摇臂钻床控制线路的基本维护	180

知识链接二　Z3040摇臂钻床的工作特点及线路分析 …………… 184
　　任务三　磨床控制线路的基本维护 ……………………………… 187
　　知识链接三　磨床的工作特点及线路分析 …………………… 192

附录A　低压电器产品全型号组成形式 ……………………………… 199
附录B　电气原理图中常用电气符号表 ……………………………… 201
参考文献 ……………………………………………………………… 203

项目一　安全用电及电工基本工具的使用

项目情景展示

众所周知,电能的应用已经渗透到了人类生产和生活中的各个领域,它给人类带来各种便利的同时,由于人们用电不当、违规操作或缺乏基本的安全用电常识等原因而造成的各种电气安全事故时有发生,一旦发生电气事故,将会给人们的生命安全和财产安全带来不可估量的损失。因此,学习和宣传安全用电常识,掌握常用的电工基本工具的正确使用方法显得尤为重要。

项目学习目标

	学习目标	学习方式	学时
技能目标	1. 掌握触电现场的处理措施与急救方法——人工呼吸法和胸外挤压法。 2. 掌握电工基本工具的正确使用	讲授、示范及学生练习	6
知识目标	1. 掌握安全用电的基本知识和安全用电的措施。 2. 掌握常用电工工具的正确使用方法	讲授	4

任务一　触电现场的处置与急救

在现实生活和生产中,触电事故时有发生,而且具有突发性、季节性和伤害性等特点。因此,有必要掌握相关的安全防护知识和触电处置以及紧急救护措施,尽可能地将触电事故带来的危害性减小到最低限度。

如果在生活或学习中遇到此类情况,你应该怎样做?

一、脱离电源

触电急救的第一步就是使触电者迅速地脱离电源。

①使触电者脱离低压电源,在操作上可概括为"拉"、"切"、"挑"和"拽"四个字。具体操作方法见表1-1。

②若是高压触电,应迅速通知相关部门停电,或使用相应等级的绝缘操作杆使触电者迅速摆脱电源。

③对于高处触电者,应采取相应的措施,防止触电者从高处坠落而造成二次事故。

④若在断落地面的高压线处触电,救护者应采用防止跨步电压触电的措施,将触电者移至十米远外进行急救。

表1-1 使触电者脱离低压电源的方法

处理方法要点	具体操作说明	图示
拉	附近有电源开关或插座时,应立即拉下开关或拔掉电源插头	
切	若当时不能立即找到电源开关,应迅速用绝缘完好的钢丝钳或断线钳剪断电线,以切断电源	
挑	对于由于导线绝缘损坏造成的触电,急救人员可用绝缘工具或干燥的木棍等将带电物挑开	
拽	抢救者可戴上绝缘手套或包缠干燥的能绝缘的衣服拖拽触电者;也可站在干燥的木板或绝缘物品上,用一只手将触电者拽开	

二、现场急救

准备一个人体模型,要求学生在老师的指导下,模拟现场对触电者进行触电急救操作演练。

1. 确定触电者情况

①确定有无呼吸。用手指放在触电者的鼻孔处,感觉是否有气体流动,也可观察其胸部或腹部是否有上下起伏的呼吸动作,从而判断触电者有无呼吸。

②确定有无心跳。触摸脉搏或在胸前听心声,判断触电者有无心跳。

2. 确定急救方案

对触电者实施急救,先将触电者抬到宽敞、空气流通的地方,使其平卧,遵循"以人为本"、"科学耐心"的原则,采用人工呼吸法和人工胸外挤压法两种救护方法,具体操作见表1-2。

表1-2 触电急救方法

救护方法	适用情况	图示	注意事项
口对口人工呼吸法（12次/min）	有心跳而呼吸停止（或呼吸不规则）	(a) 手指清口腔　(b) 头部需后仰　(c) 捏鼻吹气2s　(d) 放松让伤者呼气3s	
胸外心脏按压法（60次/min）	有呼吸而心跳停止（或心跳不规则）	(a) 中指对凹膛，当胸一手掌　(b) 双手下压　(c) 按压应下陷3cm～4cm　(d) 突然放松，胸部自动复原	不打强心针
人工呼吸或胸外心脏按压法	心跳和呼吸都停止	(a) 单人抢救，先吹气2次，再按压心脏15次，交替进行　(b) 双人抢救同时进行，5s吹气一次，1s按压心脏一次	不能泼冷水

　　救护人员要坚持不懈地进行施救，切不可轻易终止，即使在送往医院的途中，也必须继续进行抢救，直到恢复心跳和呼吸为止。

知识链接一　安全用电的基本知识

知识点1　安全电流和安全电压

1. 安全电流

根据人体在电流流过时产生的不同生理反应,可将电流分为感知电流、摆脱电流和致命电流。在一定概率下,通过人体引起人的任何感觉的最小电流称为感知电流。人对电流最初的感觉是轻微麻感和微弱针刺感。感知电流一般不会对人体造成伤害,但当电流增大时感觉增强,反应变大,可能导致坠落等二次事故。感知电流的大小约为1mA。摆脱电流是人触电后能自行摆脱电极的最大电流。对于不同的人,摆脱电流值也不同。摆脱电流值与个体生理特征、电极形状、电极尺寸等因素有关。摆脱电流的大小约为10mA。在较短的时间内危及生命的电流称为致命电流,如100mA的电流通过人体1s,足以使人致命,因此致命电流为50mA。在有防止触电保护装置的情况下,人体允许通过的电流一般可按30mA考虑。

电流大小与人体感觉的关系见表1-3。

表1-3　电流大小与人体感觉的关系

电流大小	人体感觉	对人体的危害	范围
5mA及以下	轻微麻感和微弱针刺感	不会对人体直接造成危害,但会造成二次事故	感知电流
8mA~10mA	手指关节有剧痛感	手摆脱电极已感到困难	摆脱电流
20mA~25mA	手迅速麻痹	不能自动摆脱电极,呼吸困难	致命电流
50mA~80mA	呼吸困难,心房开始震颤	人有生命危险	
90mA~100mA	呼吸麻痹	3s后心脏开始麻痹,停止跳动	

一般情况下,流过人体的电流在5mA以下,可视为安全电流。

2. 安全电压

一般情况下人体的电阻通常取800Ω~1000Ω,参照新国家标准《GB/T 3805—2008 特低电压限值》,在人体皮肤电阻和对地电阻不降低,而且电路正常无故障的最不利条件下(如潮湿条件),直流电压的限值为35V,交流电压(15Hz~100Hz)限值为16V。

国际电工委员会规定接触电压的限定值(相当于安全电压)为50V,并规定25V以下者不需要考虑防止电击的安全措施。我国把安全电压设为42V、36V、24V、12V和6V五个等级,多采用36V和12V两个等级。采用安全电压时,必须由实行了电气隔离的特定电源供电。

知识点2　触电的基本知识

触电是指电流流过人体而对人体产生的生理和病理伤害。

1. 触电类型

1) 电击

电击是指由于电流通过人体而造成的内部器官在生理上的反应和病变。电击严重时会导致触电死亡事故,它分为直接接触电击和意外接触电击。

2)电伤

电伤是指由于电流热效应、机械或化学效应对人体外表造成的伤害。常见的有电灼伤、烙伤和皮肤金属化等。

2. 触电形式

1)两相触电

人体的不同部位同时接触两相带电体导致的触电事故称为两相触电。对于380V电网，由于人体承受的是线电压380V，因而这种触电方式最为危险，如图1-1(a)所示。

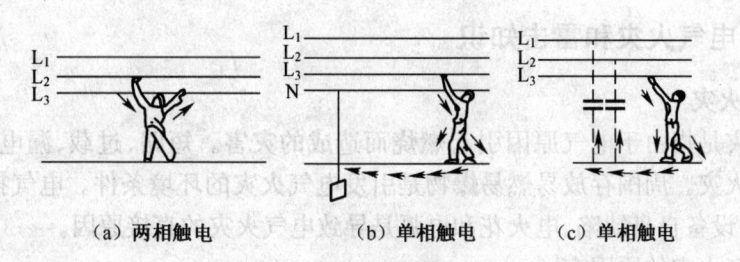

(a) 两相触电　　　(b) 单相触电　　　(c) 单相触电

图1-1　两相触电和单相触电

2)单相触电

人体某一部位与大地接触，另一部位与一相带电体接触所导致的触电事故称为单相触电。图1-1(b)表示电网中线接地的单相触电。此时人体承受的是相电压，这类触电方式也很危险。图1-1(c)表示无中线或中线不接地的单相触电。

3)跨步电压触电

指当高压线断落地面时，电流流入地下，接地点周围产生强电场，接地点的电位最高，离接地点越远电位越低，当人进入这个区域时，两脚跨步之间将存在一个跨步电压，由它引起的触电称为跨步电压触电。人离断线接地点越近，跨步电压触电造成的危害就越大，如图1-2所示。

图1-2　跨步电压触电

3. 触电原因

1)违章冒险作业

如明知有些情况不准带电操作，而冒险在无必要保护措施下带电作业，导致触电受伤或死亡。

2）缺乏电气知识

如用湿手去开关用电器；浴室等潮湿场合用220V的电压照明；发现有人触电，不是及时采取措施使触电者脱离电源，而是直接用手去拉触电者，从而导致自身触电等。

3）用电设备或输电线路的绝缘损坏

如输电线路由于长期老化而造成绝缘层脱落或损坏绝缘层，使人不慎触及裸露带电体而导致触电；某些用电设备由于接地保护装置接地不良而造成的触电等。

知识点3 电气火灾和雷击知识

1. 电气火灾

电气火灾是指由于电气原因引起燃烧而造成的灾害。短路、过载、漏电等电气事故都可能导致火灾。周围存放易燃易爆物是引发电气火灾的环境条件。电气接触不良、施工安装不当、设备自身缺陷、电火花和电弧是导致电气火灾的直接原因。

产生电气火灾的原因有：

①过载引起电气设备过热。电路的负载电流超过了导线的额定安全载流量，电气设备工作在超载状态，都会引起电路或设备过热而导致火灾。

②电器元件接触不良引起过热，动触点压力过小而使接触电阻过大，接头连接不牢或不紧固，都会在接触部位发生过热而引发火灾。

③电器使用不当。如电炉、电烙铁和电熨斗等电器未按要求使用，或用后忘记断开电源，从而引起过热而导致火灾。

④通风散热不良。大功率设备缺少通风散热设施，或因通风散热设施损坏造成过热而引发火灾。

⑤电路或设备发生短路故障。电气设备由于绝缘损坏、线路年久失修、操作失误等将造成短路故障，其短路电流通常可达到正常工作电流几十倍乃至上百倍，它产生的热量足够点燃可燃物而导致火灾。

⑥易燃易爆环境。易燃易爆环境一旦遇到电气线路或设备故障导致的火源，就会着火燃烧而引起火灾。

⑦电火花和电弧。有些电气设备工作时会产生电火花和电弧，如：接触器触点的分、合动作，大容量开关的闭、断动作，产生的电火花温度可达上千摄氏度，点燃可燃物而引发火灾。

2. 雷击

雷击是由两种带不同电荷的云朵之间，或云朵与大地之间的放电而引起的灾害。

1）雷击形式

（1）直接雷击

雷云之间或雷云对地面某一点（建筑物、树木、动植物等）的迅猛放电现象叫直接雷击。它通过电效应、机械力效应、热效应等损坏物体或造成人员伤亡。

（2）感应雷击

雷云放电时，在附近导体上（钢轨、电缆、水管等）产生的静电感应和电磁感应等现象叫感应雷击。它产生的过电压、过电流会使电子设备受到干扰或造成损坏，甚至还会造成人员的伤亡事故。

2)雷电的传播途径

①电流经引下线入地时,在引下线周围产生磁场,在引下线周围的各种金属管线上经感应而产生过电压。

②大楼或机房的电源线和通信线等在大楼外受感应雷击或直接雷击而加载的雷电压及过电流沿线窜入,侵害电子设备。

③直接雷击经过接闪器(避雷针、避雷网、避雷带)而导入大地,导致地网电位上升,高电压由设备接地线引入电子设备,造成地网电位反击。

知识链接二　安全用电的措施

为防止触电事故和电气火灾事故的发生,杜绝雷击给人类带来灾害,电工操作人员必须严格遵守安全操作规程,同时,还必须相应采取必要的安全防护措施。

知识点 1　防止触电的安全保护措施

①严禁违章带电操作。电工作业必须由经过正规培训、考试合格的专业电工进行操作,并有专人监护,采取相应的安全措施。如:穿绝缘靴,用绝缘材料缠绕裸露导体,站在**橡皮垫**或干燥的绝缘物上作业。

②严禁将接地线接在埋于地下的水管、煤气管等管道上使用。金属外壳的电气设备的电源插头一般用三极插头,接地保护极必须接到专用的接地线上。

③采用保护接地或保护接零安全装置。

a. 保护接地。将电气设备在正常情况下不带电的金属外壳或构架,与大地之间作良好的金属连接,这种保护方式叫保护接地。采用保护接地后,即使人触及漏电设备的金属外壳也不会触电。保护接地一般适用于 1000V 的电气设备以及电源中线不直接接地的 1000V 以下的电气设备,如图 1-3(a)所示。

(a) 保护接地　　　　(b) 保护接零

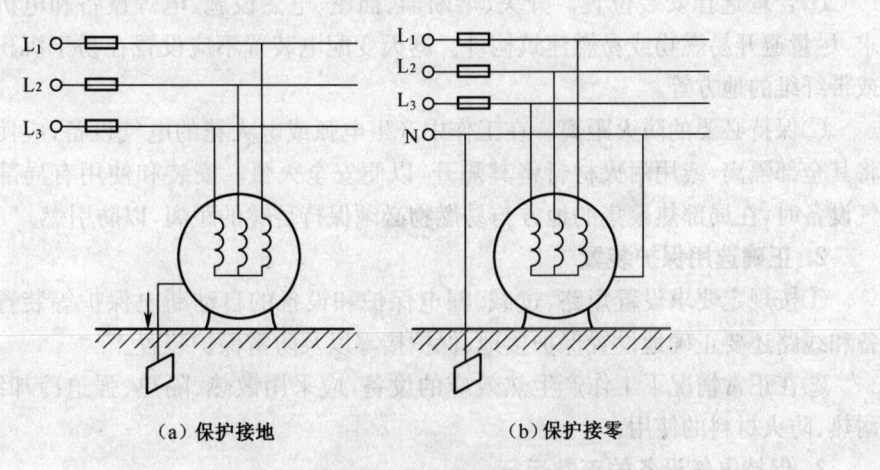

图 1-3　保护接地和保护接零

b. 保护接零。将电气设备在正常情况下不带电的金属外壳或构架,与供电系统中的零线相连,这种保护方式叫保护接零。接零后若电气设备的某相绝缘损坏而漏电时,短路电流立即将熔丝熔断或使其他保护电器动作而切断电源,消除了触电的危险。保护接零适用于三相四线制中线直接接地系统中的电气设备,如图1-3(b)所示。

④建立经常或定期的检查制度,发现不符合安全规定的隐患或电气故障应及时加以处理,在暗湿的环境场合中,应使用36V、24V或12V的安全电压。

⑤对于裸露的带电线路或带电设备,必须按规定架空,设置遮拦或标示牌,如图1-4所示。

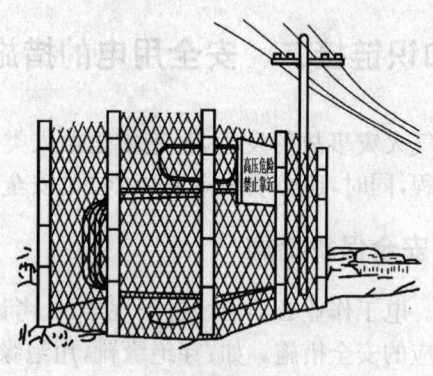

图1-4 设置遮拦和标示牌

⑥当人体进入高压线跌落区,应保持镇静,双脚并拢作小幅度跳动,远离高压线落地区域,从而防止跨步电压触电。

知识点2 电气火灾的防护措施

电气火灾的防护措施主要致力于提高用电安全、消除隐患。

1. 正确安装电气设备

①合理选择安装位置。开关、熔断器、插座、电热设施、电焊设备和电机等应根据要求,尽量避开易燃物或易燃建筑构件。露天变配电装置不应设置在易于沉积可燃性粉末或带纤维的地方等。

②保持必要的防火距离。在工作中产生电弧或电火花的电气设备,应使用灭弧材料将其全部隔离,或用耐火材料将其隔开,以便安全灭弧。安装和使用有局部热聚集的电气设备时,在局部热聚集的地方与易燃物必须保持足够的距离,以防引燃。

2. 正确选用保护装置

①按规定要求设置短路、过载、漏电保护和设备的自动断电保护等装置。对电气设备和线路还要正确地设置保护接地、保护接零以及防雷保护装置。

②在正常情况下工作产生热效应的设备,应采用散热、隔热、强迫冷却结构,并注重耐热、防火材料的使用。

3. 保持电气设备的正常运行

①保持电气设备的电压、电流、温升等参数不超过允许值。保持各导电部位连接可靠,接地良好。

②严格按照设备使用说明书的规定要求来操作电气设备,严格遵守并执行安全操作规程。保持电气设备的绝缘良好,保持电气设备的清洁和良好的通风。

4. 电气火灾的扑救

①电气设备发生火灾,应立即切断电源,并拨打119火警电话报警,向公安消防部门求助。

②若无法切断电源,应采取正确的带电灭火方法。常用的灭火方法如下:

a. 选用二氧化碳、四氯化碳、1211、干粉灭火器等不导电的灭火剂灭火,人体携带灭火器应与带电体保持70cm以上的安全距离。常用灭火器的使用方法如图1-5所示。使用二氧化碳灭火时,要防止窒息;采用四氯化碳灭火时,应站在通风处以防止中毒;对于转动的电气设备不得采用泡沫灭火器和沙土灭火。

b. 使用喷雾水枪灭火时,应戴绝缘手套,穿绝缘鞋,水枪嘴应有可靠接地。

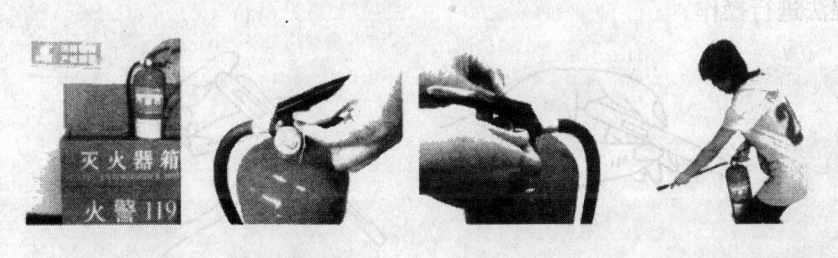

(a) 右手握住压把,取出灭火器　　(b) 除掉铅封　　(c) 拔掉保险销　　(d) 右手提压把,用力压下压把,左手握喷管左右摆动,喷射燃烧区

图1-5 常用灭火器的使用方法

c. 室内着火,不要急于打开门窗,防止空气流通使火势蔓延;当发现有人员着火时,可让其撕脱衣服或就地打滚,并使用湿棉布或湿麻袋将着火人员覆盖。

d. 带电灭火时,必须有人监护。对于电力电缆火灾,不能使用水或泡沫灭火器扑救,可使用干土或干砂覆盖。

知识点3　雷击的防护

一个完整的防雷系统应该由直接雷击防护和感应雷击防护两部分组成,两者缺一不可,否则将有缺陷而不完整,会存在潜在的危险。

1. 直接防雷装置

直接防雷装置由接闪器、引下线、接地装置三个部分组成。

①接闪器。它是接受雷电流的金属导体,又称"受雷装置"。通常指的是避雷针、避雷带和避雷网。

②引下线。它是连接避雷针(网)与接地装置的导体,一般装设在房顶和墙上,其作用是将受雷装置接受到的雷电流引到接地装置。

③接地装置。它是埋在地下的接地导体和接地极的总称。其作用是将雷电流散发到地下的土壤中。

2. 感应防雷装置

感应防雷装置主要使用的是感应雷击防雷器。

任务二　电工基本工具的正确使用

电工操作人员在安装和维修电气设备、电气元器件以及供电线路时,要求会正确使用各种电工工具。常用的电工工具用途广泛,品种繁多,按应用范围可分为电工常用工具和安全用电工具两大类。作为电工初学者,必须熟练地掌握试电笔、电工刀、钢丝钳、尖嘴钳和螺丝刀等电工基本工具的正确使用方法。

一、试电笔

试电笔即低压验电器,是用来检验导体以及用电器是否带电的一种常用工具,有螺丝刀组合式和钢笔式等。其检测电压范围为50V～500V。使用试电笔时,必须按照图1-6所示握法进行操作。

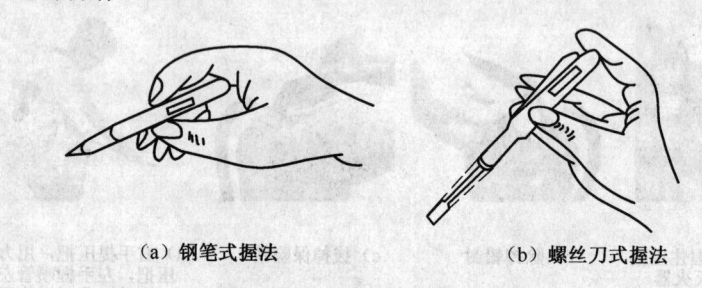

(a) 钢笔式握法　　　　(b) 螺丝刀式握法

图1-6　试电笔的握法

使用试电笔时要注意以下事项:
①使用前,先在带电体上检查试电笔的氖泡能否正常发光。
②在明亮光线场合观察氖泡辉光时,要注意避光。
③验电时,氖泡越亮,说明电压越高,反之,电压越低。
④扭动有一定强度的螺丝钉时,切勿把试电笔代替螺丝刀使用。

[学生实操]　准备一支试电笔,要求学生按照图1-6中的握法进行操作,判别照明线路插座中的火线和零线。

二、电工刀

电工刀是用来切割和剖削电工材料的常用工具,如图1-7所示。在剖削电线绝缘层时,可把刀稍微向内倾斜,将刀刃的圆角抵住线芯,刀口向外推,这样操作既不会损伤线芯,又可以防止操作者受伤。

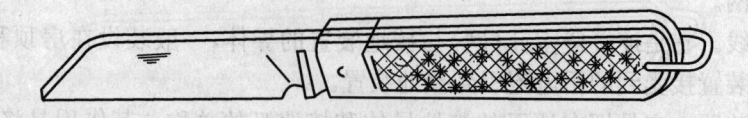

图1-7　电工刀

[学生实操]　准备单股电线和多股电线若干根,要求学生在老师的指导下按照上述方法进行操作,剖削时不得伤及线芯,剖削绝缘层处要均匀。

三、钢丝钳

钢丝钳又名虎钳,是电工操作中应用很频繁的工具,主要由钳头和钳柄两部分组成。钢丝钳采用绝缘手柄,其耐压等级为500V。其结构和正确的握法如图1-8所示。

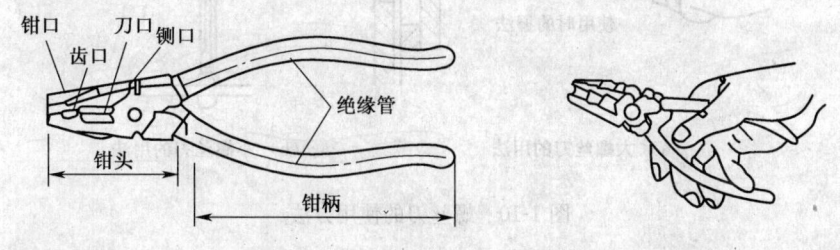

图1-8 钢丝钳的结构及正确握法

四、尖嘴钳

尖嘴钳也是电工操作的常用工具,其钳头用于夹持较小的垫圈、螺钉,以及将导线端头弯曲成形,小刀口用于剪断细小的导体金属丝等。其绝缘手柄绝缘等级可达到500V。其结构和正确握法如图1-9所示。

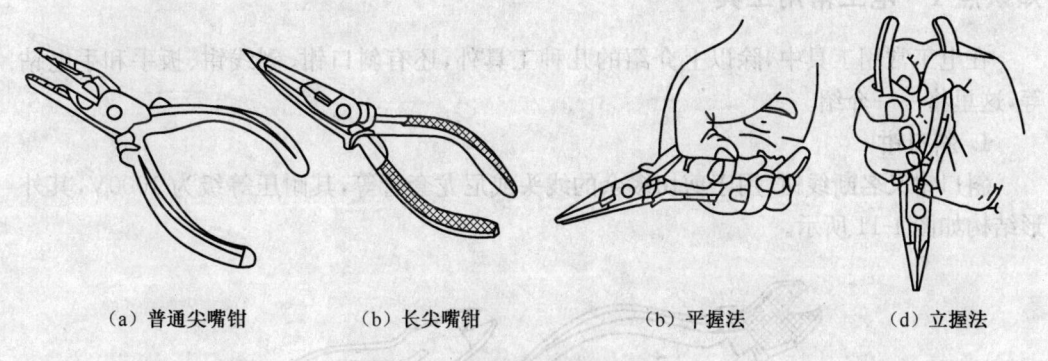

(a)普通尖嘴钳　　(b)长尖嘴钳　　(b)平握法　　(d)立握法

图1-9 尖嘴钳的外形及握法

五、螺丝刀

螺丝刀又名起子,是用于拆卸和紧固带槽螺钉的常用工具,按其头部形状的不同可分为一字形和十字形两种。使用时应注意:使用前先检查手柄的绝缘是否良好;选择螺丝刀时,其头部形状应与螺钉的槽形及大小相匹配,禁止用小起子去拧大螺钉;严禁将起子当凿子使用。螺丝使用方法如图1-10所示。

[学生实操] 准备各种形状的螺钉若干,要求学生在老师的指导下,练习螺丝刀的正确操作方法。

综合练习:准备电气安装木板一块;接触器、熔断器、复合按钮和热继电器各一个;2.5mm²BV导线。

要求:

①用螺钉将以上低压电器安装在木板上,使用螺丝刀将螺钉拧紧,练习螺丝刀的使用方法。

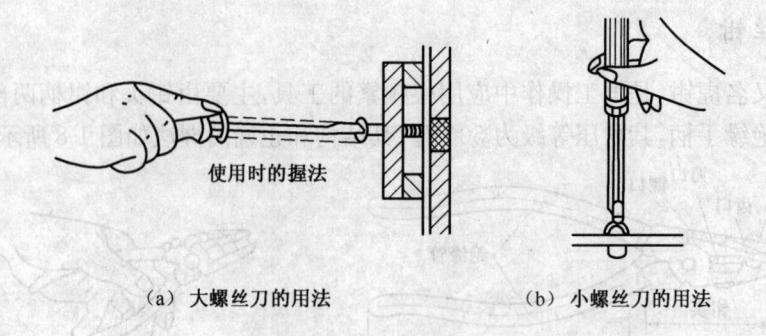

（a）大螺丝刀的用法　　　　　（b）小螺丝刀的用法

图 1-10　螺丝刀的使用方法

②用电工刀剖削 2.5mm² BV 单股导线，按要求削出线芯，再将削出的线芯安装在各电器的触头上，练习螺丝刀、电工刀、尖嘴钳等工具的操作要领。

知识链接三　常用电工工具

知识点 1　电工常用工具

在电工常用工具中，除以上介绍的几种工具外，还有斜口钳、剥线钳、扳手和手电钻等，这里将一一介绍。

1. 斜口钳

斜口钳又名断线钳，用于剪切多余的线头或尼龙套管等，其耐压等级为 1000V，其外形结构如图 1-11 所示。

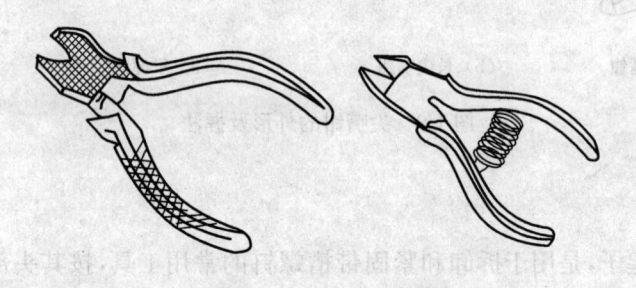

图 1-11　斜口钳的外形

2. 剥线钳

剥线钳是用来剥削直径为 3mm 及以下绝缘导线的橡胶或塑料绝缘层。其外形结构如图 1-12 所示。使用时其切口必须与被剥导线的线芯直径相匹配，若切口过大，则不能剥削绝缘层，若切口过小，则会切断线芯。

3. 扳手

扳手是用于螺纹连接的一种手动工具，分有活动扳手和其他常用扳手。活动扳手是用来紧固和松动螺母的一种专用工具，其扳口的大小由旋动蜗轮来调节。其他常用扳手有梅花扳手、套筒扳手、呆扳手和内六角扳手等，如图 1-13 所示。

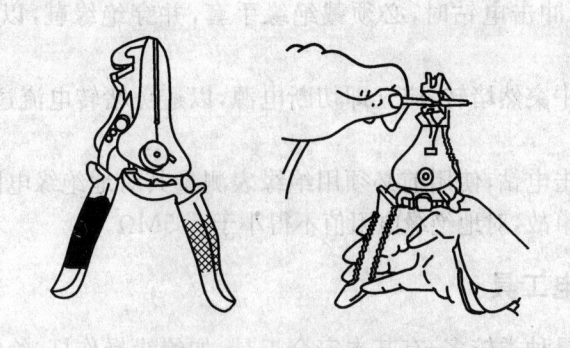

图 1-12 剥线钳的结构及用法

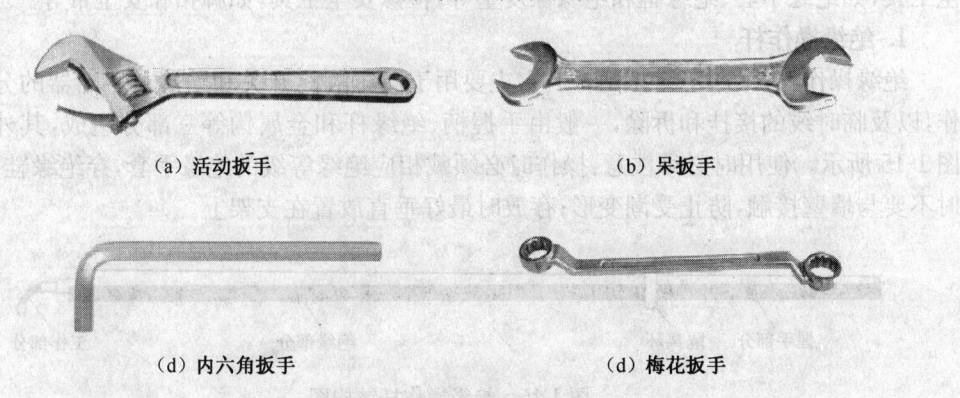

（a）活动扳手　　　　　　　　（b）呆扳手

（d）内六角扳手　　　　　　　（d）梅花扳手

图 1-13 各类常用扳手外形

4. 手电钻

手电钻是用来钻孔的一种手持式常用电动工具。分为普通电钻和冲击电钻两种。

1）普通电钻

普通电钻的钻头上装有通用麻花钻，主要用于金属钻孔。

2）冲击电钻

冲击电钻采用旋转带冲击的工作方式。其外形结构如图 1-14 所示。冲击电钻通常用于混凝土和砖墙等建筑构件上钻孔，可钻孔的直径范围为 6mm～16mm。使用时应注意以下事项：

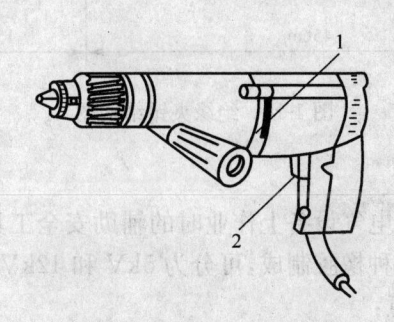

图 1-14 冲击钻
1—锤、钻调节开关；2—电源开关。

13

①使用金属外壳冲击电钻时,必须戴绝缘手套,并穿绝缘鞋,以保证操作人员的安全。

②若在工作过程中突然堵转,应立即切断电源,以避免堵转电流过大而烧毁电钻的绕组。

③久置不用的冲击电钻,使用前必须用绝缘表测量其对地绝缘电阻,以避免其绕组受潮而产生漏电伤人事故,对地绝缘电阻值不得小于 0.5MΩ。

知识点 2　安全用电工具

电工安全用电工具种类较多,有基本安全工具,如绝缘操作杆、绝缘夹钳等;辅助安全工具,如绝缘手套、绝缘鞋和绝缘橡皮垫等;检修安全工具,如脚扣和安全带等。

1. 绝缘操作杆

绝缘操作杆,又叫绝缘拉闸杆。它主要用于高压隔离开关和跌落式熔断器的分合操作,以及临时线的接挂和拆除,一般由手握柄、绝缘杆和金属钩等三部分组成,其外形如图 1-15 所示。使用时必须注意:操作时必须戴相应绝缘等级的绝缘手套,穿绝缘鞋;放置时不要与墙壁接触,防止受潮变形;存放时最好垂直放置在支架上。

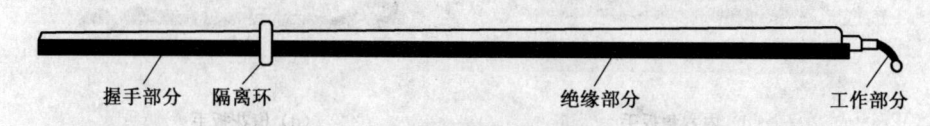

图 1-15　绝缘操作杆结构图

2. 绝缘夹钳

绝缘夹钳主要是用于安装或拆除高压熔断器,主要由钳口和绝缘手柄等部分组成。其结构如图 1-16 所示。使用时必须注意:操作时必须戴相应绝缘等级的绝缘手套,穿绝缘鞋,作业时要迅速、准确、有力,尽量减少接触时间;潮湿天气必须使用专用防雨绝缘夹钳;存放时应放置在专用的箱子里,以免受潮。

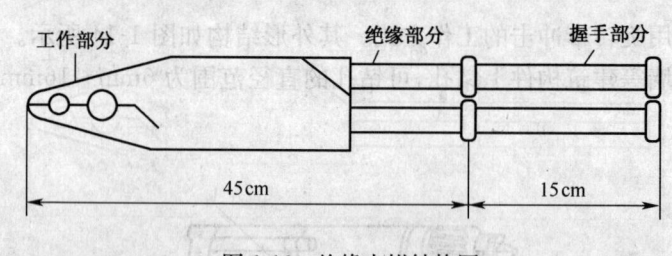

图 1-16　绝缘夹钳结构图

3. 绝缘手套

绝缘手套是用于在高压电气设备上作业时的辅助安全工具,也可用于低压电气设备带电体上进行操作。它由特种橡胶制成,可分为 5kV 和 12kV 两种绝缘等级。其外形如图 1-17 所示。使用时要注意:

①使用前必须检查绝缘手套是否有漏气、破损裂口的情况。

②使用后必须擦干净并单独存放,每隔半年进行一次耐压试验,检查其绝缘性能是

否完好。

③切忌把绝缘手套当作一般手套使用。

4. 绝缘鞋

绝缘鞋是用来使操作人员与地面保持绝缘的辅助安全工具,也可以用来防止跨步电压触电。它也由特种橡胶制成,里面带有衬布,如图 1-18 所示。使用时要注意:

①使用前要检查绝缘鞋是否有破损的情况。

②要注意使用期限,当鞋底露出黄色绝缘面胶时,就不能用于带电作业。

③使用后要单独存放,妥善保管。每隔一定的时间,要试验检查一次。

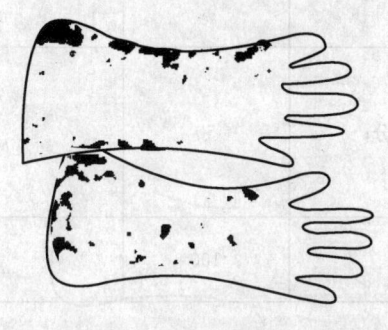

图 1-17 绝缘手套　　　　　　　　　　图 1-18 绝缘鞋

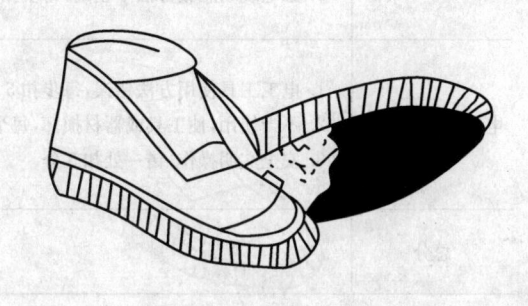

5. 脚扣

脚扣是电工用于登杆作业的必备工具,可分为木杆脚扣和水泥杆脚扣两种。它由脚套和防滑弧形扣环构成,其外观结构及定位方法如图 1-19 所示。使用时要注意:

①使用前要先对脚扣做外观检查,确认完好后,再做登高前的人体冲击试登试验。

②根据电杆的类型选择相应配套的脚扣,登杆时脚扣一般和安全带配合使用。

③作业前、后要轻拿轻放,妥善保管。

6. 安全带

安全带是用于在电杆上或户外架构上进行高空作业时,预防操作人员高空坠落的必备安全用电工具。其结构和使用方法如图 1-20 所示。使用时应注意:存放时应挂置在通风处,不要放置在高温处或挂置在热力管道上,以免损坏安全带。

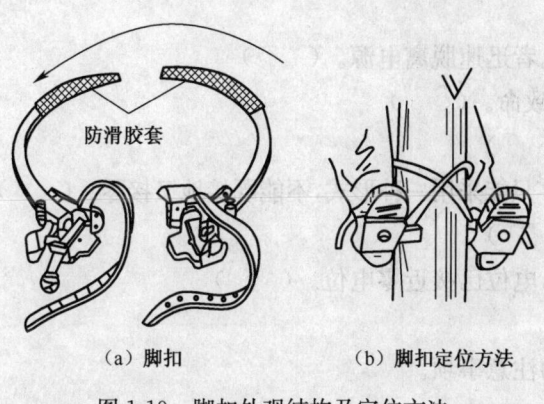

(a) 脚扣　　　(b) 脚扣定位方法

图 1-19 脚扣外观结构及定位方法　　　　图 1-20 安全带

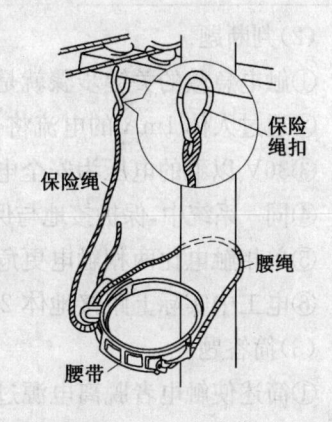

项目学习评价小结

1. 安全用电和电工工具的使用考核标准

考核内容	评分标准	应得分	实得分
安全用电	1. 触电现场处理措施不正确,每步扣 5 分; 2. 触电现场急救方法不正确,每步扣 5 分	50	
电工工具的使用	1. 电工工具使用方法错误,每步扣 5 分; 2. 不当使用,使工具或器材损坏,每个扣 10 分; 3. 安全文明操作,错一处扣 5 分	50	
总分		100	

注:每项扣分直至扣完为止

2. 学生自我评价

(1)填空题

①触电急救的方法有_____、_____、_____等。

②试电笔检测电压范围为_____和_____。

③人体触电的形式有_____、_____、_____。

④我国规定的安全电压是_____V。

⑤触电是指电流流过人体而对人体产生的_____和_____伤害。

⑥电工中通常所说的"地",就是指_____。理论上的零电位点在_____。

(2)判断题

①触电急救的关键步骤就是使触电者迅速脱离电源。(　　)

②通过人体 1mA 的电流将会使人致命。(　　)

③36V 以下的电压为安全电压。(　　)

④同一系统中,保护接地与保护接零只能采用一种形式,不能既接地又接零。(　　)

⑤单相触电比两相触电更危险。(　　)

⑥电工中实际上距接地体 20 米处,电位已接近零电位。(　　)

(3)简答题

①简述使触电者脱离电源过程中的注意事项。

②如何防止跨步电压触电?

3. 项目评价报告表

项目完成时间：		年 月 日—— 年 月 日	优秀 (10~8)	良好 (7~5)	合格 (4~2)	继续努力 (<2)
评价项目		评 分 依 据				
自我评价 (30)	学习态度 (10)	1. 所有项目都出全勤，无迟到早退现象。 2. 认真完成各项任务，积极参与活动与讨论。 3. 尊重其他组员与教师，能够很好地交流与合作				
	团队角色 (10)	1. 具有较强的团队精神、合作意识。 2. 积极参与各项活动、小组讨论、操作等过程。 3. 组织协调能力强，主动性强，表现突出				
	作业情况 (10)	认真完成项目任务： ①掌握触电急救及使触电者脱离电源的方法； ②掌握电工基本工具的正确使用				
		自我评价总分	合计：			
	其他组员	评 分 依 据	优秀 (20~18)	良好 (17~15)	合格 (14~12)	继续努力 (<12)
小组内互评 (20)		1. 所有项目都出全勤，无迟到早退现象。 2. 具有较强的团队精神、合作意识。 3. 积极参与各项活动、小组讨论、操作等过程。 4. 组织、协调能力强，主动性强，表现突出。 5. 能客观有效地评价组员的学习。 6. 能认真完成项目任务： ①掌握触电急救及使触电者脱离电源的方法； ②掌握电工基本工具的正确使用				
		小组内互评平均分	合计：			
	评价项目	评 分 依 据	优秀 (50~48)	良好 (47~45)	合格 (44~42)	继续努力 (<42)
教师评价 (50)		1. 所有项目都出全勤，无迟到早退现象。 2. 在完成项目期间，认真完成各项任务，积极参与活动与讨论。 3. 团结、尊重其他组员与教师，能够很好地交流与合作。 4. 具有较强的团队精神、合作意识、竞争意识，积极参与团队活动。 5. 主动思考、大胆发言，为团队做贡献。 6. 完成学习任务，各项作品齐全完整，并按规定命名和存放。 7. 项目完成有创新，能自主学习探索，方法好。 8. 能客观有效地评价组员的学习，通过学习能感悟并有一定收获				
		教师评价总分	合计：			
		总分				

项目二　单相异步电动机的拆装与维护

项目情景展示

单相交流异步电动机是用单相交流电源供电的一类驱动用电机,凡是有普通民用电源的地方都可以使用。它具有结构简单、运行可靠、维修方便等一系列优点,所以广泛应用于各行各业和人们的日常生活,与人们的工作、学习和生活有着极其密切的关系。例如:家用电器在以下四个方面应用单相异步电动机作为驱动电机。

①厨房设备:电冰箱、排风机、绞肉机、搅拌机、开罐器等。
②普通家用电器:空调器、吸尘器、洗衣机、甩干机、电风扇等。
③美容与保健:电吹风、卷发器、按摩器等。
④电动工具:手提电钻、电刨、打磨机等。

此外,在工业、农业生产上作为各类生产工具的小型车床、钻床、磨床、铣床、电磨、水泵、潜水泵等都采用了各式各样的单相异步电动机。

单相异步电动机的发展已有近百年的历史,早在20世纪初就奠定了它的理论基础和基本结构。但主要还是在近几十年,随着人们生活的提高,家用电器设备的普及,发展更加迅速。在工业发达国家,每个家庭平均使用50台~100台小功率电动机。这类电动机大多在一些专业化工厂自动化大批量生产。例如:美国西屋公司的桑特斯基电机厂,职工750人,年产单相异步电动机500万台;日本富士公司的三重工厂,操作工人仅36人,年产量达24万台。

从1978年起,我国轻工产业、日用电器有了飞速的发展,这就使作为主要部件的单相异步电动机呈现出突飞猛进的发展势头。作为维修人员,掌握各类单相异步电动机的结构、原理、故障和维修方面的知识、技能是非常有必要的。

项目学习目标

	学 习 目 标	学习方式	学时
技能目标	掌握单相异步电动机的拆装与维护技能	教师演示指导,学生实践操作	6
知识目标	1. 掌握单相交流异步电动机的结构及各部分作用。 2. 掌握单相异步电动机的基本工作原理。 3. 掌握电容分相式单相异步电动机的工作原理。 4. 了解罩极式单相异步电动机的工作原理。 5. 学会分析单相异步电动机的常见故障及处理方法	教师讲授指导、学生听课与自学相结合为主,查阅资料为辅	6

任务　单相异步电动机的拆装

一、电动机的拆卸方法

单相异步电动机使用时间过久,会出现故障,因此在检查、清洗、修理单相异步电动机内部或者换润滑油、拆换轴承时,经常要把电动机拆开,如果拆卸方法不得当,就会把零部件及装配位置装错,为今后的使用留下隐患。所以在电动机的检修中,应熟练掌握拆卸技术,其步骤和方法见表2-1。

表2-1　单相异步电动机的拆卸步骤和方法

步骤	拆卸图式	操作说明
1. 拆下后端盖的3颗固定螺钉		选择合适的工具卸下固定螺钉。但不可用钢丝钳,避免损伤螺钉或螺帽
2. 拆下前端盖的固定螺钉		
3. 拆下后端盖		①对中大型电动机,可用拉具拉下端盖,取出转子; ②对中小型电动机,使用拉具不方便(左图),用敲击法使前后两端盖松动,注意敲击力不要过大,以免损坏轴承或端盖
4. 打出转子		用橡皮锤轻轻打出转子

(续)

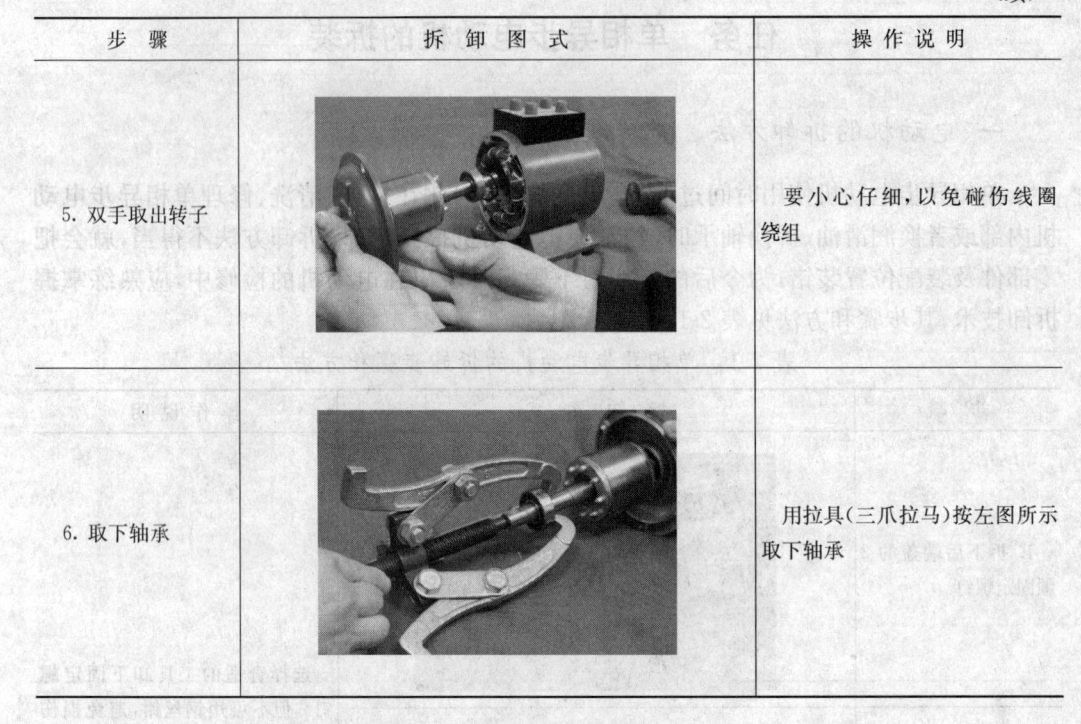

步骤	拆卸图式	操作说明
5. 双手取出转子		要小心仔细,以免碰伤线圈绕组
6. 取下轴承		用拉具(三爪拉马)按左图所示取下轴承

二、电动机的装配方法

单相异步电动机的装配,在原则上和拆卸时顺序相反,是一个逆向过程。但在装配前应对各配合处进行清理除锈,各部分装配时应按照拆卸时的标记复位。具体步骤省略。

知识链接一 单相异步电动机的基本工作原理

知识点1 单相异步电动机的基础知识

1. 单相交流异步电动机的结构(图2-1)

单相交流异步电动机的基本组成部分见表2-2。

图2-1 单相交流异步电动机的结构

表2-2 单相交流异步电动机的基本组成部分简介

部件名称		材料和作用	图例
定子	定子铁芯	定子铁芯用于嵌放定子绕组,是电动机磁路的一部分,装在机座里。一般用0.5mm厚的表面带绝缘漆的硅钢片叠压而成(可降低定子铁芯里的铁损耗)	定子叠片、压圈、扣片 定子铁芯
	定子绕组	铁芯槽内放置有两套绕组,一套是主绕组,也称工作绕组,另一套是辅助绕组,又称启动绕组,它们在空间相隔90°电角度。绕组为铜芯漆包线,通电产生磁场。一般辅助绕组线径较细、匝数较多	辅助绕组、主绕组
	机座	机座的作用主要是固定和支撑定子铁芯。材料常用钢板、铸铝、铸铁制成	
转子	转子铁芯	转子铁芯是电动机磁路的一部分,它用0.5mm厚的硅钢片叠压而成。铁芯固定在转轴或转子支架上	转子 转子铁芯冲片
	转轴风扇	转轴一般用碳钢制成,轴的两端用轴承支撑。要求转轴不但要有一定的强度,还要有一定刚度,否则由于转轴产生过大挠度使气隙不均,甚至产生扫膛故障。一般采用45碳素钢制成,也有用65碳素钢或其他特殊钢材的 风扇起轴向通风散热作用。风扇罩起安全防护作用	转轴

21

(续)

部件名称		材料和作用	图例
启动部分	启动元件	启动电阻或启动电容,与辅助绕组配合与主绕组形成相位差,产生启动转矩	(a)启动电容　(b)PTC元件
	离心式开关	离心式开关包括静止部分与旋转部分。旋转部分装在转轴上。静止部分装在电动机的前端盖内。当转速达到额定转速的72%～83%时,离心开关断开,将辅助绕组脱离电源	静触片　动触片 (a)静止部分　(b)转动部分
	启动开关 启动继电器	启动继电器利用启动电流大小,使继电器动作,从而接通或切断辅助绕组。启动继电器一般装在电动机机壳上的接线盒里,其接线原理如图所示。启动继电器的电流线圈接在一次主绕组LZ线路中,动合触点接在辅助绕组LF线路中	
	PTC元件	PTC元件。如图所示,该元件是一种正温度系数的热敏电阻,"通"至"断"的过程即为低阻态向高阻态转变的过程。其特点是:无触点、无电弧,工作过程比较安全、可靠,安装方便,价格便宜。缺点是不能连续启动,两次启动间隔3min～5min,低阻时约几欧至几十欧,高阻时为几十千欧	

2. 单相交流异步电动机的铭牌

一台单相电容运转异步电动机的铭牌见表2-3。

表2-3　单相电容运转异步电动机的铭牌

型号	DJ20	电压 U_N/V	220	运转电容	$C=4\mu F$
功率 P_N/W	120	电流 I_N/A	1.0	绝缘等级	E
频率 f_N/Hz	50	转速 n_N/(r/min)	1420	产品编号	
		××公司			

要正确使用、维护单相异步电动机,读懂铭牌数据非常重要,下面介绍常用的铭牌数据。

1)型号

以 YL90S2 为例介绍各部分数据含义,见表2-4。

表2-4 单相交流异步电动机型号各部分数据含义

符号	含义	说明
YL	电动机系列代号	为该电动机所属系列的代号与设计方案序号。表示单相电动机基本系列代号,如 Y、B02、C02、D02、E、F 等 YL:单相双值电容异步电动机 YY:单相电容运行式电动机 YC:单相电容启动式电动机 YU:单相电阻启动式电动机 YJ:单相罩极式电动机
90	机座号	以中心高表示,单位为 mm。例如 90 即为中心高为 90mm
S	安装尺寸代号	一般分 3 个等级,即长、中、短,分别用 L、M、S 表示
2	极数	电动机定子磁场的极数,如 2、4 极等

2)其他参数

其他参数的含义见表2-5。

表2-5 单相交流异步电动机参数含义

参数	含义
额定功率 P_N	电源电压,频率和转速在额定情况下电机转轴上输出的机械功率,单位为 W(瓦),单相异步电动机标准额定功率有:0.4W、0.6W、1.0W、1.6W、2.5W、4W、6W、10W、16W、25W、40W、60W、90W、120W、180W、250W、370W、550W 及 750W
额定电压 U_N	指施加在电动机绕组端的电源电压,单位为 V(伏)。单相异步电动机的标准电压有 12V、24V、36V、42V、220V 等。电源电压变动在±5%时,电动机可以正常运行
额定电流 I_N	在额定电流 U_N、额定功率 P_N 和额定转速 n_N 下,电动机定子绕组的电流值称为额定电流 I_N,单位为 A(安)
额定频率 f_N	我国为 50Hz
额定转速 n_N	铭牌上给出的转速是额定转速,也就是电动机在额定工况下运行的转速,单位是 r/min (转/分)
外壳防护等级	指电机外壳(含接线盒等)防护电机电路和旋转部分的能力
绝缘等级	绝缘等级实际是指绝缘材料的耐热等级,它表示电机中各种绝缘材料所能承受温度能力的水平,用 Y、A、E、B、F、H、C 等字母表示
工作方式	指电动机在工作时承受负载的情况,包括启动、加载运行、制动、空转或停转等时间安排

知识点2 单相异步电动机的基本原理

在单相异步电动机的定子绕组通入单相交流电,电动机内产生一个大小及方向随时间沿定子绕组轴线方向变化的磁场,称为脉动磁场,如图 2-2 所示。

一个脉动磁势可以分解为两个大小相等、转速相同、转向相反的旋转磁场 B_1、B_2。顺时针方向转动的旋转磁场 B_1 对转子产生顺时针方向的电磁转矩 T_1;逆时针方向转动

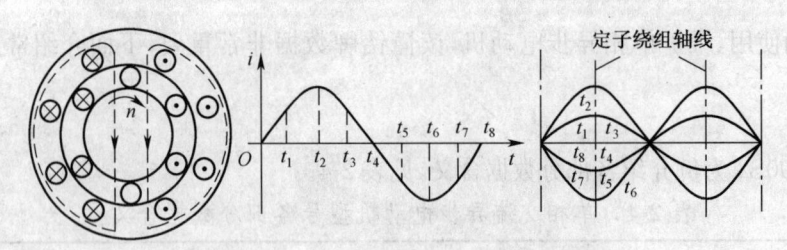

图 2-2 单相异步电动机的脉动磁场

的旋转磁场 B_2 对转子产生逆时针方向的电磁转矩 T_2。

如果电动机转子是静止的,则正、反两个旋转磁场同时以方向相反的相同速度切割转子导条,而产生相同大小的感应电动势和相同大小的感应电流,它们产生的转矩大小相等、方向相反,互相抵消,转子不动。这就是说,当主绕组通以单相交流电时,转子启动转矩 T 为 0。

如果用某种方法使电动机转子旋转一下,转子在两个方向相反的旋转磁场中旋转,转子与旋转方向相同的旋转磁场相互作用,产生和转子转向相同的电磁转矩 T。

假设转子沿正向旋转,转速为 n,旋转磁场的同步转速为 n_1,旋转磁场的转速 n_1 与转子转速 n 之差称为转差,即 $\Delta n=n_1-n$,转差与同步转速之比称为转差率。

相对正向旋转磁场,电动机的转差率 s_1 为

$$s_1=\frac{n_1-n}{n_1}=s$$

相对反向旋转磁场,电动机的转差率 s_2 为

$$s_2=\frac{-n_1-n}{-n_1}=2-s$$

正向转差率 s_1 在 0~1 范围内,正向转矩为拖动转矩;这时反向转差率 s_2 在 2~1 范围内,反向转矩是制动转矩。如果转子反向旋转,情况正好相反。因此,无论转子朝哪个方向旋转,正、反向转矩总要互相抵消一部分,剩下的才是单相异步电动机的有效转矩 M。

在主绕组接通电流后,如图 2-3 所示,使转子正方向旋转($s<1$),此时,电磁转矩为正,即转矩方向与旋转方向一致,是拖动转矩。如果这时拖动转矩大于负载转矩,转子加速旋转,电磁转矩随转子转速的增大而增加,转速也随转矩增加而增大,这就是单相异步电动机的启动和加速过程。电磁转矩有一个最大值 T_{max},当达到最大转矩后,负载转矩小于最大转矩,转速还要继续增加,这时电磁转矩随转速的增加而减小,当电磁转矩减小到与负载转矩相等时,达到平衡状态,转速不再发生变化,单相异步电动机就在这一转速下稳定运行。

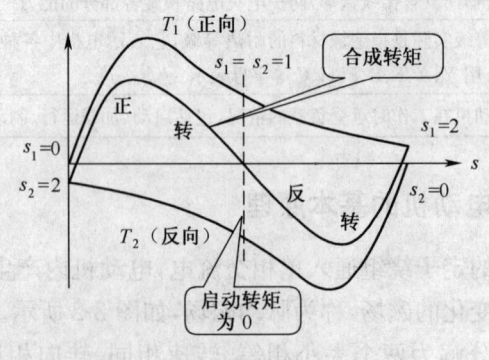

图 2-3 转差率

单相异步电动机的转向与旋转磁场的旋转方向相同,转速永远略低于旋转磁场的转速。若达到同步转速,则 $s=0$,电磁转矩 $T=0$。负载转矩大于电磁转矩时,电动机转速将减小,电磁转矩增大到负载转矩,并与其平衡,电动机将在新的转速下稳定运行。

改变电动机定子绕组接线的顺序,可以改变旋转磁场的方向,转子方向随之改变,这样就改变了电动机的转动方向。

知识链接二 电容分相式单相异步电动机的工作原理

电容分相式异步电动机的定子有两个绕组:一个是工作绕组(主绕组),另一个是启动绕组(副绕组),两个绕组在空间互成 $90°$。原理线路图如图2-4(a)所示。转子为笼型。启动绕组与电容C串联,使启动绕组电流 i_2 和工作绕组电流 i_1 产生 $90°$ 相位差,即

$$i_1=\sqrt{2}I_1\sin\omega t$$
$$i_2=\sqrt{2}I_2\sin(\omega t+90°)$$

启动绕组电流 i_2 和工作绕组电流 i_1 的波形图如图2-4(b)所示。

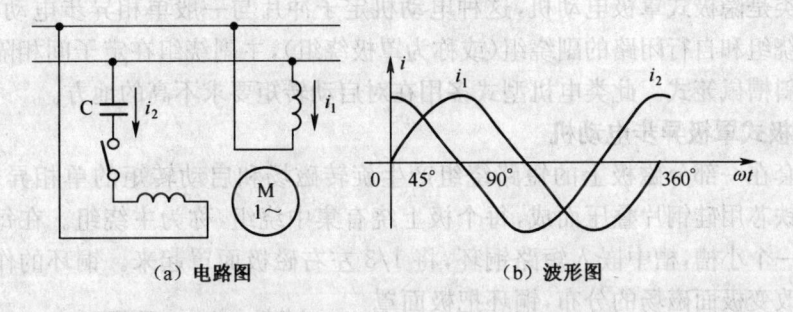

图2-4 电容分相式异步电动机的电路图与波形图

图2-5所示分别为 $\omega t=0°、45°、90°$ 时合成磁场的方向,由图可见该磁场(椭圆形)随着时间的增长顺时针方向旋转。这样一来,单相异步电动机就可以在该旋转磁场的作用下启动了。

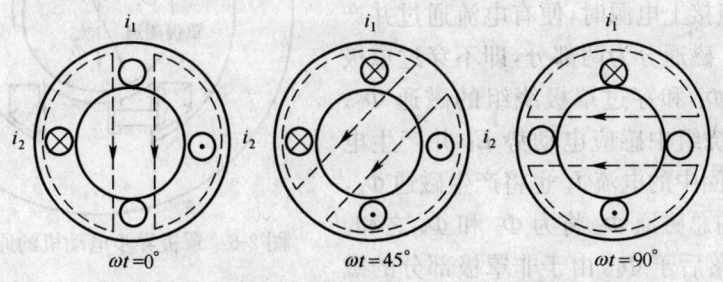

图2-5 电容分相式异步电动机的磁场

这种用电容器使启动(副)绕组和主绕组的电流产生相位差的方法,称为电容分相法。

电容分相式异步电动机的副绕组和电容器只允许短时间工作,当电动机启动后,待转速达到 $75\%\sim80\%$ 额定转速时,由启动(离心)开关S将副绕组切断电源,由主绕组单

独运行。

电容分相式异步电动机的基本系列代号为 CO、CO_2。功率等级有(120,180,250,370,550,750)W，额定电压为220V，同步转速有 1500r/min、3000r/min。电容分相式异步电动机适用于具有较高启动转矩的小型空气压缩机、电冰箱、磨粉机、水泵及满载启动的机械。

知识链接三　罩极式单相异步电动机的工作原理

单相罩极电动机是应用在单相电源下的一种结构简单的异步电动机。罩极电动机可分为两类。

一类是凸极式罩极电动机，主绕组被做成集中绕组。这类电动机又分为两种，一种是圆形结构，其定子多用凸极式的冲片叠成，主绕组被套在磁极上，罩极环（1个）则嵌于磁极一角；另一种是方形结构，铁芯同变压器一样，主绕组被套于一铁芯柱上，磁极与转子则在铁芯的另一柱上，在磁极的一角多放有两个罩极环。

另一类是隐极式罩极电动机，这种电动机定子冲片与一般单相异步电动机相同，定子上有主绕组和自行闭路的副绕组（或称为罩极绕组），主副绕组在定子间相隔小于90°。转子则是斜槽鼠笼式。此类电机型式多用在对启动转矩要求不高的地方。

1. 凸极式罩极异步电动机

利用套在一部分磁极上的短路绕组产生旋转磁场和启动转矩的单相异步电动机。它的定子铁芯用硅钢片叠压而成，每个极上绕有集中绕组，称为主绕组。在每个极面的一边开有一个小槽，槽中嵌入短路铜环，将 1/3 左右磁极面罩起来。铜环的作用是通过电磁感应改变极面磁场的分布，铜环把极面罩住一部分，故称为罩极异步电动机；又因为主磁极是凸出来的，所以全称为凸极式罩极异步电动机。图 2-6 所示为罩极异步电动机的原理示意图。

当主绕组接上电源时，便有电流通过并产生脉振磁通。磁通分为两部分，即不穿过罩极绕组的磁通 Φ_1 和穿过罩极绕组的磁通 Φ_2。Φ_2 要在罩极绕组中感应电动势 E_k 并产生电流 I_k，罩极线圈中的电流 I_k 也将产生磁通 Φ_k，于是罩极下的总磁通 Φ_3 将为 Φ_2 和 Φ_k 之和。Φ_3 在时间上落后于 Φ_1，由于非罩极部分的磁

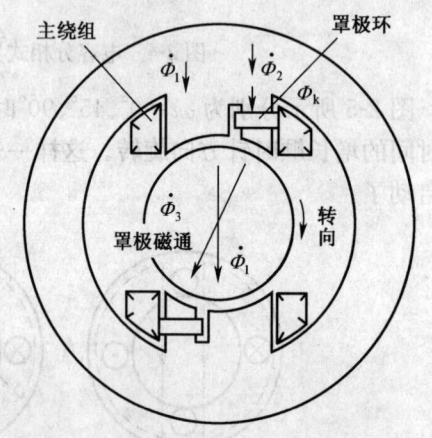

图 2-6　罩极异步电动机的原理示意图

通 Φ_1 与罩极部分的磁通 Φ_3 在空间及时间上均有一定的相位差，故能产生椭圆形旋转磁场，从非罩极部分向罩极部分转动。通过电磁感应在转子绕组中感应起电流，产生启动转矩，使转子转动。

2. 隐极式罩极异步电动机

隐极式罩极异步电动机的定子铁芯由硅钢片叠压而成，内圆分布若干槽，主绕组和罩极绕组分布在这些槽内。主绕组轴线与罩极绕组轴线相距 30°～600°电角度（常取

450°),主绕组匝数多,线较细;罩极绕组(启动绕组)匝数少(2匝～8匝),线较粗,一般为主绕组导线直径的3倍～5倍。启动绕组自成闭合回路,其作用与凸极式铜环一样。这种电动机在定子铁芯槽上,不易看出磁极,故称隐极式。隐极式异步电动机磁场旋转方向是从主绕组向启动绕组方向移动,转子沿旋转磁场方向单向旋转。

罩极电动机启动转矩小、功率因数和效率也较低,启动性能和运行性能较差。但结构简单、易于制造、转速恒定、可长时间运行、噪声低、对无线电无干扰、维修容易。功率范围15W～90W,额定电压为220V,同步转速有1500r/min和3000r/min两种。罩极电动机适用于电风扇、复印机、电动模型、电唱机及各种轻载启动的小功率电动设备。

单相罩极电动机常见故障及处理方法见表2-6。

表2-6 单相罩极电动机常见故障及处理方法

故障现象	诊 断	可 能 原 因	处 理 方 法
通电后不启动	用万用表测量主绕组,电阻值无穷大,则主绕组断路	①主绕组引出线折断或由于主绕组线圈线径较细、匝数较多、容易受外力损伤而引起折断; ②主绕组内部导线绝缘损坏,造成自身短路,电动机通电后,在短路线匝中产生很大的短路电流,导致线圈迅速发热而烧断; ③主绕组接地,即主绕组与定子铁芯或机壳间绝缘破坏而造成通地现象,接地点容易引起导线对地闪络而烧断主绕组。接地原因多见于电动机转子与定子铁芯相擦而发热或长期过负载运行,主绕组绝缘物因长久受热而焦脆或主绕组受潮而击穿绝缘,或者因主绕组制造不良而引起	主绕组断路,必须大修或者更换新绕组
	用万用表测量热保护器两接线端,电阻值无穷大,热保护器断路	主绕组温升超过限值,热保护器熔断	排除故障并更换新热保护器。应急时,可将热保护器两接点短路使用
	断电时,用手转动转子轴伸端,有转动困难或卡住现象	电动机处于堵转状态,其原因是有异物进入电动机内、转子轴弯曲、方形罩极电动机定子铁芯受外力而产生变形等	拆开后端盖,取出转子,清除电动机内的金属屑和异物等;校正转子轴;转子轴跳动量应小于0.04mm;方形定子铁芯变形,应通过整形使定子铁芯复位,直至转子能轻快转动
	断电时转子能转动,通电时不转	由于转子受单边磁拉力,通电后吸牢不转,其原因是前后端盖固定螺钉受振而松动,造成前后盖不同轴,使转子歪斜偏心;轴承压板螺钉松动,轴承固定不良,使定、转子同轴度超差;轴承夹碎裂或失效,不能压紧轴承,使轴承移位;轴承磨损严重,轴承与转轴配合过松	拧紧松动螺钉,并调正前后端盖及定转子同轴度,使定转子间气隙均匀;应更换新轴承夹,压紧轴承加以固定;凡轴承孔径过大,则应更换合适的轴承,并添加润滑油
	罩极绕组松脱	短路环脱焊或断裂,不能构成闭合线圈,因此对通过短路环部分的磁通起不到延迟其变化作用,形成不了旋转磁场	拆开电动机,将短路环重新焊好

(续)

故障现象	诊断	可能原因	处理方法
转速低于正常值	测量电动机进线端电压，低于187V	电网电压过低	采用调压器调整电压至额定电压，或避开用电高峰
	用转子断条检查仪测得转子绕组电阻值增大	转子铸铝不良，转子绕组有断条、裂纹、气孔等现象	更换新的转子
	电动机转子转动不灵活	轴承严重缺油，导致电动机转子与轴承由液体摩擦状态变为干摩擦，增大摩擦损耗	清洗轴承，并添加润滑油
	用万用表测量主绕组，电阻值过大	重绕主绕组时，如主绕组导线线径过细或线圈匝数多绕，造成主绕组阻值增大	按原电动机技术数据重新绕制主绕组
运转时噪声过大	转子槽数与定子槽数配合不当，或转子斜槽数值过小，产生频率噪声	设计制造不合理	重新审查槽数配合，并选择合适的转子斜槽值
	用万用表测量主绕组，电阻值过小，引起电磁噪声	重绕主绕组时，线圈匝数少绕，导致磁场饱和	按原主绕组数据，增加线圈匝数
	电动机旋转时，转子轴伸端前后窜动并发出撞击声	转子轴向间隙过大，转子垫片周期性撞击轴承端面	适当增加转子垫片，转子轴向隙保持在 0.2mm～0.5mm 之间
	用手捏住转子轴上下扳动，有明显的松动感觉，电动机运转时，产生"骨碌"的响声和其他杂声	电动机长期运行后，轴承磨损严重，轴承和转轴配合间隙过大	更换合适的轴承，并添加润滑油
	电动机运转时发出"梗、梗"的响声	轴承与转轴或轴承与轴承座之间配合不当，安装时强力压装，以及轴承的钢圈本身较脆，拆装方法不合理，造成轴承破损	更换合适的轴承
	电动机高速运转时，发出"当当"的连续声。一般刚启动时不易觉察，在运转几分钟后变得明显	转子铁芯与转轴间有不可觉察的轻微松动	采用CH31胶黏剂黏结或更换转子
	电动机运转时，发出振动声	电动机磁分流片松动	拆开电动机，卡紧磁分流片

知识链接四　单相异步电动机常见故障的维护

单相异步电动机的故障可分为电磁方面和机械方面两大类。要根据单相异步电动机的特殊点，判断电动机的启动装置、主绕组、辅助绕组、电容器及由于气隙过小的各类故障。例如：当单相异步电动机的辅助绕组回路出现故障时，就可能出现不能启动、转向不定、转速偏低、过热等故障现象。单相异步电动机的常见故障、可能原因和排除方法见表2-7。

表 2-7 单相异步电动机的常见故障、可能原因和排除方法

故障现象		可能原因	排除方法
通电后电动机不能启动	电动机发出"嗡嗡"声，用外力推动后可正常旋转	①辅助绕组内有开路。 ②离心开关损坏或触点毛糙，引起接触不良。 ③电流型启动继电器的线圈断路、触点接触不良。 ④PTC启动继电器损坏而断路。 ⑤电容器失效、断路或容量减小太多。 ⑥罩极式电动机短路环断开或脱焊	①用万用表或试灯找出断路点，进行局部修理或更换绕组。 ②检查离心开关，如不灵活则予以调整，如触点接触面粗糙则予以磨光处理，如不能修复则更换。 ③用万用表确定故障，修理线圈或触点，或更换线圈。 ④万用表测量确定后，予以更换。 ⑤更换电容器。 ⑥焊接或更换短路环
	电动机发出"嗡嗡"声，外力也不能使之旋转	①电动机过载。 ②轴承故障：a. 轴承损坏；b. 轴承内有杂物；c. 润滑脂干涸；d. 轴承装配不良。 ③端盖装配不良。 ④定转子铁芯相擦，轴承严重有突出。 ⑤转子断笼。 ⑥主绕组接线错误	①测电动机的电流，判断所带负载是否正常，若过载则减小负载或更换较大容量的电动机。 ②检修轴承：a. 更换轴承；b. 清洗轴承，换上新的润滑脂，润滑脂充填量不超过轴承室容积的70%；c. 清洗和更换润滑脂。d. 重新装配，调整同轴使转动灵活。 ③重新调整装配端盖，予以校正。 ④检定转子铁芯：a. 更换轴承；b. 检测转轴，若有弯曲予以校正；c. 检查铁芯冲片，挫去铁芯冲片突出部分。 ⑤检查并修理转子。 ⑥检查并重新接线
	没有"嗡嗡"声	①电源断线或进线头松动。 ②主绕组内有断路。 ③主绕组内有断路或过热烧毁	①检查电源并恢复供电或接牢线头。 ②用万用表或试灯找出断点，予以局部修理或更换绕组。 ③查找短路点，局部修理或更换绕组
电动机转速低于正常转速		①电动机过载运行。 ②电源电压偏低。 ③启动装置故障，启动后辅助绕组没有脱离电源。 ④电容器损坏(击穿、断路或容量减小)。 ⑤主绕组有短路或部分接线错误。 ⑥轴承损坏或缺油等造成摩擦加大。 ⑦转子断笼，造成负载能力下降	①检修负载电流判断负载大小，减轻负载。 ②查明原因，提高电源电压。 ③检查启动装置是否失灵，触点是否粘连，并予以修理或更换。 ④更换电容器。 ⑤检查、修理或更换绕组。 ⑥清洗、更换润滑脂，或更换轴承。 ⑦查断裂处，并予以修理
电动机运行中振动或噪声过大		①转轴弯曲等引起不平衡。 ②轴承磨损、缺油或损坏。 ③绕组短路或接地。 ④转子绕组断笼，造成不平衡。 ⑤电动机端盖松动。 ⑥定子、转子铁芯相擦。 ⑦转子轴向窜动量过大。 ⑧冷却风扇松动，或风扇叶片与风罩相擦	①查明原因，予以校正。 ②清洗和更换润滑脂或更换轴承。 ③查明故障点，予以修复。 ④查明裂点，予以修复。 ⑤拧紧端盖紧固螺栓。 ⑥检查并予以修理。 ⑦轴向游隙应小于0.4mm，过大则应加垫片。 ⑧调整位置并固定

(续)

故障现象	可能原因	排除方法
电动机通电后，熔体熔断	①引出线短路或接地。 ②绕组严重短路或接地。 ③负载过大或卡住，使电动机不能转动	①测电阻值，查找故障点，排除故障。 ②测电阻值，查找故障点，排除故障。 ③减轻负载，或拆开电动机进行修理
触摸电动机，外壳有触电、麻手感觉	①绕组接地。 ②引线或接线头接地。 ③绝缘受潮漏电。 ④绝缘老化	①查找接地点，并予以修复。 ②更换引线，重新接线或处理其绝缘。 ③测绝缘吸收比，烘干处理。 ④更换绕组
电动机过热 — 启动后很快发热	①电源电压过高或过低。 ②启动装置故障，启动后辅助绕组没有脱离电源。 ③主绕组、辅助绕组相互接错，将辅助绕组当作主绕组接入电源运行。 ④负载选择不当或接地。 ⑤主绕组短路或接地。 ⑥主绕组、辅绕组间短路	①查明原因，调整电源电压大小。 ②检查启动装置，修理或更换启动装置。 ③检查并重新接线。 ④过载时则减轻负载。电容运转电动机空载运行时发热属正常现象，可增大负载。 ⑤查明短路点或接地点，局部修复或更换绕组。 ⑥查明短路点，局部修复或更换绕组
电动机过热 — 运行中温升过高	①电源电压过高或下降过多。 ②电动机过载运行。 ③主绕组有匝间短路。 ④轴承缺油或损坏。 ⑤定转子铁芯相擦。 ⑥绕组重绕后，绕组匝数或导线截面搞错。 ⑦转子断笼	①查明原因，调整电源电压的大小。 ②减轻负载。 ③修理主绕组。 ④清洗轴承并加润滑脂，或更换轴承。 ⑤查明原因，予以修复。 ⑥重新更换绕组。 ⑦查找断裂处并予以修复
电动机过热 — 运行中冒烟、发出焦糊味	①绕组短路烧毁。 ②绝缘受潮严重，通电后绝缘击穿烧毁。 ③绝缘老化造成短路烧毁	检查短路点和绝缘状况，根据检查结果进行局部或全部更换绕组
电动机过热 — 轴承端盖部位很热	①轴承内润滑脂干涸。 ②轴承内有杂物或损坏。 ③轴承装配不当、扭歪、卡住、转子转动不灵活	①清洗、更换润滑脂。 ②清洗或更换轴承。 ③重新装配、调整。用木锤轻敲端盖，按对角顺序逐个拧紧端盖螺栓。拧紧过程中不断试转转轴，查看是否灵活，直至全部拧紧

提示：
①拆卸前，应在电动机外壳及前后端盖上做好标记，以便于正确装配。
②装配转子和端盖时，要按照拆卸前的标记正确安装。
③拆卸不同部位的螺钉或螺帽时，尽量使用配套的工具，避免损伤螺钉帽。
④用敲击法拆卸前、后端盖或轴承时，不能直接用铁锤敲击而损伤端盖和轴承。选择用橡皮锤或垫上硬木块等物。
⑤在抽出和放入转子时，要采用双手扶住转子，平稳地抽出和放入，以防损伤铁芯和绕组。
⑥对于轴承的拆卸，一般比较好的方法是使用拉具进行拆卸。
⑦装配完成后要用手检查转子的转动灵活性，如果发现转动不灵活现象则要重新拆卸，查找原因，排除后重新装配好。

项目学习评价小结

1. 单相异步电动机拆卸和装配的考核标准

考核内容	评 分 标 准	应 得 分	实 得 分
拆卸电动机	1. 拆卸步骤和方法不正确,每步扣5分; 2. 碰伤定子绕组和铁芯,扣10分; 3. 损坏零部件,每个扣10分; 4. 装配标记不清楚,每个扣10分	40	
装配电动机	1. 装配步骤和方法错误,每步扣10分; 2. 损坏定子绕组或者零部件,每个扣10分; 3. 轴承清洗不干净,每个扣5分; 4. 紧固螺钉未拧紧,每个扣5分; 5. 装配完成后电动机转动不灵活,扣30分; 6. 多余或者丢失螺钉等零部件,每个扣5分	50	
安全文明操作	发现违规、安全事故现象时,立即予以制止,并扣除10分	10	
总 分		100	

注:每项扣分直至扣完为止。

2. 学生自我评价

(1)填空题

①用_____电源供电的异步电动机叫做单相异步电动机。单相异步电动机的主要结构包括_____、_____、_____以及_____等。

②单相异步电动机负责启动的绕组有使主、副绕组中电流产生_____的作用。

③单相异步电动机的转差率为_____。

④罩极式电动机分为_____和_____两种。

⑤单相电容式异步电动机的定子由_____绕组与_____绕组组成,它们在定子铁芯的空间上相差_____,转子制成_____型。

⑥单相异步电动机的转向与_____的旋转方向相同,转速也低于_____的转速。

⑦改变电动机_____的顺序,可以改变_____的方向,_____方向随之改变,这样就改变了电动机的转动方向。

(2)问答题

①为什么单相异步电动机不能自行启动?怎样才能使它启动?

②电容分相式异步电动机的启动原理是什么?

③简述罩极电动机中短路环的作用原理。

④电容分相式异步电动机和罩极式电动机各有哪些优缺点?分别适用于什么场合?

⑤单相异步电动机的特点是什么?为什么具有这些特点?

⑥说明单相异步电动机铭牌上有哪些参数?各表示什么含义?

⑦一个罩极电动机通电后不启动,用万用表测量主绕组,电阻值无穷大,则主绕组断

路,试分析可能的原因,该怎么处理?

3. 项目评价报告表

项目完成时间:	年 月 日 —— 年 月 日				
评价项目	评 分 依 据	优秀 (10~8)	良好 (7~5)	合格 (4~2)	继续努力 (<2)
自我评价 (30)	学习态度 (10) 1. 所有项目都出全勤,无迟到早退现象。 2. 认真完成各项任务,积极参与活动与讨论。 3. 尊重其他组员和老师,能够很好地交流合作				
	团队角色 (10) 1. 具有较强的团队精神、合作意识。 2. 积极参与各项活动、小组讨论、操作等过程。 3. 组织、协调能力强,主动性强,表现突出				
	作业情况 (10) 认真完成项目任务: ①单相异步电动机的拆装与维修; ②自我评价习题				
自我评价总分		合计:			
评价项目	其他组员 评 分 依 据	优秀 (20~18)	良好 (17~15)	合格 (14~12)	继续努力 (<12)
小组内互评 (20)	1. 所有项目都出全勤,无迟到早退现象。 2. 具有较强的团队精神、操作意识。 3. 积极参与各项活动、小组讨论、制作等过程。 4. 组织、协调能力强,主动性强,表现突出。 5. 能客观有效地评价同伴的学习。 6. 能认真完成单相异步电动机的拆装				
小组内互评平均分		合计:			
评价项目	评 分 依 据	优秀 (50~48)	良好 (47~45)	合格 (44~42)	继续努力 (<42)
教师评价 (50)	1. 所有项目都出全勤,无迟到早退现象。 2. 完成项目期间认真严谨,积极参与活动与讨论。 3. 团结尊重其他组员和老师,能很好地交流合作。 4. 具有较强的团队精神,积极合作参与团队活动。 5. 主动思考、发言,对团队贡献大。 6. 完成学习任务,各项目齐全完整。 7. 项目完成期间有创新、改进学习的方法。 8. 能客观地评价同伴的学习,通过学习有所收获。 9. 能安全、文明规范地对各项目进行操作				
教师评价总分		合计:			
总 分					

项目三　三相交流异步电动机的拆装与维护

项目情景展示

三相异步电动机是交流电动机的一种,又称感应电动机。它具有结构简单、制造容易、坚固耐用、维修方便、成本较低、价格便宜等一系列优点,因此被广泛应用在工业、农业、国防、航天、科研、建筑、交通以及人们的日常生活中。作为电工技术操作者,必须掌握三相异步电动机的安装、调试和检修技能,这样才能保证电动机的正常工作。

项目学习目标

	学习目标	学习方式	学时
技能目标	1. 掌握三相异步电动机的拆装与维护技能。 2. 掌握三相对称负载的星形(Y)连接中电压、电流的测量方法。 3. 掌握三相对称负载的三角形(△)连接中电压、电流的测量方法	教师演示指导学生实践操作	10
知识目标	1. 学会分析三相异步电动机常见故障的排除。 2. 熟悉三相交流电的定义及表达式。 3. 掌握三相四线制的电源星形和电源三角形的连接方法。 4. 运用三相不对称负载的星形连接和三相对称负载的星形连接的公式进行计算	教师讲授指导、学生听课与自学相结合为主,查阅资料为辅	6

任务一　三相交流异步电动机的拆装

一、电动机的拆卸方法

三相异步电动机使用时间过久,会出现故障,因此在检查、清洗、修理三相异步电动机内部或者换润滑油、拆换轴承时,经常要把电动机拆开,如果拆卸方法不得当,就会把零部件及装配位置装错,为今后的使用留下隐患,所以在电动机的检修中,应熟练掌握拆卸技术,其步骤和方法见表3-1。

表 3-1 三相异步电动机的拆卸步骤和方法

步骤	拆卸图式	操作说明
1. 拆卸风扇护壳		用螺丝刀(起子)拆下护壳上的3颗螺丝,即可卸下电动机的护壳
2. 拆下风扇		用条形铁片、平口螺丝刀、活动扳手手柄等工具,沿两点轻轻地交替撬击。两个撬点要在同一直径上
3. 拆下后端盖的3颗固定螺丝钉		
4. 拆卸3颗轴承护盖螺丝(有些小型电动机没有)	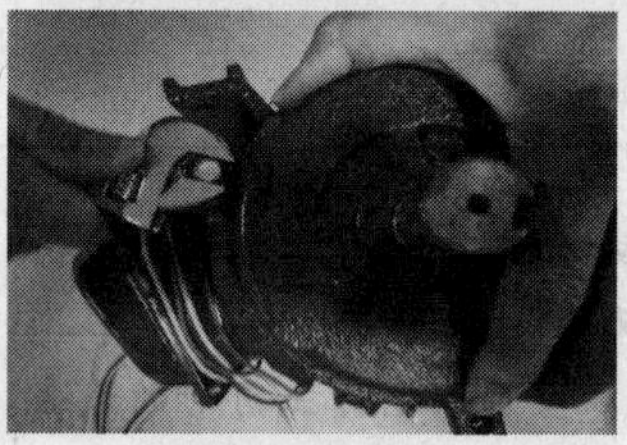	用呆板手(叉子扳手)或梅花扳手轻轻卸下螺钉,不可用钢丝钳
5. 拆下前端盖的固定螺丝	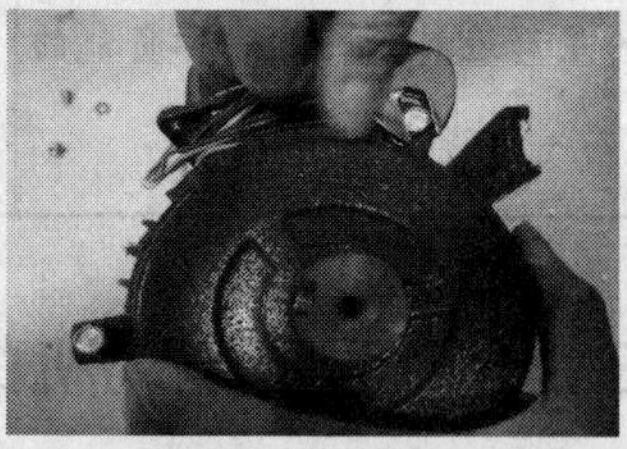	
6. 拆下后端盖		①对中大型电动机,可用拉具拉下端盖,取出转子(左图) ②对中小型电动机,使用拉具不方便,用敲击法使前后两端盖松动,注意敲击力不要过大,以免损坏轴承或端盖

(续)

步骤	拆卸图式	操作说明
7. 打出转子		用橡皮锤轻轻打出转子
8. 双手取出转子		要小心仔细,以免碰伤线圈绕组
9. 取下轴承		用拉具按图所示取下轴承

二、电动机的装配方法

三相异步电动机的装配,在原则上和拆卸时顺序相反,是一个逆向过程。但在装配前应对各配合处进行清理除锈,各部分装配时应按照拆卸时的标记复位。具体步骤省略。

知识链接一 三相交流电的基础知识

三相交流电在生产实际中非常重要,电能的生产、输送和分配几乎全部采用三相交流电。那么什么是三相交流电源呢?概括地说,三相交流电源是三个单相交流电源按一定方式进行的组合,这三个单相交流电源的频率相同、最大值相等,而相位彼此相差120°。

三相交流电动势是由三相交流发电机产生的。图3-1是一台最简单的三相交流发电机的示意图。

和单相交流发电机一样,它由定子和转子组成。发电机的定子绕组有 U_1-U_2,V_1-V_2,W_1-W_2 三个,每一个绕组称为一相,各相绕组匝数相等、结构相同,它们的始端(U_1、V_1、W_1)在空间位置上彼此相差120°,它们的末端(U_2、V_2、W_2)在空间上也相差120°。当转子以角速度 ω 逆时针方向旋转时,由于三个绕组的空间位置彼此相差

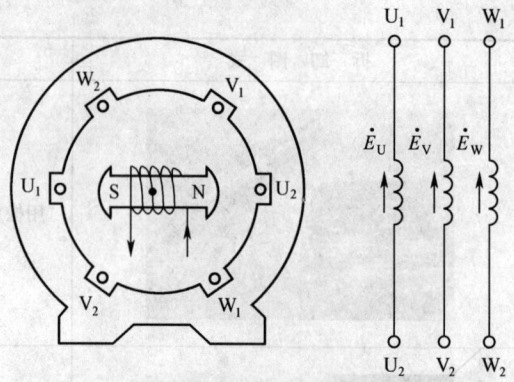

图 3-1 三相交流发电机示意图

120°,所以当第一相电动势达到最大值,第二相需转过 1/3 周(即 120°)后,其电动势才能达到最大值,也就是第一相电动势超前第二相电动势 120°相位;同样,第二相电动势超前第三相电动势 120°相位,第三相电动势又超前第一相电动势 120°相位。显然,三个相的电动势,它们的频率相同、最大值相等,只是初相位不同。若以第一相电动势的初相位为 0°,则第二相的初相位为 -120°,第三相的初相位为 1200(或 -240°),那么,各相电动势的瞬时值表达式则为

$$e_U = E_m \sin\omega t$$
$$e_V = E_m \sin(\omega t - 120°)$$
$$e_W = E_m \sin(\omega t + 120°)$$

这样的三个电动势叫对称三相电动势,它们的波形图和相量图如图 3-2 所示。

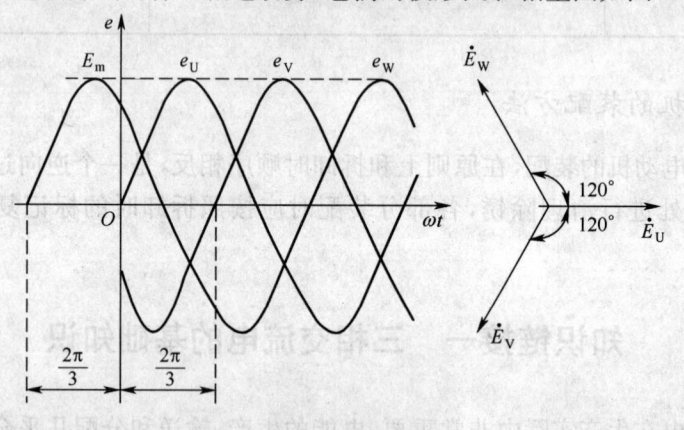

图 3-2 波形图和相量图

三个电动势到达最大值(或 0)的先后次序叫相序。上述的三个电动势的相序是第一相(U 相)→第二相(V 相)→第三相(W 相),这样的相序叫正序。相反,如果 V 相超前于 U 相,W 相超前于 V 相,这种相序就称为逆序。工程上一般采用正序,并用黄、绿、红三色区分 U、V、W 三相。

由相量图可知,三个电动势的相量和为 0。由波形图可知,三相对称电动势在任一瞬间的代数和为 0,即

$$e_1 + e_2 + e_3 = 0$$

知识链接二 三相交流异步电动机的工作原理

知识点1 三相异步电动机的基础知识

1. 三相异步电动机的结构

图 3-3 为常见的三相异步电动机的结构图。

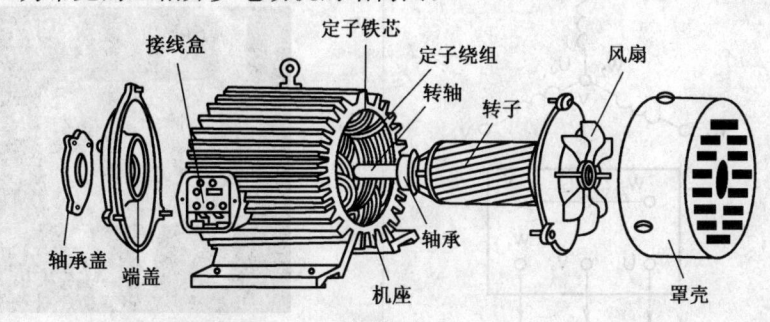

图 3-3 三相异步电动机的结构图

2. 三相异步电动机的铭牌

铭牌表明电动机的主要技术指标,是选择、使用、维修电动机的依据,下面以我国用量极大的 Y 系列电动机铭牌为例进行分析。表 3-2 为三相异步电动机的铭牌,表 3-3 为铭牌上参数的含义。

表 3-2 三相异步电动机的铭牌

型号	Y180M2-4	功率	18.5kW	电压	380V
电流	35.9A	频率	50Hz	转速	1470r/min
接法	△	工作方式	连续	绝缘等级	E
防护形式	IP44(封闭式)		产品型号		
××电机厂			×年×月		

表 3-3 三相异步电动机铭牌上参数的含义

参 数	说 明
型号	Y 三相异步电动机 180 机座号(数字为电动机的中心高) Y180M2-4 M 中机座(S 表示短机座,L 表示长机座) 2 铁芯长序号 4 磁极数(4 个)
功率	在正常工作(额定状态),允许从转轴上输出的功率(kW 或 W)
额定电压	电机绕组规定使用的线电压(V 或 kV)。若铭牌上标有两个电压值,则表示在两种不同的接法时的线电压
额定电流	额定状态下,输入电动机的线电流(A)。若标有两个电流,则表示在两种不同接法时的线电流
频率	输入电机的交流的频率(Hz)。国际上有 50Hz 和 60Hz 两种,我国使用 50Hz
电路接法	电机共有三相绕组、6 个引出线头,可接成星形或三角形
绝缘等级	所用绝缘材料的耐热等级。E 级绝缘允许的极限温度为 120,B 级为 130℃,F 级为 155℃
温升	电机发热时允许升高的温度,指电机温度与环境温度之差
额定工作方式	指运行持续的时间,有连续运行、短时运行、断续运行 3 种

3. 三相异步电动机的接线方式

三相异步电动机的接线方式有两种：星形接法和三角形接法，见表 3-4。

表 3-4 电动机的接线方法

接法	接线原理图	实际接线图
星形		
三角形		

知识点 2　三相异步电动机的工作原理

1. 旋转磁场的产生

三相异步电动机之所以会旋转，实现能量转换，是因为转子气隙内有一个旋转磁场。下面来讨论旋转磁场的产生。

如图 3-4(a)所示，U_1-U_2、V_1-V_2、W_1-W_2 为三相定子绕组，在空间彼此相隔 120°，接成星形。

通过绕组的三相交流电的波形图如图 3-4(b)所示。相序为 U-V-W，且 i_U 初相位为 0，即有

$$i_U = I_m \sin\omega t$$
$$i_V = I_m \sin(\omega t - 120°)$$
$$i_W = I_m \sin(\omega t + 120°) = I_m \sin(\omega t - 240°)$$

电流通过三相绕组，绕组周围出现磁场，这个磁场按一定规律分布在定、转子铁芯和气隙中，并绕着一个轴在空间不断地旋转，但定子绕组是静止不动的。

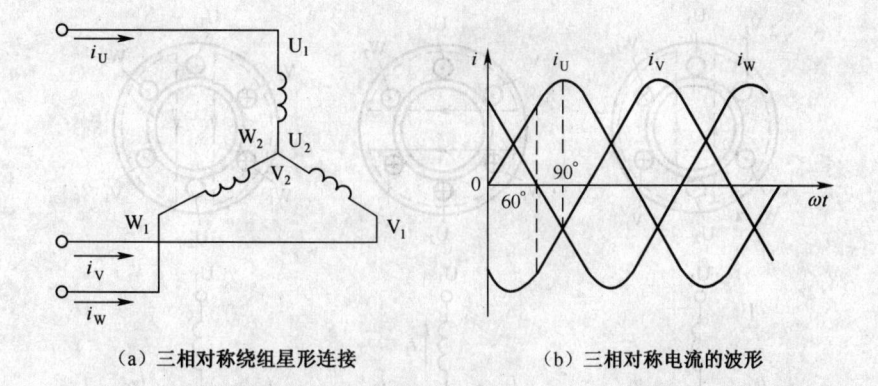

(a) 三相对称绕组星形连接　　　　　(b) 三相对称电流的波形

图 3-4　三相绕组的连接原理图和三相交流电的波形图

定子绕组通过对称的三相交流电流,电流的大小、方向随时间作周期性变化,为研究问题方便,规定电流从绕组首端 U_1、V_1、W_1 流入,末端 U_2、V_2、W_2 流出为正值;电流从绕组末端流入,从首端流出为负值。根据这个规定,下面来分析在不同瞬间由三相电流产生的磁场。

当 $t=0$ 的瞬间,$i_U=0$,表示绕组 U_1-U_2 中电流为 0,此时无电流通过。

$$i_V = I_m \sin(-120°) = -\frac{\sqrt{3}}{2} I_m$$

i_V 为负值,表示电流从 V_2 流入,从 V_1 流出。

$$i_W = I_m \sin(-120°) = \frac{\sqrt{3}}{2} I_m$$

i_W 为负值,表示电流从 W_1 流入,从 W_2 流出。将绕组的示意图画成剖面图,如图 3-5 所示。用"×"表示电流流入,用"·"表示电流流出,再用右手螺旋定则判断电流产生的磁场,一并画在图中,可见磁场的方向指向。

依次画出几个时刻的磁场,当 t 变化时,磁场的指向是不同的。可以看到当电流变化 1/2 周期时,一对磁极的磁场在空间转过了半周,当电流变化一个周期时,一对磁极的磁

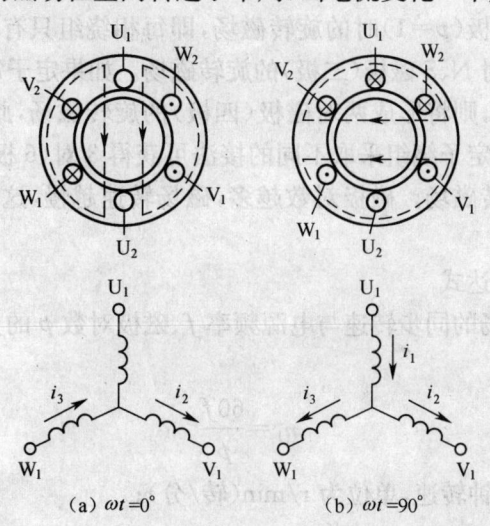

(a) $\omega t = 0°$　　　　　　　(b) $\omega t = 90°$

39

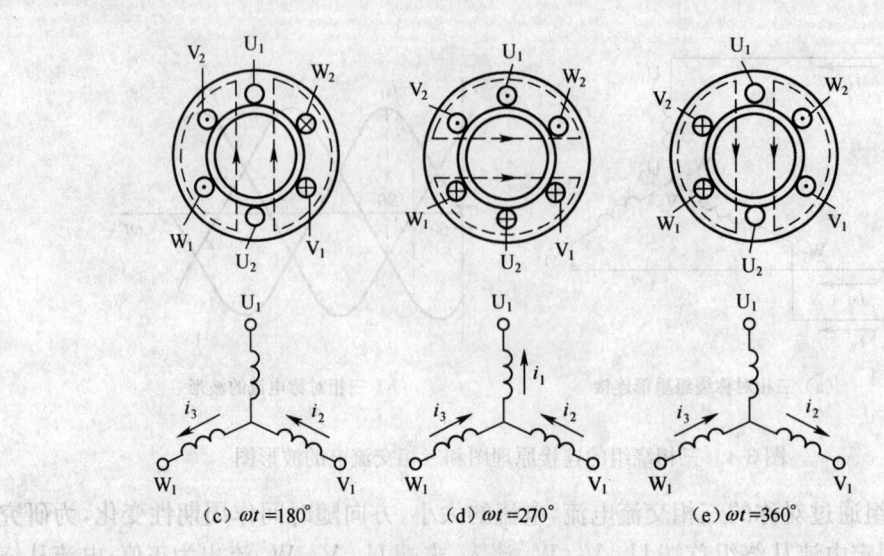

(c) $\omega t=180°$　　　　(d) $\omega t=270°$　　　　(e) $\omega t=360°$

图 3-5　旋转磁场的产生

场在空间转过一周。可以推知,如果电流周而复始地通过绕组,磁场就会连续旋转。空间 120°对称分布的三相绕组通以对称的三相交流电流时,在空间就产生了旋转磁场。

2. 旋转磁场的转速

1)同步转速与电源频率的关系

实际应用的异步电动机是定子绕组接通三相交流电源,绕组中通过三相对称电流,在电动机的气隙中就产生一个旋转磁场。这个旋转磁场的转速称为同步转速,它是由电源频率以及定子绕组的磁极对数决定的。已经知道,若定子绕组形成一对磁极,当电流变化一周时,旋转磁场旋转一周。如果交流电的频率为 f,即每分钟变化 $60f$ 次,那么旋转磁场每分钟要转 $60f$ 周,$n_1=60f$(r/min)。这就是说,旋转磁场的转速与电源频率成正比关系。

2)同步转速与磁极对数的关系

那么,同步转速与磁极对数又有什么关系呢?

上述讨论了一对磁极($p=1$)时的旋转磁场,即每相绕组只有一个绕组,放在定子铁芯的 6 个槽内,形成一对 N、S 磁极(二极)的旋转磁场。如果定子每相绕组由两个线圈串联,分别放入 12 个槽内,则将形成两对磁极(四极)的旋转磁场,此时,电流变化一周,磁场只能旋转半个周期。定子绕组采取不同的接法可获得 3 对(6 极)、4 对(8 极)、5 对(10 极)等不同极对数的旋转磁场。磁极对数越多,磁场转速越慢,这就是说,磁场的转速与磁极对数成反比关系。

3)同步转速数学表达式

综上所述,旋转磁场的同步转速与电源频率 f、磁极对数 p 的关系可以用下面数学表达式表示

$$n_1=\frac{60f}{p}$$

式中　n_1——磁场每分钟转速,单位为 r/min(转/分);
　　　p——磁极对数。

我国交流电频率的规定标准是50Hz，所以 $f=50$Hz 时的同步转速见表3-5。

表3-5 $f=50$Hz 时的同步转速

磁极对数	1	2	3	4	5
同步转速 n_1/(r/min)	3000	1500	1000	750	600

如果电源频率发生变化，同步转速也将随之变化。因此，改变电源的频率可以改变三相异步电动机的同步转速。

3. 三相异步电动机的工作原理

1）转子的转动

通过上面的分析，定子绕组通入三相交流电时，在气隙中产生旋转磁场，假定旋转磁场的转向是顺时针方向，如图3-6所示。开始通电时，转子是静止的，与磁场有相对运动。相当于转子按逆时针方向运动，转子上部的导条相当于向左做切割磁力线运动，产生感应电动势，感应电动势的方向由右手定则判断，方向由纸面向外；转子下部的导条相当于向右做切割磁力线运动，产生的感应电动势方向垂直纸面向里。所有转子导条又是被短路的，因此导条内有感应电流流过，这样转子导条就成为通电导体，在磁场中受到磁场力的作用，作用力的方向用左手定则来判断。转子上部导条受力方向为顺时针方向，下部的导条受力方向也为顺时针方向，所以转子在上下力偶矩的作用下就顺时针旋转起来了。

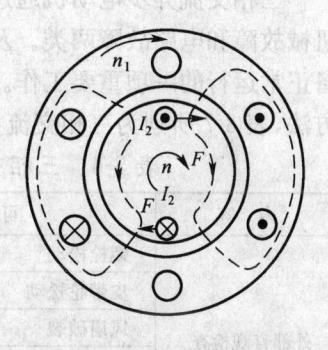

图3-6 转子的转动原理

2）转子的转速和方向

三相交流电产生的是旋转磁场，转子的转向与旋转磁场的方向相同，转子的转速一般要小于磁场的转速（也可以大于磁场的转速），这样才能使转子旋转时，能时时切割磁力线而受到磁场力的作用。否则，转子的转速与旋转磁场的转速相同，转子导条不切割磁力线，也就不能产生感应电动势，因而也就没有感应电流通过，也就不受力的作用，力矩将无法产生，转子也就不能转动了。所以，转子转速必须小于磁场转速——即小于同步转速。异步电动机的名字也就是因此而得的。

电动机转子的转向是由旋转磁场的转向决定的。旋转磁场的转向取决于电源的相序，所以，对调三相电源线中的任意两相电源线，电动机就可以反转。

3）转差率

旋转磁场的转速 n_1 与转子转速 n 之差称为转差，即 $\Delta n=n_1-n$，转差与同步转速之比称为转差率 s，即

$$s=\frac{n_1-n}{n_1}$$

转差率是异步电动机的一个重要参数。

异步电动机转子的转速 n，最小是0，最大是同步转速。$n=0$ 时，$s=1$；$n=n_1$ 时，$s=0$，可见转差率 s 值在0~1之间。转差率的大小对异步电动机的其他参数有直接影响。一般三相异步电动机在空载时，s 约在0.005以下；在额定工作状态时，s 约在0.02~0.06之间。

例 3-1 JO-51-2 型,10kW 异步电动机,电源频率为 50Hz,转子额定转速为 2930r/min,求额定转差率。

解:两极的异步电动机的同步转速

$$n_1 = \frac{60f}{p} = \frac{60 \times 50}{1} = 3000 \text{r/min}$$

额定转差率

$$s_N = \frac{n_1 - n}{n_1} = \frac{3000 - 2930}{3000} = 0.0233$$

知识链接三 三相交流异步电动机常见故障的维护

三相交流异步电动机通过长期运行后,会出现各种故障现象。它的故障现象可分为机械故障和电路故障两类。及时判断故障原因,进行相应处理,是防止故障扩大、保证设备正常运行的一项重要工作。表 3-6 所列为三相交流异步电动机的常见机械故障及处理方法,表 3-7 所列为三相交流异步电动机的常见电路故障及处理方法。

表 3-6 三相交流异步电动机的常见机械故障及处理方法

内 容	可能出现的故障	处 理 方 法
外部直观检查	螺栓松动	用叉子扳手固紧
	皮带轮松动	加上销紧固
	风扇破裂	更换
	有裂纹	若机壳是铸铁,可施以电焊(用铸条焊条);若机壳是铸铝,可施以气焊;若裂纹较大,焊接困难,则只能报废
用手旋转,使转子转动	转动阻力大(一般是装配不良或轴承失油)	重新装配或给轴承重加润滑油
	无法转动(一般是由于轴承锈死)	更换轴承
	异响(一般是轴承损坏或机内、风扇周围有异物)	更换轴承,清除异物

表 3-7 三相交流异步电动机的常见电路故障及处理方法

故障现象	可 能 原 因	处 理 方 法
通电后电动机不能转动,但无异响,也无异味和冒烟现象	①电源未通(至少两相未通)。②熔丝熔断(至少两相熔断)。③过流继电器调得过小。④控制设备接线错误	①检查电源回路开关,熔丝、接线盒处是否有断点并修复。②检查熔丝型号、熔断原因,换新熔丝。③调节继电器与电动机相吻合。④改正,重新接线
通电后,电动机不转,然后熔丝烧断	①缺一相电源,或定子线圈一相反接。②定子绕组相间短路。③定子绕组接地。④定子绕组接线错误。⑤熔丝截面过小。⑥电源线短路或接地	①检查刀闸是否有一相未合好或电源回路有一相断线,消除反接。②查处短路点,予以修复。③消除接地。④查处误接,予以改正。⑤更换熔丝。⑥消除接地点

(续)

故障现象	可能原因	处理方法
通电后电动机不转,有"嗡嗡"声	①定、转子绕组有断路(一相断线)或电源一相无电。 ②绕组引出线始末端接错或绕组内部接反。 ③电源回路接点松动,接触电阻大。 ④电动机负载过大或转子卡住。 ⑤电源电压过低。 ⑥小型电动机装配太紧或轴承内油脂过硬。 ⑦轴承卡住	①查明断点予以修复。 ②检查绕组极性,判断绕组末端是否正确。 ③紧固松动的接线螺丝,用万用表判断各接头是否假接,予以修复。 ④减载或者消除机械故障。 ⑤检查电动机的接线是否把规定的三角形误接为星形;是否由于电源导线过细使压降过大,重接。 ⑥重新装配使之灵活,更换合格油脂。 ⑦修复或更换轴承
电动机启动困难,额定负载时,电动机转速低于额定转速较多	①电源电压过低。 ②三角形电动机误接为星形。 ③笼型转子脱焊或断裂。 ④定、转子局部线圈错接、反接。 ⑤修复电动机绕组时,增加匝数过多。 ⑥电机过载	①测量并且调高电源电压。 ②纠正接法。 ③检查脱焊点和断点并修复。 ④查出误接处,予以改正。 ⑤恢复正确匝数。 ⑥减载
电动机空载过载时,电流表指针不稳、摆动	①笼型转子导条开焊或断条。 ②绕线型转子故障(一相断路)或电刷装置接触不良	①查处断条,予以修复或更换转子。 ②检查绕线转子回路并加以修复
电动机空载电流平衡,但数值过大	①修复时定子绕组匝数减小过多。 ②电源电压过高。 ③星形电动机误接为三角形。 ④电动机装配中,转子装反,使定子铁芯未对齐,有效长度减短。 ⑤气隙过大或不均匀。 ⑥大修拆除旧绕组时,使用热拆法不当,使铁芯烧损	①重绕定子绕组,恢复正确匝数。 ②设法恢复额定电压。 ③改接为星形。 ④重新装配。 ⑤更换新转子或调整气隙。 ⑥检修铁芯或重新计算绕组,适当增加匝数
电动机运行时响声不正常,有异响	①转子与定子绝缘纸或槽楔相擦。 ②轴承磨损或油内有沙粒等异物。 ③定、转子铁芯松动。 ④轴承缺油。 ⑤风道填塞或风扇擦风罩。 ⑥定、转子铁芯相擦。 ⑦电源电压过高或不平衡。 ⑧定子绕组错接或短路	①修剪绝缘,削低槽楔。 ②更换轴承或清洗轴承。 ③检修定、转子铁芯。 ④加油。 ⑤清理风道,重新安装。 ⑥消除相擦。 ⑦检查并调整电源电压。 ⑧消除定子绕组故障
运行中电动机振动较大	①轴承磨损间隙过大。 ②气隙不均匀。 ③转子不平衡。 ④转轴弯曲。 ⑤铁芯变形或松动。 ⑥联轴器(皮带轮)中心未校正。 ⑦风扇不平衡。 ⑧机壳或基础强度不够。 ⑨电动机地脚螺丝松动。 ⑩笼型转子脱焊断路,绕线转子断路,定子绕组故障	①检修轴承,必要时更换。 ②调整气隙,使之均匀。 ③校正转子动平衡。 ④校直转轴。 ⑤校正重叠铁芯。 ⑥重新校正,使之符合规定。 ⑦检修风扇,校正平衡,纠正其几何形状。 ⑧进行加固。 ⑨紧固地脚螺丝。 ⑩修正转子绕组,修复定子绕组

(续)

故障现象	可能原因	处理方法
轴承过热	①润滑脂过多或过少。 ②油脂不好,含有杂质。 ③轴承与轴颈或端盖配合不当(过松或过紧)。 ④轴承内孔偏心,与轴相擦。 ⑤电动机端盖或轴承盖未装平。 ⑥电动机与负载间联轴器未校正,或皮带过紧。 ⑦轴承间隙过大或过小。 ⑧电动机轴弯曲	①按规定加润滑脂(容积的 1/3～2/3)。 ②更换清洁的润滑脂。 ③过松可用黏结剂修复,过紧应车磨轴颈或端盖内孔,使之合适。 ④修理轴承盖,消除擦点。 ⑤重新装配。 ⑥重新校正,调整皮带张力。 ⑦更换新轴承。 ⑧校正电机轴或更换转子

提示:

①拆卸前,应在电动机外壳及前后端盖上做好标记,以便于正确装配。

②装配转子和端盖时,要按照拆卸前的标记正确安装。

③拆卸不同部位的螺钉或螺帽时,尽量使用配套的工具,避免损伤螺钉帽。

④用敲击法拆卸前、后端盖或轴承时,不能直接用铁锤敲击而损伤端盖和轴承。选择用橡皮锤或垫上硬木块等物。

⑤在拿出和放入转子时,要采用双手扶住转子,平稳地抽出和放入,以防损伤铁芯和绕组。

⑥对于轴承的拆卸,一般比较好的方法是使用拉具进行拆卸。

⑦装配完成后要用手检查转子的转动灵活性,如果发现转动不灵活则要重新拆卸,查找原因,排除后重新装配好。

任务二 三相对称负载的电压、电流测量

三相对称负载电路在生产与生活中应用得最为广泛,如三相电动机、三相工业电炉等负载必须接上三相电压才能正常工作。

将三相负载——白炽灯的进线端分别接到三相电源的 U、V、W,三相负载输出端短接于一公共端点,负载公共端接于电源中线 N 上。这种连接方式称为三相负载的星形连接,图 3-7 即为三相负载星形连接电路图。

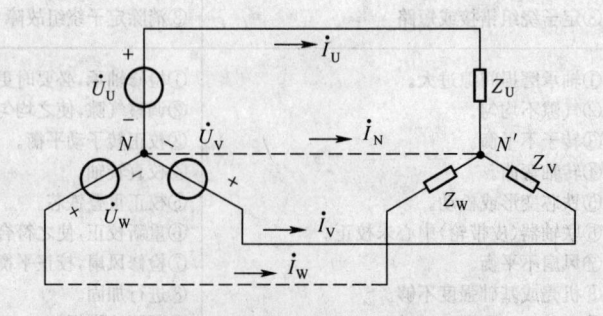

图 3-7 三相负载星形连接电路图

【工作过程】 (建议 4 位学生合作完成)

将3组灯箱负载做成星形连接电路,如图3-8所示,经检查无误后,合上电源开关S和中性线开关G,测量负载端各相电压、线电压和线电流的数值,将数据记入到表3-9中,同时观察灯泡亮度是否相同;再断开中线开关G,重复上述测量,将数据记入到表3-9中,同时也观察灯泡亮度(与有中线时相比,有无变化),然后断开开关S;再将U相负载的灯泡改为一盏,其他两相仍为两盏,先合上G,然后闭合S开关;重复第二次测量,将数据记入到表3-8中,并观察哪一相灯泡最亮(注意:做无中线不对称负载连接时,由于某相电压要高于灯泡的额定电压,故动作要迅速,测量时间不可过长,测量完后应立即断开S开关)。

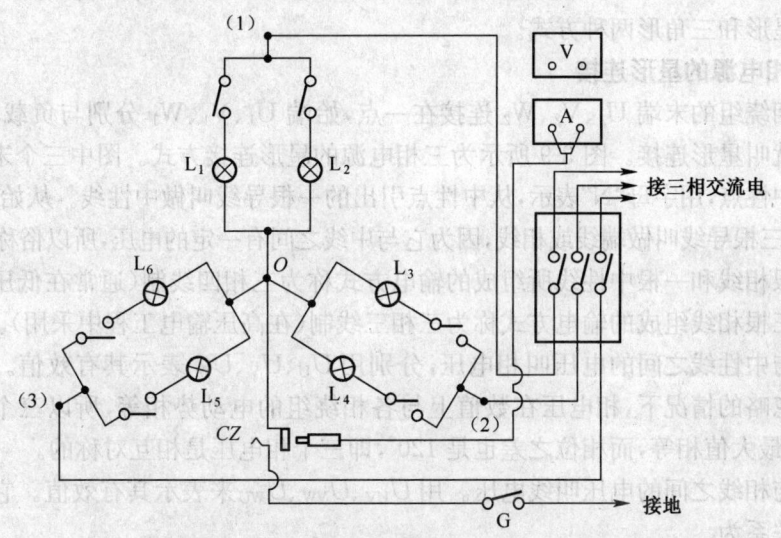

图3-8 三组灯箱负载接成星形连接电路图

表3-8 三相对称负载星形连接测量的电压电流数据

测量项目		负载对称		负载不对称	
		有中线	无中线	有中线	无中线
线电压/V	U_{UV}				
	U_{VW}				
	U_{WU}				
相电压/V	U_U				
	U_V				
	U_W				
电流/A	I_U				
	I_V				
	I_W				
	I_N				
灯泡亮度比较					

注意事项:

①电路接线完毕,同组同学应自查一遍,然后由指导教师检查后,方可接通电源,必须严格遵守先接线、后通电,先断电、后拆线的操作原则;

45

②星形负载作短路时,必须首先断开中线,以免发生短路事故;
③测量、记录各电压、电流时,注意分清它们是哪一相、哪一线,避免记错。

知识链接四　三相交流电源的连接

三相发电机的每一相绕组都是独立的电源,均可单独给负载供电,但这样供电需要6根导线。实际上,三相交流电源是按照一定的方式连接之后,再向负载供电的,三相电源的连接有星形和三角形两种方式。

1. 三相电源的星形连接

将三相绕组的末端 U_2、V_2、W_2 连接在一点,始端 U_1、V_1、W_1 分别与负载相连,这种连接方法就叫星形连接。图 3-9 所示为三相电源的星形连接方式。图中三个末端相连接的点称为中性点,用字母"N"表示,从中性点引出的一根导线叫做中性线。从始端 U_1、V_1、W_1 引出的三根导线叫做端线或相线,因为它与中线之间有一定的电压,所以俗称火线。

由三根相线和一根中性线所组成的输电方式称为三相四线制(通常在低压配电中采用);只由三根相线组成的输电方式称为三相三线制(在高压输电工程中采用)。

相线与中性线之间的电压叫相电压,分别用 U_U、U_V、U_W 表示其有效值。在发电机内阻可以忽略的情况下,相电压在数值上与各相绕组的电动势相等,所以三个相电压的频率相同、最大值相等,而相位之差也是 120°,即三个相电压是相互对称的。

相线与相线之间的电压叫线电压。用 U_{UV}、U_{VW}、U_{WU} 来表示其有效值。它们与相电压之间的关系为

$$\dot{U}_{UV} = \dot{U}_U - \dot{U}_V$$
$$\dot{U}_{VW} = \dot{U}_V - \dot{U}_W$$
$$\dot{U}_{WU} = \dot{U}_W - \dot{U}_U$$

作出 $\dot{U}_U$、$\dot{U}_V$、$\dot{U}_W$ 相量图,如图 3-10 所示。然后,应用平行四边形法则,可以求出线电压

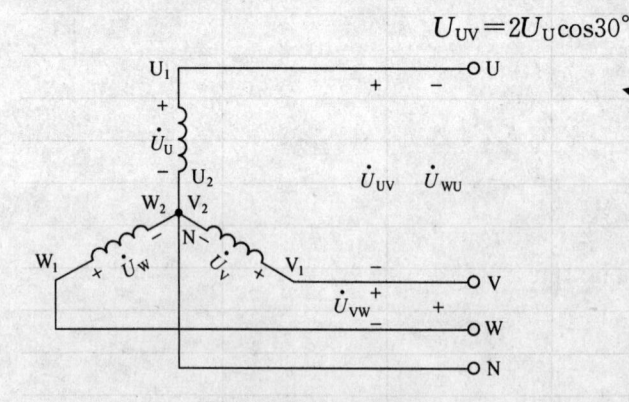

$$U_{UV} = 2U_U \cos 30°$$

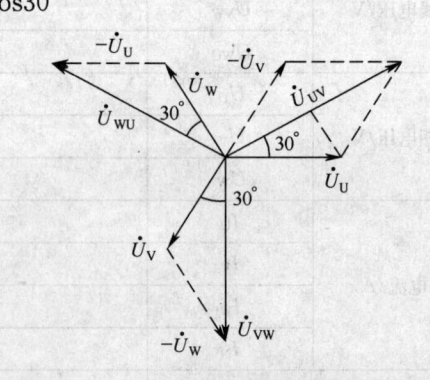

图 3-9　三相电源的星形连接　　图 3-10　三相电源星形连接的电压相量图

即得线电压 U_{UV} 与相电压 U_U 间的关系为

$$U_{UV} = \sqrt{3} U_U$$

同理可求得

$$U_{VW}=\sqrt{3}U_V$$
$$U_{WU}=\sqrt{3}U_W$$

一般,线电压用 U_L 表示,相电压用 U_P 表示,线电压与相电压之间的数量关系可以写成
$$U_L=\sqrt{3}U_P$$

从相量图可以看出:各线电压在相位上比各对应的相电压超前 30°。又因为相电压是对称的,所以线电压也是对称的,即各线电压之间的相位差也都是 120°。

通常所说的 380V、220V 电压,就是指电源成星形连接时的线电压和相电压的有效值。

2. 三相电源的三角形连接

将三相绕组的首、末端顺次序相连,再从三个联接点引出三根端线 U、V、W。这样就构成三角形连接方式,如图 3-11 所示。

线电压与相电压的关系为
$$U_{UV}=U_U$$
$$U_{VW}=U_V$$
$$U_{WU}=U_W$$

即三相电源作三角形连接时线电压与相电压相等,有
$$U_L=U_P$$

应该指出,三相电源作三角形连接时,要注意接线的正确性,当三相绕组连接正确时,在三角形闭合回路中总的电压为 0,即

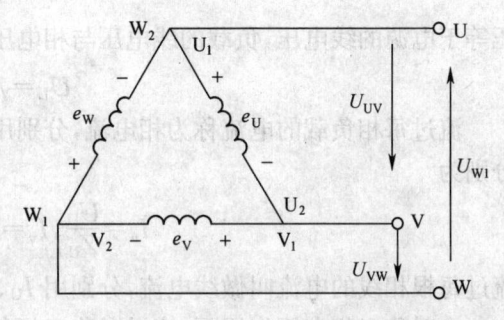

图 3-11 三相电源的三角形连接

$$\dot{U}_U+\dot{U}_V+\dot{U}_W=\dot{U}_P(\angle(0°)+\angle(-120°)+\angle(+120°))=0$$

注意:三相电源接成三角形时,为保证连接正确,可先把三个绕组接成一个开口三角形,经一电压表闭合,若电压表读数为 0,说明连接正确,可撤去电压表将回路闭合。

知识链接五　三相负载的连接

三相电路的负载是由三部分组成的,其中每一部分叫做一相负载。三相负载可分为对称三相负载和不对称三相负载。各相负载的大小和性质完全相同的叫对称三相负载,即 $R_U=R_V=R_W$,$X_U=X_V=X_W$,如三相电动机、三相变压器、三相电炉等。各相负载不同的就叫不对称负载,如三相照明电路中的负载。

在三相电路中,负载有星形和三角形两种连接方式。

1. 三相负载的星形接法

1)三相负载作星形连接的规律

把三相负载的末端 U_2、V_2、W_2 连在一起接到三相电源的中性线上,把各相负载的首端 U_1、V_1、W_1 分别接三相交流电源的三根相线上,这种连接方法叫做三相负载有中线的星形接法,用 Y_0 表示,如图 3-12 所示。

负载作星形连接并具有中线时,每相负载两端的电压叫做负载的相电压,用 U_{YP} 表示。当输电线的阻抗被忽略时,负载的相电压等于电源相电压($U_{YP}=U_P$)。负载的线电

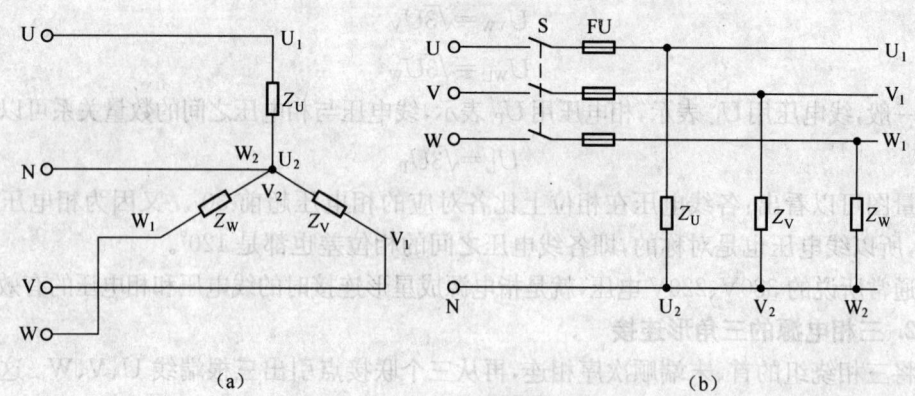

图 3-12 三相负载有中线的星形接法

压等于电源的线电压,负载的线电压与相电压的关系为

$$U_L=\sqrt{3}U_{YP}$$

流过每相负载的电流称为相电流,分别用 I_u、I_v、I_w 表示,一般用 I_{YP} 表示。三相电流分别为

$$\dot{I}_u=\frac{\dot{U}_U}{Z_U}, \dot{I}_v=\frac{\dot{U}_V}{Z_V}, \dot{I}_w=\frac{\dot{U}_W}{Z_W}$$

流过每根相线的电流叫做线电流,分别用 I_U、I_V、I_W 表示,一般用 I_{YL} 表示。

在对称三相电压作用下,流过对称三相负载的各相电流也是对称的,即

$$I_{YP}=I_u=I_v=I_w=\frac{U_{YP}}{Z_P}$$

各相电流之间的相位差仍为 120°。因此,计算对称三相负载电路只需要计算其中一相,其他两相只是相位互差 120°。

各相电流是对称的,相量图如图 3-13 所示。由图可知,中线电流为 0,即

$$\dot{I}_N=\dot{I}_U+\dot{I}_V+\dot{I}_W=0$$

对称三相负载作星形连接时的中线电流为 0。在这种情况下去掉中线也不影响三相电路的正常工作,为此常常采用三相三线制,如图 3-14 所示。常用的三相电动机和三相变压器都是对称三相负载,都采用三相三线制。

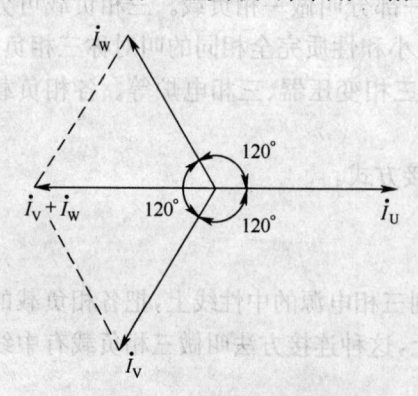

图 3-13 三相对称负载作星形连接时的电流相量图

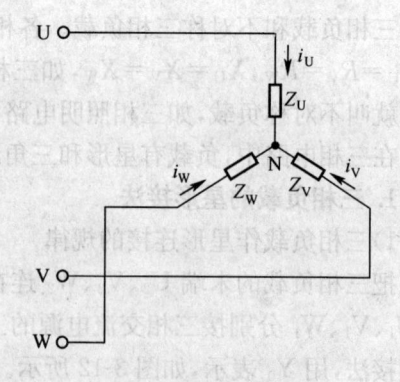

图 3-14 三相三线制电路

48

应当指出,在三相负载的星形连接中,无论有无中线,由于每相的负载都串联在相线上,相线和负载通过的是同一个电流,所以各相电流等于各线电流,即

$$\dot{I}_U=\dot{I}_u \quad \dot{I}_V=\dot{I}_v \quad \dot{I}_W=\dot{I}_w$$

一般写成

$$I_L=I_P$$

例3-2 星形连接的对称三相负载,每相的电阻$R=24\Omega$,感抗$X_L=32\Omega$,接到线电压为$U_L=380V$的三相电源上。求相电压U_P、相电流I_P及线电流I_L。

解:对称三相负载作星形连接,每相负载两端的电压等于电源的相电压,即

$$U_P=\frac{U_L}{\sqrt{3}}=\frac{380}{\sqrt{3}}=220V$$

每相负载的阻抗为

$$Z=\sqrt{R^2+X_L^2}=\sqrt{24^2+32^2}=40\Omega$$

则相电流为

$$I_P=\frac{U_P}{Z}=\frac{220}{40}=5.5A$$

负载作星形连接时的线电流等于相电流,即

$$I_L=I_P=5.5A$$

2)不对称负载作星形连接时中线的作用

三相负载在很多情况下是不对称的,最常见的照明电路就是不对称负载有中线的星形连接的三相电路。下面,我们通过具体的例子分析三相四线制中线的重要作用。

三相电路的不对称,可能是因为三相电压不对称、三相负载不对称或三相线路阻抗不同引起的。通常情况下,三相电源电压、三根输电线阻抗是对称的,三相电路不对称的主要原因是三相负载的不对称,例如,对称三相电路的某一条端线断开,或某一相负载发生短路或开路,电路都将失去原来的对称性,成为不对称三相电路。由于不对称三相电路失去对称性的特点,不能归为一相进行分析,一般可把它作为复杂电路,视具体情况来分析。

把额定电压为220V,功率分别为100W、60W和40W的三个灯泡作星形连接,然后接到三相四线制的电源上。为了便于说明问题,设在中线上装有开关S_N,如图3-15(a)所示。每个灯泡两端的电压为相电压,它等于灯泡的额定电压220V。当闭合开关S_N、S_U、S_V和S_W时,每个灯泡都能正常发光。当断开S_U、S_V和S_W中任意一个或两个开关时,处在通路状态

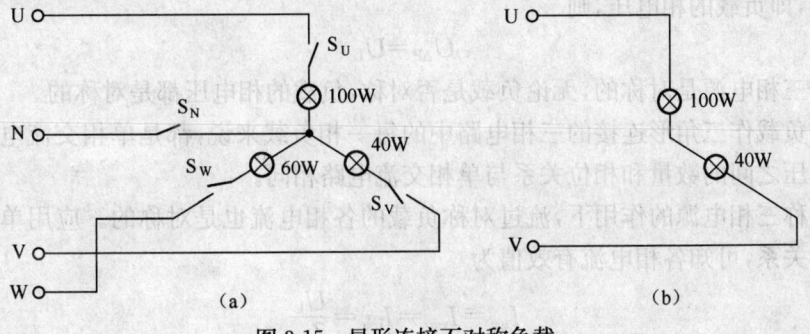

图3-15 星形连接不对称负载

下的灯泡两端的电压仍然是相电压,灯泡仍然正常发光。上述情况是相电压不变,而各相电流的数值不同,中性线电流不等于0。如果断开开关 S_W,再断开中线开关 S_N,如图3-15(b)所示,中性线断开后,电路变成不对称星形负载无中性线电路,40W的灯泡反比100W的灯泡亮得多。其原因是,没有中性线,两个灯泡(40W和100W灯泡)串联起来接到了两根相线上,即加在两个串联灯泡两端的电压是线电压380V。又由于100W灯泡的电阻比40W灯泡的电阻小,由串联分压可知它两端的电压也就小。因此,100W灯泡实际的功率小于40W,反而较暗,40W灯泡两端的电压大于220V,会发出更强的光,很可能将灯泡烧毁。

可见,对于不对称星形负载的三相电路,必须采用带中性线的三相四线制供电。若无中性线,可能是某一相电压过低,该相用电设备不能正常工作;或是某一相电压过高,烧毁该相用电设备。因此,中性线对于电路的正常工作及安全是非常重要的,它可以保证不对称三相负载电压的对称,防止发生事故。在三相四线制中规定,中性线不允许安装熔断器和开关。通常还要把中性线接地,使它与大地电位相同,以保障安全。

2. 三相负载的三角形接法

把三相负载分别接到三相交流电源的每两根相线之间,负载的这种连接方法叫做三角形连接,用符号"△"表示。原理图如图3-16(a)所示,实际电路图如图3-16(b)所示。

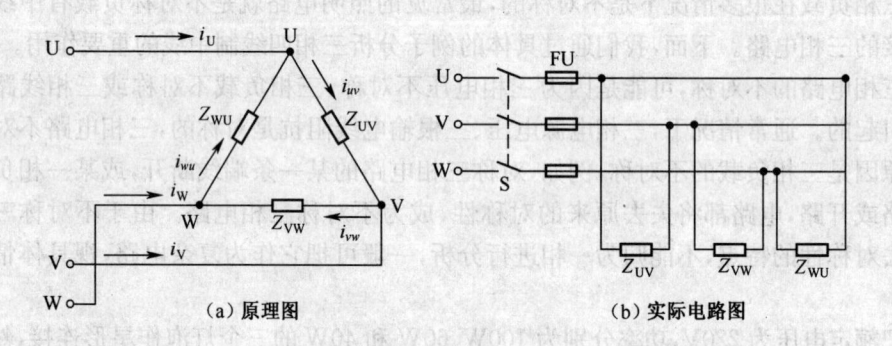

图3-16 三相负载的三角形连接

三角形连接中的各相负载全都接在了两根相线之间,因此电源的线电压等于负载两端的电压,即负载的相电压,则

$$U_{\triangle P}=U_L$$

由于三相电源是对称的,无论负载是否对称,负载的相电压都是对称的。

对于负载作三角形连接的三相电路中的每一相负载来说,都是单相交流电路。各相电流和电压之间的数量和相位关系与单相交流电路相同。

在对称三相电源的作用下,流过对称负载的各相电流也是对称的。应用单相交流电路的计算关系,可知各相电流有效值为

$$I_{uv}=I_{vw}=I_{wu}=\frac{U_L}{Z_{UV}}$$

各相电流之间的相位差仍为120°。

线电流与相电流之间的相量关系为

$$\dot{I}_U = \dot{I}_{uv} - \dot{I}_{wu}, \quad \dot{I}_V = \dot{I}_{vw} - \dot{I}_{uv}, \quad \dot{I}_W = \dot{I}_{wu} - \dot{I}_{vw}$$

当负载对称时,作出相电流 $\dot{I}_{uv}$, $\dot{I}_{vw}$, $\dot{I}_{wu}$ 的相量图,如图 3-17 所示。应用平行四边形法则可以求出线电流为

$$I_U = 2I_{uv}\cos30° = 2I_{uv}\frac{\sqrt{3}}{2} = \sqrt{3}I_{uv}$$

同理可求出

$$I_V = \sqrt{3}I_{vw}$$

$$I_W = \sqrt{3}I_{wu}$$

由此可见,当对称负载作三角形连接时,线电流的大小为相电流的$\sqrt{3}$倍,一般写成

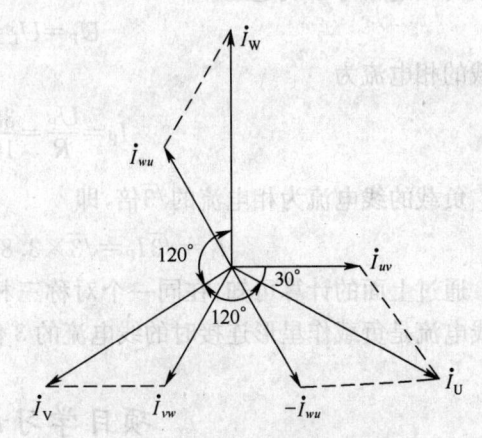

$$I_{\Delta L} = \sqrt{3}I_{\Delta P}$$

图 3-17 对称三相负载的电流相量图

例 3-3 有三个 100Ω 的电阻,将它们连接成星形或三角形,分别接到线电压为 380V 的对称三相电源上。试求线电压、相电压、线电流和相电流。

解:①负载作星形连接,如图 3-18(a)所示。
负载的线电压为

$$U_L = 380V$$

负载的相电压为线电压的 $\frac{1}{\sqrt{3}}$,即

$$U_P = \frac{U_L}{\sqrt{3}} = \frac{380}{\sqrt{3}} = 220V$$

负载的相电流等于线电流,即

$$I_P = I_L = \frac{U_P}{R} = \frac{220}{100} = 2.2A$$

②负载作三角形连接,如图 3-18(b)所示。

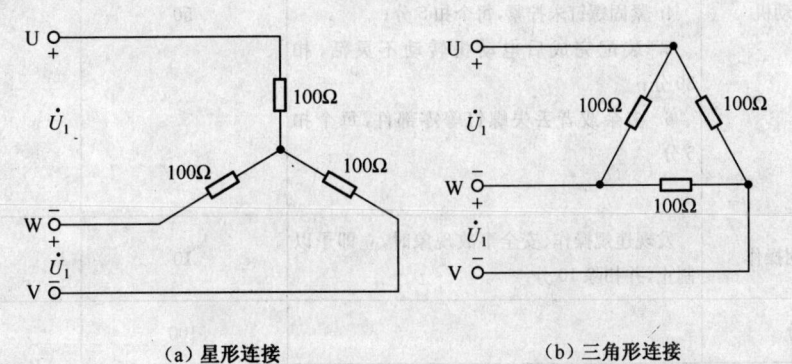

(a) 星形连接　　　　　　(b) 三角形连接

图 3-18 三相负载的星形连接和三角形连接

51

负载的线电压为
$$U_L = 380V$$

负载的相电压等于线电压，即
$$U_P = U_L = 380V$$

负载的相电流为
$$I_P = \frac{U_P}{R} = \frac{380}{100} = 3.8A$$

负载的线电流为相电流的$\sqrt{3}$倍，即
$$I_L = \sqrt{3} I_P = \sqrt{3} \times 3.8 = \sqrt{3} \times 3.8 \approx 6.6A$$

通过上面的计算可知，在同一个对称三相电源的作用下，对称负载作三角形连接时的线电流是负载作星形连接时的线电流的3倍。

项目学习评价小结

1. 三相异步电动机拆卸和装配的考核标准

考核内容	评分标准	应得分	实得分
拆卸电动机	1. 拆卸步骤和方法不正确，每步扣5分； 2. 碰伤定子绕组和铁芯，扣10分； 3. 损坏零部件，每个扣10分； 4. 装配标记不清楚，每个扣10分	40	
装配电动机	1. 装配步骤和方法错误，每步扣10分； 2. 损坏定子绕组或者零部件，每个扣10分； 3. 轴承清洗不干净，每个扣5分； 4. 紧固螺钉未拧紧，每个扣5分； 5. 装配完成后电动机转动不灵活，扣30分； 6. 多余或者丢失螺钉等零部件，每个扣5分	50	
安全文明操作	发现违规操作、安全事故现象时，立即予以制止，并扣除10分	10	
总分		100	

注：每项扣分直至扣完为止

2. 学生自我评价

(1) 填空题

①对称三相电源的线电压是相电压的_____倍,线电压的相位_____相应相电压的 $\frac{\pi}{6}$。

②三相电路中的三相负载,可分为_____三相负载和_____三相负载两种情况。

③负载作星形连接,具有中性线,并且输电线的电阻可以被忽略时,负载的相电压与电源的相电压_____,负载的线电压与电源的线电压_____。负载的线电压与相电压的关系为_____。

④在对称三相电源作用下,流过对称三相负载的各相电流的大小_____,各相电流的相位差为_____。对称负载作星形连接时的中线电流为_____。

⑤不对称负载星形连接的三相电路,必须采用_____供电,中性线不许安装_____和_____。通常还要把中性线_____,以保障安全。

⑥三相照明电路必须采用_____的电路。

⑦三相异步电动机旋转磁场的转向是由_____决定的,运行中若旋转磁场的转向改变了,转子的转向将_____。

⑧三相异步电动机的转速取决于_____、_____和_____。

⑨一台三相异步电动机的额定电压为380V/220V,接法为星形/三角形,其绕组额定电压为_____。当三相对称电源线电压为220V时,必须将电动机接成_____。

⑩三相异步电动机主要由_____和_____两个基本部分组成。

⑪异步电动机的定子是用来产生_____的,定子一般由_____、_____、_____三部分组成。

⑫转子是异步电动机的_____部分。转子由_____、_____、_____三部分组成。

(2) 问答题

①什么是对称三相电动势?它有什么特点?

②什么是三相四线制电源?对称三相四线制中的线电压与相电压在数值和相位上有什么关系?

③试说明三相异步电动机的基本工作原理。

④异步电动机定子旋转磁场的转速与哪些因素有关?有何关系?

⑤简述三相异步电动机铭牌数据的含义。

(3) 计算题

①一台三相异步电动机由频率为50Hz的电源供电,其额定转速为730r/min。求此电动机的磁极对数、同步转速及额定负载时的转差率。

②一个三相电炉,每相电阻为22Ω,接到线电压为380V的对称三相电源上。

a. 当电炉接成星形时,求相电压、相电流和线电流。

b. 当电炉接成三角形时,求相电压、相电流和线电流。

3. 项目评价报告表

项目完成时间：		年 月 日—— 年 月 日				
评价项目		评 分 依 据	优秀 (10~8)	良好 (7~5)	合格 (4~2)	继续努力 (<2)
自我评价 (30)	学习态度 (10)	1. 所有项目都出全勤，无迟到早退现象。 2. 认真完成各项任务，积极参与活动与讨论。 3. 尊重其他组员和老师，能够很好地交流合作				
	团队角色 (10)	1. 具有较强的团队精神、合作意识。 2. 积极参与各项活动、小组讨论、操作等过程。 3. 组织、协调能力强，主动性强，表现突出				
	作业情况 (10)	认真完成项目任务： ①三相异步电动机的拆装与维修； ②三相对称负载的星形连接中电压与电流的测量； ③自我评价习题完成情况				
		自我评价总分	合计：			
评价项目		评 分 依 据	优秀 (20~18)	良好 (17~15)	合格 (14~12)	继续努力 (<12)
小组内互评 (20)	其他组员	1. 所有项目都出全勤，无迟到早退现象。 2. 具有较强的团队精神、合作意识。 3. 积极参与各项活动、小组讨论、操作等过程。 4. 组织、协调能力强，主动性强，表现突出。 5. 能客观有效地评价同伴的学习。 6. 能认真完成三相异步电动机的拆装				
		小组内互评平均分	合计：			
评价项目		评 分 依 据	优秀 (50~48)	良好 (47~45)	合格 (44~42)	继续努力 (<42)
教师评价 (50)		1. 所有项目都出全勤，无迟到早退现象。 2. 完成项目期间认真严谨，积极参与活动与讨论。 3. 团结尊重其他组员和老师，能很好地交流合作。 4. 具有较强的团队精神，积极合作，参与团队活动。 5. 主动思考、发言，对团队贡献大。 6. 完成学习任务，各项目齐全完整。 7. 项目完成期间有创新、改进学习的方法。 8. 能客观地评价同伴的学习，通过学习有所收获。 9. 能安全、文明规范地对各项目进行操作				
		教师评价总分	合计：			
		总　　分				

项目四　直流电动机的拆装与维护

项目情景展示

　　直流电动机是生产、生活中常见的电气设备之一，目前主要应用于起重机械、电力机车、印刷机械、大型可逆轧钢机和龙门刨床等生产机械中。直流电动机具有优良的性能，能在宽广的范围内平滑而又方便地调节转速，可频繁地快速启动、制动和反转，有较强的过载能力，能承受频繁的冲击负载，可以满足生产过程自动化系统的各种特殊要求，同时还具有使用方便可靠、波形好、对电源干扰小等优点。但直流电动机结构复杂，成本高，具有易磨损的电刷和易损坏的换向器，因此运行维护比较麻烦。我们只有掌握其基本结构、工作原理和性能特点，才能正确地进行操作和基本的维护工作。

　　如图4-1所示为几种常用的直流电动机实物图，认真观察，以便对其外形结构具有初步的认识。

图4-1　直流电动机实物图

项目学习目标

	学习目标	学习方式	学时
技能目标	1. 熟悉直流电动机的基本结构。 2. 熟练使用工具拆装直流电动机。 3. 对直流电动机进行基本维护	教师指导，学生实践操作	6
知识目标	1. 了解直流电动机的基本结构。 2. 掌握直流电动机的基本原理。 3. 了解直流电动机的基本控制线路	教师讲授	6

任务　直流电动机的拆装

一、直流电动机的拆卸

　　直流电动机使用久了，会出现各种故障。因此在检查、清洗、修理电动机内部或者拆换轴承时，需要把电动机拆开。如果拆卸方法不得当，就会把零部件以及装配位置装错，就会产生故障或者为以后的使用留下隐患。所以在直流电动机的检修过程中,应熟练地掌握拆卸的技术。

尽管型号不同的直流电动机,其结构有一定程度的差异,但基本的拆卸过程大体相同。只要细心规范地拆卸其中一种电动机,就可以达到举一反三的效果。

拆卸前应在前、后端盖与机座的连接处用油墨或其他方法做好标记。拆卸电刷与刷握、刷握与机座等处也要做好标记。拆卸直流电动机的步骤基本上都是先拆换向器一侧的后端盖,然后拆前端盖及转子。具体步骤和方法参考表4-1。

表4-1 Z2-12型直流电动机的拆装步骤和方法

操作步骤	拆卸图示	操作方法说明
1. 拆卸后轴承外盖		用扳手(视情况选用呆扳手、活扳手、梅花扳手或套筒扳手等。下同)拆下后轴承外盖上的三颗螺钉,取下后轴承外盖
2. 拆下通气窗盖板(该板妨碍后端盖螺丝的拆卸)		(因电刷装置固定在后端盖内部,所以需以下两个步骤)用扳手拆下后端盖两侧的通气窗盖板上的螺钉,取下通气窗盖板
3. 拆开绕组的接线,翘起电刷的压指		拆下励磁绕组的接线,并翘起电刷上的压指
4. 拆下后端盖上的4颗螺钉		选用合适扳手拆下后端盖上的4颗螺钉
5. 拆下后端盖		对于中大型的电动机,可用拉具拉下后端盖;对于小型的电动机,使用拉具不方便,则用敲击法使端盖松脱

(续)

操作步骤	拆卸图示	操作方法说明
6. 拔出轴上固定销		用钢丝钳等工具拔出转轴上的固定销子
7. 拆下前轴承外盖上的3颗螺钉,取下前轴承外盖		用扳手拆下前轴承外盖上的3颗螺钉,取下前轴承外盖
8. 拆下前端盖上的4颗螺钉		用扳手拆下前端盖上的4颗螺钉
9. 取出转子和前端盖(1)		用硬木块垫在转轴另一端,锤击木块,打出转子和前端盖
10. 取出转子和前端盖(2)		双手用力要小心仔细,以免碰伤线圈绕组
11. 取下转子		用拉具(或敲击法)使转子与端盖分离,取下转子
12. 拆解开的直流电动机		注:本型号电动机电刷装置一般无需从后端盖内拆卸下来,这是因为维护电刷装置只需拆下后端盖两侧通气窗盖板即可

57

二、直流电动机的装配

直流电动机的装配,原则上是拆卸时的相反顺序。但装配前应对各部件及各配合处进行清污除锈,装配时按照拆卸时的标记复位到拆卸前的状态。装配好后用手转动转子,确认其是否灵活,有无卡阻现象。用摇表检查绝缘电阻达到规定值后可通电试验。装配的方法如图 4-2 所示。

图 4-2 直流电动机的装配方法示意图

工作提示:(建议两个学生一组合作完成拆装过程)

不同型号的电动机存在着结构的差异,拆装的步骤也略有不同。这就需要拆装者仔细研究查看电动机的结构特点,以选择正确的拆装方法。

①拆卸之前,应在电动机外壳及前、后端盖上做好标记,以便于正确装配。

②拆卸不同的螺钉或螺帽时,应选用合适的叉扳手、梅花扳手等,避免损伤螺钉帽。
③拆卸螺钉或螺帽时,不得用钢丝钳,以免损伤螺钉和螺帽。
④拆装过程中,不得失落、多余零部件。
⑤注①:用敲击法拆卸前、后端盖时,也可在端盖边沿垫上硬木块或铜、铝物,且敲击力不要太大。更要避免直接用锤子敲击而损伤端盖和轴承。
⑥在拿出和放入转子时,要小心仔细,避免擦伤线圈。
⑦安装后端盖时,切记将电刷装置中的压指按下。
⑧安装后端盖两侧的通气窗盖板时,通气孔方向应向下,以避免灰尘进入。
⑨对于轴承的拆卸,通常使用拉具进行拆卸。但由于电动机的型号、结构不同以及轴承损坏程度不同,有的轴承拆卸无法使用拉具,只能采用其他方法,具体方法在维修过程中灵活采用,但原则是拆卸轴承过程中避免损伤其他部件。

知识链接一　直流电动机的结构和工作原理

知识点 1　直流电动机的基础知识

1. 直流电动机的分类

按照直流电动机的主磁场不同,一般分两大类:一类是由永久磁铁作为主磁极,称为永磁式;另一类是利用给主磁极通入直流电产生主磁场,称为电磁式。

按照主磁极绕组与电枢绕组接线方式的不同,电磁式通常可分为他励式和自励式两种。其中自励式又可分为并励、串励、复励等几种。

2. 直流电动机的基本结构

直流电动机由静止部分(定子)和转动部分(主要部件为转子,也称电枢)两大部分组成。定子和转子之间有一定的缝隙,称为气隙。定子的作用是产生磁场和作电动机的机械支撑,它包括主磁极、换向极、机座、端盖、轴承、电刷装置等。转子上用来感应电势而实现能量转换的部分称为电枢,它包括电枢铁芯和电枢绕组。此外在转子上还有换向器、转轴、风扇等。图 4-3 为直流电动机结构示意图。

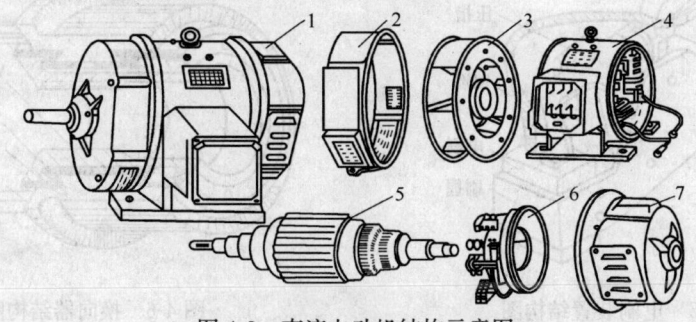

图 4-3　直流电动机结构示意图
1—电动机总成;2—后端盖;3—风扇;4—定子总成;5—转子总成;6—电刷装置;7—前端盖。

1)静止部分
(1)主磁极
主磁极是一种电磁铁,由主磁极铁芯和套在铁芯上的主磁极绕组(励磁绕组)组成。

59

主磁极用来产生主磁通,它总是成对的,相邻磁极的极性按 N 极和 S 极交替排,如图 4-4 所示。

(2)换向极

换向极装在两个主磁极间,也是由铁芯和绕组组成。它的作用是产生一个附加磁场,用以改善电机的换向性能,主要用来减少换向时在电刷和换向器之间的接触面上产生的火花,以保护电机。主磁极与换向极的位置如图 4-4 所示。

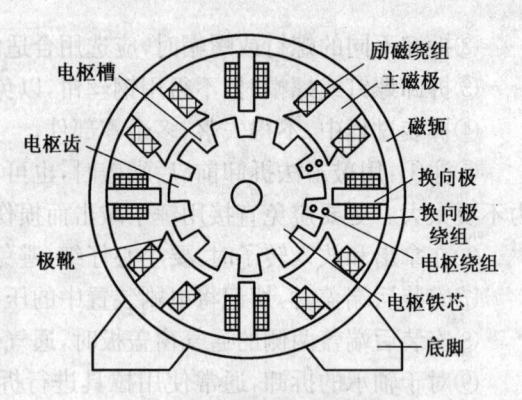

图 4-4　直流电动机径向剖面图

(3)电刷装置

直流电动机中,为使电枢绕组和外电路连接起来,必须装设固定的电刷装置,它是由电刷和刷握等组成,如图 4-5 所示。电刷材料根据电动机大小不同而有差异,一般小型电动机用碳刷,大型电动机用金属石墨电刷。

2)转动部分

(1)电枢铁芯

电枢铁芯一般用 0.5mm 的硅钢片叠压而成,其作用是通过磁通和嵌放电枢绕组。

(2)电枢绕组

电枢绕组的作用是感应电势和通过电流,使直流电动机实现机电能量变换,它是直流电动机的主要电路部分。

(3)换向器

换向器(又称整流子)的作用是经过其表面的电刷使旋转的电枢绕组与静止的外电路相通,将输入的直流转换成电枢内的交变电流,进而产生恒定方向的电磁转矩。换向器结构如图 4-6 所示。

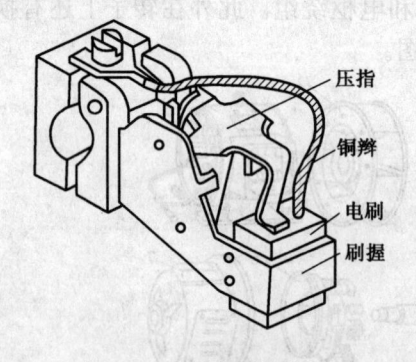

图 4-5　电刷装置结构图　　　　图 4-6　换向器结构图

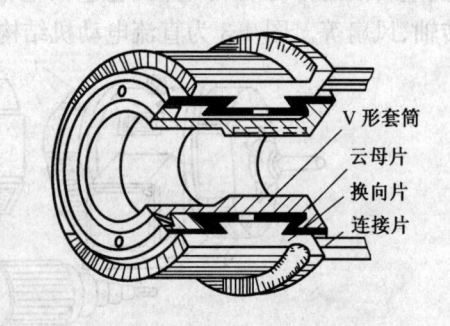

3. 直流电动机的铭牌数据及系列

1)直流电动机铭牌数据

直流电动机的铭牌见表 4-2。

表 4-2 直流电动机铭牌

型 号	Z2-72	励磁方式	并 励
功 率	22kW	励磁电压	220V
电 压	220V	励磁电流	2.06A
电 流	116A	定 额	连续
转 速	1500r/min	温 升	80℃
编 号	××××	出厂日期	××××年×月×日

××××电机厂

(1)额定容量(额定功率)P_N(kW)

额定容量指电机的输出功率。对发电机而言,是指输出的电功率;对电动机,则是指转轴上输出的机械功率。

(2)额定电压 U_N(V)和额定电流 I_N(A)

注意:它们不同于电机的电枢电压 U_a 和电枢电流 I_a,发电机的 U_N、I_N 是输出值,电动机的 U_N、I_N 是输入值。

(3)额定转速 n_N(r/min)

额定转速是指加额定电压、额定输出时的转速。

2)直流电机系列

(1)Z2 系列

该系列为一般用途的小型直流电机系列。"Z"表示直流,"2"表示第二次改进设计。系列容量为 0.4kW~200kW,电动机电压为 110V、220V,发电机电压为 115V、230V,属防护式。

(2)ZF 和 ZD 系列

这两个系列为一般用途的中型直流电机系列。"F"表示发电机,"D"表示电动机。系列容量为 55kW~1450kW。

(3)ZZJ 系列

该系列为起重、冶金用直流电机系列。电压有 220V、440V 两种。工作方式有连续、短时和断续三种。ZZJ 系列电机启动快速,过载能力大。

知识点 2 直流电动机的工作原理

直流电动机的工作原理如图 4-7 所示。在励磁绕组中通入直流励磁电流建立 N 极和 S 极,当电刷间加直流电压时,将有电流通过电刷流入电枢绕组,图 4-7(a)所示电枢导体 a-b 中电流 I_a 的方向由 a 指向 b,根据左手定则,将受到电磁转矩的作用,使线圈逆时针方向旋转;由于 A 电刷总与 N 极下的导体相连,B 电刷总与 S 极上的导体相连,当导体转过 180°时,如图 4-7(b)所示,导体 a-b 中 I_a 的方向被及时改变成由 b 指向 a,所受的电磁转矩依然使导体按逆时针方向旋转。

(a)

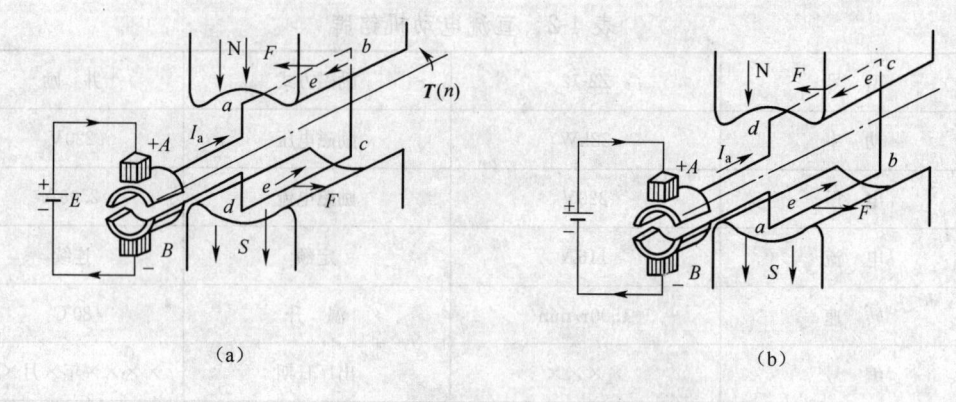

(b)

图 4-7 直流电动机的工作原理

知识链接二 直流电动机的基本控制线路

知识点 1 直流电动机的励磁方式

根据直流电动机励磁绕组和电枢绕组与电源连接关系的不同,直流电动机可分为他励、并励、串励、复励电动机等类型,如图 4-8 所示。

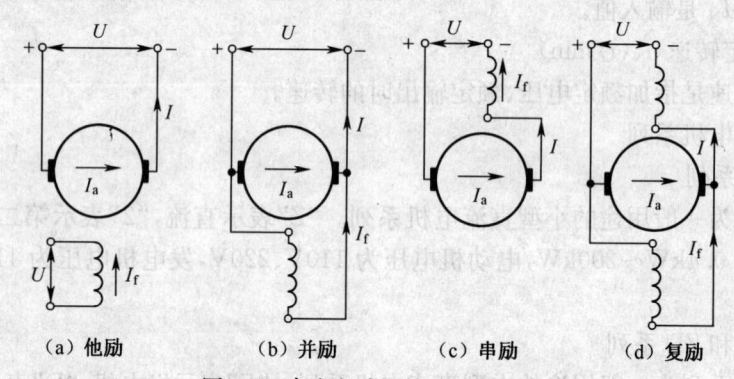

(a) 他励　　(b) 并励　　(c) 串励　　(d) 复励

图 4-8 直流电动机的励磁方式

1. 他励方式

他励方式中,电枢绕组和励磁绕组电路相互独立,分别由两个独立的直流电源供电,电枢电压 U 与励磁电压 U_f 彼此无关,电枢电流 I_a 与励磁电流 I_f 也无关。

2. 并励方式

并励方式中,电枢绕组和励磁绕组是并联关系,由同一电源供电,在并励电动机中 $I_a = I - I_f$。

3. 串励方式

串励方式中,电枢绕组与励磁绕组是串联关系。由于励磁电流等于电枢电流 $I_a = I = I_f$,所以串励绕组通常线径较粗,而且匝数较少。在串励电动机中其转向与电源极性无关。

4. 复励方式

复励电机的主磁极上有两部分励磁绕组,其中一部分与电枢绕组并联,另一部分与

62

电枢绕组串联。当两部分励磁绕组产生的磁通方向相同时,称为积复励,反之称为差复励。

知识点 2　直流电动机的基本控制线路

本节仅讨论他励直流电动机的启动、反转和制动的控制线路。

1. 他励直流电动机的启动控制线路

1) 他励直流电动机直接启动线路

直接启动就是在他励直流电动机的电枢上直接加以额定电压的启动方式,如图 4-9 所示。启动时,先合 Q_1 建立磁场,然后合 Q_2 全压启动。

直流电动机直接启动时启动电流很大,将出现强烈的换向火花,造成换向困难,还可能引起过流保护装置的误动作或引起电网电压的下降,影响其他用户的正常用电;启动转矩也很大,造成机械冲击,易使设备受损。因此,除个别容量很小的电动机外,一般直流电动机是不允许直接启动的。

对于一般的他励直流电动机,为了限制启动电流,可以采用电枢回路串联电阻或降低电枢电压启动的启动方法。

2) 他励直流电动机手动控制启动线路

图 4-10 为他励直流电动机使用三端启动器的工作原理图。

线路工作原理为:合上 QS 后,将手柄从"0"位置扳到"1"位置,他励直流电动机开始串入全部电阻启动,此时因串入电阻最多,故能够将启动电流限制在比额定工作电流略大一些的数值上。随着转速的上升,电枢电路中反电动势逐渐加大,这时再将手柄依次扳到"2"、"3"、"4"和"5"位置上,启动电阻被逐段短接,电动机的转速不断提高,最终达到额定转速。

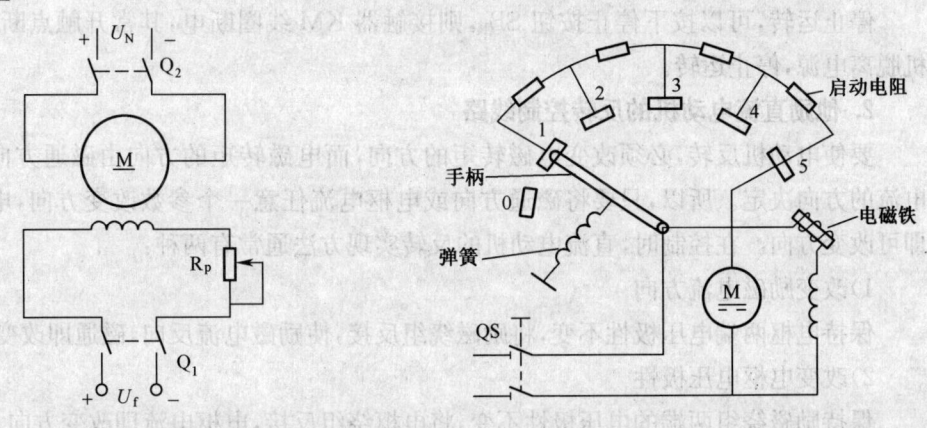

图 4-9　他励电动机直接启动线路　　图 4-10　他励直流电动机使用三端启动器原理图

3) 利用接触器构成的他励直流电动机降压启动控制线路

电枢回路串电阻启动即启动时在电枢回路串入电阻,以减小启动电流,电动机启动后,再逐渐切除电阻,以保证足够的启动转矩。图 4-11 为三级电阻启动控制接线。电动机启动前,应使励磁回路附加电阻为 0,以使磁通达到最大值,能产生较大的启动转矩。

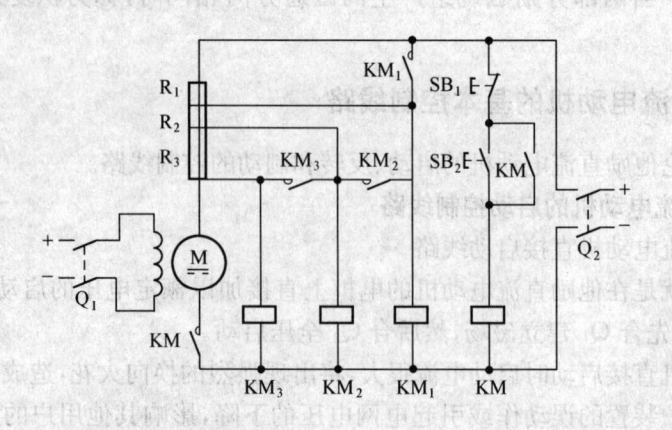

图 4-11 接触器控制直流电机降压启动控制线路

工作过程如下：

合上开关 Q_1，励磁绕组被接到直流电源上，开始励磁。

合上开关 Q_2，按下启动按钮 SB_2，电动机电枢绕组串入三级电阻 R_1、R_2、R_3 后接到直流电源上，开始降压启动，电动机转速 n 从 0 开始上升，此时，接触器 KM_1 线圈的电压 $U_{KM_1} = (R_2+R_3+R_a)I_a$。随着电动机转速 n 的上升，U_{KM_1} 也逐渐升高，到一定数值时，接触器 KM_1 动作，其常开触点闭合，把电阻 R_1 短接。电动机转速 n 继续上升，接触器 KM_2 线圈的电压 $U_{KM_2}=(R_3+R_a)I_a$ 也随着上升，上升到一定值时，KM_2 动作，其常开触点闭合，把电阻 R_2 短接。最后，接触器 KM_3 动作，将电阻 R_3 短接。至此，电动机启动完毕，进入正常运转状态。

停止运转，可以按下停止按钮 SB_1，则接触器 KM 线圈断电，其常开触点断开，电动机脱离电源，停止运转。

2. 他励直流电动机的反转控制线路

要使电动机反转，必须改变电磁转矩的方向，而电磁转矩的方向由磁通方向和电枢电流的方向决定。所以，只要将磁通方向或电枢电流任意一个参数改变方向，电磁转矩即可改变方向。在控制时，直流电动机的反转实现方法通常有两种：

1）改变励磁电流方向

保持电枢两端电压极性不变，将励磁绕组反接，使励磁电流反向，磁通即改变方向。

2）改变电枢电压极性

保持励磁绕组两端的电压极性不变，将电枢绕组反接，电枢电流即改变方向。

由于他励直流电动机的励磁绕组匝数多，电感大，励磁电流从正向额定值变到反向额定值的时间长，反向过程缓慢，而且在励磁绕组反接断开瞬间，绕组中将产生很大的自感电动势，可能造成绝缘击穿，所以实际应用中大多采用改变电枢电压极性的方法来实现电动机的反转。但在电动机容量很大，对反转速度变化要求不高的场合，为了减小控制电器的容量，可采用改变励磁绕组极性的方法实现电动机的反转。

①改变励磁电流方向控制他励直流电动机正、反转控制线路如图 4-12 所示。

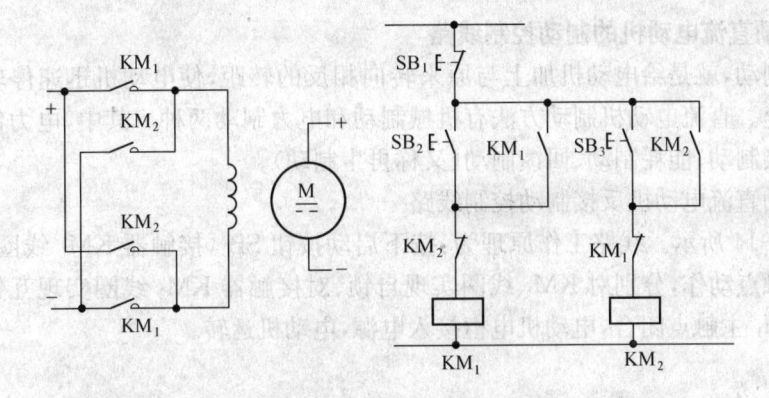

图 4-12 改变励磁电流方向控制他励直流电动机正、反转控制线路

②利用行程开关控制的他励直流电动机改变电枢电流正、反转控制线路如图 4-13 所示。

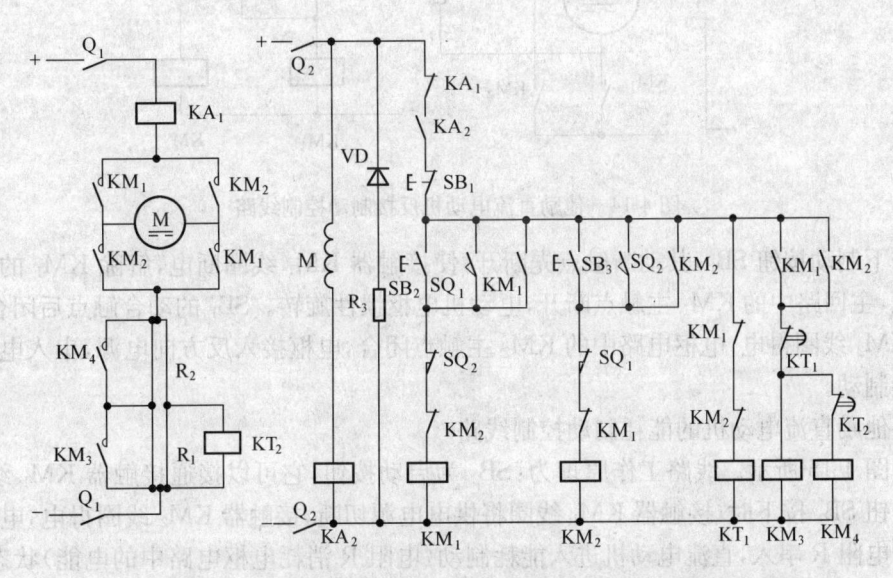

图 4-13 行程开关控制的他励直流电动机改变电枢电流正、反转控制线路

线路的工作原理为：接通电源后，按下启动按钮前，欠电流继电器 KA$_2$ 得电动作，断电型时间继电器 KT$_1$ 线圈得电，接触器 KM$_3$、KM$_4$ 线圈断电。

按下正转启动按钮 SB$_2$，接触器 KM$_1$ 线圈得电，时间继电器 KT$_1$ 开始延时。电枢电路直流电动机电枢电路串入 R$_1$、R$_2$ 电阻启动。

随着启动的进行，转速不断提高，经过 KT$_1$ 设置的时间后，接触器 KM$_3$ 线圈得电。电枢电路中的 KM$_3$ 动合主触点闭合，短接掉电阻 R$_1$ 和时间继电器 KT2 线圈。R$_1$ 被短接，直流电动机转速进一步提高，继续进行降压启动过程。时间继电器 KT$_2$ 线圈被短接，相当于该线圈断电。KT$_2$ 开始进行延时，经过 KT$_2$ 设置时间值，其触点闭合，使接触器 KM$_4$ 线圈得电。电枢电路中 KM$_4$ 的动合主触点闭合，电枢电路串联启动电阻 R$_2$ 被短接。正转启动过程结束，电动机电枢全压运行。

65

3. 他励直流电动机的制动控制线路

所谓制动,就是给电动机加上与原来转向相反的转距,使电动机迅速停转或限制电动机的转速。直流电动机制动方法有机械制动和电力制动两种。其中,电力制动常用的方法有反接制动、能耗制动、回馈制动(又称再生制动)。

1)他励直流电动机反接制动控制线路

如图 4-14 所示。线路工作原理为:按下启动按钮 SB_2,接触器 KM_1 线圈得电,其自锁和互锁触点动作,分别对 KM_1 线圈实现自锁、对接触器 KM_2 线圈实现互锁。电枢电路中的 KM_1 主触点闭合,电动机电枢接入电源,电动机运转。

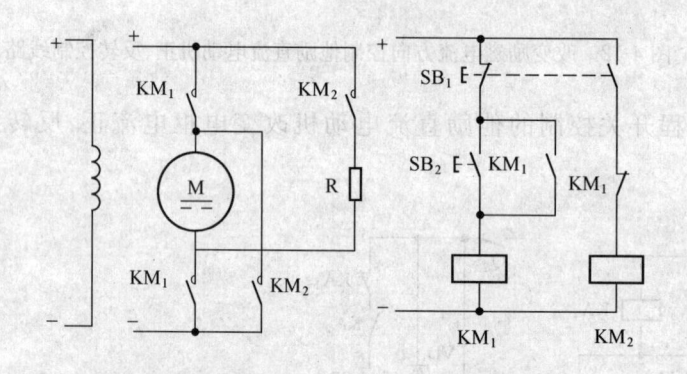

图 4-14 他励直流电动机反接制动控制线路

按下制动按钮 SB_1,其动断触点先断开,使接触器 KM_1 线圈断电,解除 KM_1 的自锁和互锁,主回路中的 KM_1 主触点断开,电动机电枢惯性旋转。SB_1 的动合触点后闭合,接触器 KM_2 线圈得电,电枢电路中的 KM_2 主触点闭合,电枢接入反方向电源,串入电阻进行反接制动。

2)他励直流电动机的能耗制动控制线路

如图 4-15 所示。线路工作原理为:SB_2 为启动按钮,它可以接通接触器 KM_1 线圈。制动按钮 SB_1 按下时,接触器 KM_1 线圈将供电电源切断,接触器 KM_2 线圈得电,电枢电路中的电阻 R 串入,直流电动机进入能耗制动(电阻 R 消耗电枢电路中的电能)状态,随着制动的进行,电动机减速。

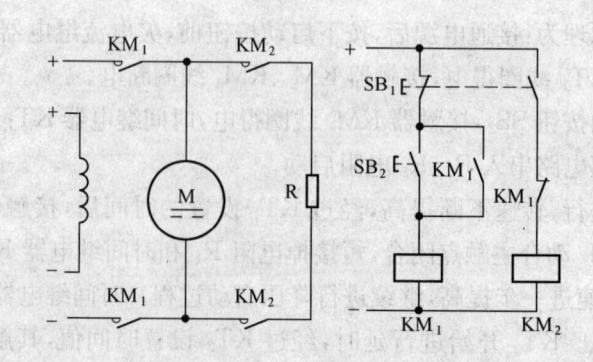

图 4-15 他励直流电动机的能耗制动控制线路

知识点3 直流电动机的过载保护和零励磁保护

1. 直流电动机的过载保护

直流电动机在运行中电枢电流超过了过载能力范围,则应立即切断电源实现保护。过载保护是使用过电流继电器实现的。过电流继电器的线圈串接在电枢回路中,可以得到过电流信号,其常闭触点串接在电动机主回路接触器的线圈回路中,一旦电动机发生过载情况,主回路接触器断电,使电动机脱离电源,从而达到过载保护作用。图4-16所示为具有过载保护和零励磁保护的电路。

2. 直流电动机的零励磁保护

当直流电动机的励磁减弱时,电动机的转速将升高,如果电动机运行过程中励磁电路突然断电,就会造成电动机转速急剧升高,发生"飞车"现象。为了防止"飞车"事故,需在励磁电路中串入欠电流继电器(也称零励磁继电器)进行保护。

保护原理是:有励磁电流时,零励磁继电器吸合,其常开触点串接在主接触器线圈电路中,允许电动机启动,或维持电动机正常运转;当励磁电流过低或励磁电路断路时,零励磁继电器释放,将电动机电源切断,使电动机停转达到零励磁保护目的。如图4-16所示,KA_1为欠电流继电器,KA_2过电流继电器。

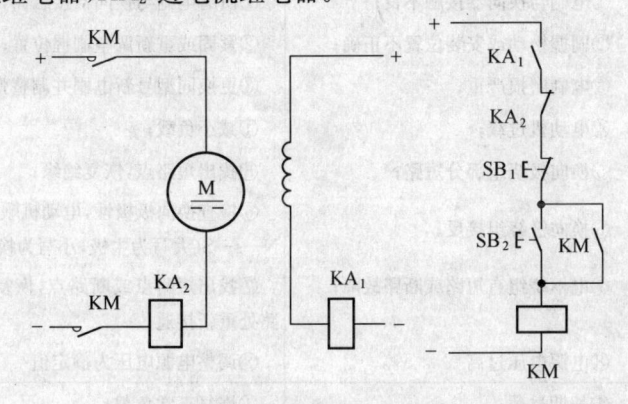

图4-16 具有过载保护和零励磁保护的电路

知识链接三 直流电动机的基本维护

电动机的日常维护通常要通过听、摸、闻、看等方式掌握电动机有无异常。电动机由于安装不当、缺少维护、机械碰撞和制造缺陷等原因,而发生不应有的振动、噪声,定、转子相擦和机座、端盖破损等机械故障。正确地对电动机进行维护是保障生产的一个重要内容。

拆卸电动机后,应仔细检查绝缘、电刷磨损等情况,了解轴承的型号、类型、结构特点及内外尺寸,检查轴承有无裂纹、滚道内是否生锈等。除非轴承已损坏需更换,一般情况下不得随意拆卸轴承。用汽油和毛刷将轴承内的润滑脂清洗干净后,换上新的润滑脂,润滑脂体积占轴承容积的1/3~1/2。还要熟练地掌握电刷位置的调整等。

直流电动机常见的故障现象、故障原因及维护方法见表4-3。

表 4-3 直流电动机常见的故障现象、故障原因及维护方法

故障现象	故 障 原 因	维 护 方 法
无法启动	①电源进线或电机电枢绕组开路； ②启动时过载； ③励磁回路断开； ④启动电流太小	①检查电源电压是否正常，开关触点是否完好；熔断器是否熔断，电动机接线是否良好，电刷与换向器表面接触是否良好； ②减小电动机所带负载； ③检查励磁变阻器及励磁绕组是否开； ④检查电源电压是否太低，启动电阻器是否太大
电动机转速过高	①电源电压过高； ②励磁电流小； ③串励电动机负载过轻	①调低电源电压； ②检查励磁调节电阻是否过大，接点是否接触不良； ③增加负载
电动机转速过低	①电源电压过低； ②电刷位置不对； ③电枢部分绕组有短路或开路现象； ④换向片间短路	①调高电源电压； ②调整电刷位置，需正、反转的电动机电刷位置应为几何中线处； ③检查电枢绕组，找出短路或断路处并加以修理； ④将换向片间碳粉或金属屑剔除干净
换向器与电刷间火花过大	①电刷与换向器接触不良； ②刷握松动或安装位置不正确； ③电刷磨损严重； ④电动机过载； ⑤换向极绕组部分短路； ⑥换向极绕组接反； ⑦电枢绕组有短路或断路故障； ⑧电源电压过高	①研磨电刷与换向器接触面，轻载运转一小时左右； ②紧固或重新调整刷握位置； ③更换同型号新电刷并调整弹簧压力； ④减小负载； ⑤找出短路点，恢复绝缘； ⑥检查换向极极性，电动机顺旋转方向极性应为n—N—s—S（大写为主极，小写为换向极）； ⑦找出短路点或断路点，恢复短路处的绝缘或将断路处重新接通； ⑧调整电源电压为额定值
电动机温升过高	①长期过载； ②未按规定运行； ③通风不良； ④电枢绕组或换向器有短路现象； ⑤定、转子铁芯相擦； ⑥电动机频繁启动或改变转向； ⑦电源电压过高或过低； ⑧并励绕组部分短路	①恢复正常负载； ②必须按铭牌上的"工作方式"运行，"短时"、"断续"运行的电动机不能作长期运行； ③检查电机自身风扇是否正常完好，风道是否畅通； ④找出绕组短路点并恢复绝缘；清除换向片间金属屑或电刷碳粉； ⑤更换轴承； ⑥避免频繁启动、换向； ⑦将电压调整到额定值； ⑧测量每一磁极绕组，判断有无匝间短路
运转时有较大的异常噪声	①电枢平衡未校好； ②电刷太硬或压力太大； ③轴承已磨损间隙过大； ④换向器凹凸不平	①重新校平衡或更换电枢绕组； ②更换电刷，调整弹簧压力； ③更换轴承； ④用细砂布研磨换向器后，清洗干净

项目学习评价小结

1. 直流电动机的拆装考核标准

考核项目	评 分 标 准	满分	得分
拆卸电动机	1. 拆卸步骤和方法错误，错一步扣5分； 2. 碰伤定子绕组和铁芯，扣10分； 3. 损坏或失落零部件，每个扣10分； 4. 装配标记不清楚，每个扣5分； 5. 工具使用不合理，每处扣5分	40	
装配电动机	1. 装配步骤和方法错误，错一步扣5分； 2. 损坏定子绕组或者零部件，每个扣10分； 3. 轴承清洗不干净，每个扣5分； 4. 碳刷位置偏移，每个扣5分； 5. 紧固螺钉、螺帽未拧紧，每个扣5分； 6. 装配完成后电动机转动不灵活，扣20分； 7. 多余或者丢失螺钉等零部件，每个扣5分	40	
安全文明操作	1. 严格按照规范操作，错一处扣5分； 2. 工具使用正确、规范，错一处扣5分； 3. 各部件维护保养正确，错一处扣5分； 4. 拆装完毕，工具、设备保持清洁，恢复原位，摆放整齐，否则扣5分； 5. 出现严重违规及安全事故时，立即予以制止，并扣20分	20	
总 分		100	

备注：每项扣分直至扣完为止。

2. 学生自我评价

（1）填空题

①按照主磁场的不同，直流电机可分为_____式和_____式两大类。

②换向器（又称整流子）的作用是_____与外电路相通，将输入的直流电转换成电枢内的_____电流，进而产生恒定方向的电磁转矩。

③直流电动机由_____部分和_____部分两大部分组成。

④按照主磁极与电枢绕组接线方式的不同，电磁式通常可分为_____式和自励式两种。其中自励式又可分为_____、串励、_____等几种。

⑤对于他励直流电动机，为了限制启动电流，通常采用_____或_____的启动方法。

⑥直流电动机制动方法有机械制动和电力制动两种。其中，电力制动常用的方法有_____制动、_____制动、_____制动（又称再生制动）。

⑦轴承更换新的润滑脂时，润滑脂体积约占轴承容积的_____。

⑧直流电动机的过载保护是使用来_____实现的。

⑨为防止直流电动机的励磁减弱而转速升高发生"飞车"现象，需在励磁电路中串入_____进行零励磁保护。

(2)问答题

①直流电动机有哪些主要部件？各有什么作用？

②画图说明直流电动机有哪几种励磁方式？

③改变直流电动机的转向有哪几种方法？

④因串励直流电动机的转向与电源极性无关，所以串励直流电动机也可采用交流供电，对吗？为什么？

⑤简述直流电动机是如何进行过载保护和零励磁保护的？

⑥装配直流电动机时，将电刷上的电源线接反了，会出现什么后果？

⑦装配直流电动机时，电刷的位置偏移了，会出现什么现象？

⑧直流电动机运转时有较大的噪声，分析可能的故障原因及排除方法。

3. 项目评价报告表

项目完成时间： 年 月 日 —— 年 月 日			优秀 (10~8)	良好 (7~5)	合格 (4~2)	继续努力 (<2)
评价项目		评 分 依 据				
自我评价(30)	学习态度(10)	1. 所有项目都出全勤，无迟到早退现象。 2. 认真完成各项任务，能安全文明操作。 3. 尊重其他组员和老师，能够很好地交流合作				
	团队意识(10)	1. 具有较强的团队精神、合作意识。 2. 积极参与各项活动、小组讨论、操作等过程。 3. 组织、协调能力强，主动性强，表现突出				
	实践情况(10)	认真完成项目任务：拆装过程准确无误、工具使用合理、各部件维护保养正确				
自我评价总分			合计：			

小组内互评(20)	其他组员	评 分 依 据	优秀 (20~18)	良好 (17~15)	合格 (14~12)	继续努力 (<12)
		1. 所有项目都出全勤，无迟到早退现象。 2. 具有较强的团队精神、合作意识。 3. 积极参与各项活动、小组讨论、操作等过程。 4. 组织、协调能力强，主动性强，表现突出。 5. 能客观有效地评价同伴的学习。 6. 能认真完成项目任务：拆装过程准确无误、工具使用合理、各零部件维护保养正确				
小组内互评平均分			合计：			

评价项目	评 分 依 据	优秀 (50~48)	良好 (47~45)	合格 (44~42)	继续努力 (42)
教师评价(50)	1. 所有项目都出全勤，无迟到早退现象。 2. 完成项目期间认真严谨，积极交流与讨论。 3. 具有较强的团队精神，积极合作参与团队活动。 4. 能主动思考，提出合理建议，对团队贡献大。 5. 完成项目实践任务，各项目齐全完整。 6. 项目完成期间有创新、改进学习的方法。 7. 能客观地评价同伴的学习，通过学习有所收获。 8. 能安全、文明、规范地对各项目进行操作				
教师评价总分		合计：			
总 分					

项目五　常用低压电器的拆装与维护

项目情景展示

低压电器作为基本元器件,广泛应用于发电厂、变电所、工矿企业、交通运输等电力输配电系统和电力拖动控制系统中。只有掌握各种常用的低压电器的基本知识,才能进行正确的选择与维护工作。

图 5-1 所示为常用低压电器的实物图片,认真观察它们的外形结构以便对其具有初步的认识,为正确使用和维护打好基础。

(a) 各种常见按钮

(b) 刀开关和倒顺开关

(c) 万能转换开关和组合开关

(d) 行程开关

(e) 熔断器

(f) 低压断路器

(g) 交流接触器 　　　　　　　　(h) 热继电器

(i) 中间继电器 　　　　　　　　(j) 时间继电器

图 5-1　常用低压电器

项目学习目标

	学　习　目　标	学习方式	学时
技能目标	1. 熟悉各种常用低压电器的基本结构 2. 熟练地对常用低压电器拆装和维护	教师指导， 学生实践操作	6
知识目标	1. 了解常用低压电器的基本知识 2. 掌握常用低压电器的拆装维护方法	教师讲授	10

任务一　按钮、组合开关、倒顺开关、行程开关的拆装

一、按钮的拆装及接线

按钮的拆装及接线方法见表 5-1。

表 5-1　按钮的拆装及接线方法

操作内容	操作图示	操作方法说明
1. 拆下外壳		对于 LA4 型按钮，只需拆下上盖的四个螺丝取下上盖，即可对触点进行接线和维护工作；对于 LA10 型按钮的接线，其金属外壳必须接地

(续)

操作内容	操作图示	操作方法说明
2. 接线时无需拆外壳的按钮		无需拆外壳的按钮（左侧的LA2型），根据接线柱的形式进行接线；对于 LA19 型按钮（右），检修触点时，需从底部拆下螺钉，拆下内有触点的底座
3. 对触点进行组合和增减(1)		SLA7(LAY7)型等按钮可对触点进行动合、动断单元的不同组合和触点数量的任意增减。各触点单元间采用搭钩方式连接
4. 对触点进行组合和增减(2)		另一种按钮的触点组合和增减，各触点单元间采用螺钉方式连接
5. 按钮的接线		对于采用圆平垫圈接线柱的接线，导线端头应顺时针弯成闭合的圆，圆的内径应与接线螺钉直径相吻合，以使接线牢固可靠（目前工程中使用 BV 导线，线头固定U型端子或预绝缘端子，并在线的端头套上线号管做标识，参见项目六，下同。）
6. 另一种按钮的接线		对于采用止动垫圈的接线柱的接线，导线端头应采用直头，长度应合适，以不压胶、不露铜为宜

73

二、组合开关的拆装

组合开关的拆装方法见表 5-2。

表 5-2 组合开关的拆装方法

操 作 内 容	操 作 图 示	操作方法说明
1. 拆下手柄操作机构		拆下手柄紧固螺钉,取下手柄,松去支架上的紧固螺母,取下顶盖、转轴、弹簧和凸轮等操作机构
2. 拆下触点系统		抽出绝缘杆,取下绝缘垫板上盖,拆下动、静触点部分
3. 装配组合开关		装配组合开关按拆卸的逆顺序进行,装配时,应特别注意活动触头、固定触头的相互位置以及与手柄的相对位置是否正确,叠片连接是否紧密。装配好后,应进行多次的通断试运行,测量触点电阻,检查装配是否良好

三、倒顺开关的拆装与接线

倒顺开关的拆装与接线方法见表 5-3。

表 5-3 倒顺开关的拆装与接线方法

操 作 内 容	操 作 图 示	操作方法说明
1. 拆下倒顺开关的外壳		根据外壳上的标记,识别电源端和负载端,以进行接线。若倒顺开关的外壳是金属壳,则必须进行可靠接地

(续)

操作内容	操作图示	操作方法说明
2. 对倒顺开关进行接线		正确接好电源端线和负载线的顺序,最后验证操作手柄位置与正、反转状态是否正确

四、行程开关的拆装与接线

行程开关的拆装与接线方法见表5-4。

表5-4 行程开关的拆装与接线方法

操作内容	操作图示	操作方法说明
1. 拆下行程开关的上盖		拆下行程开关上盖的四个紧固螺钉,打开上盖。调节顶杆前端的螺钉长度,即可调整行程开关的行程灵敏度
2. 行程开关的接线	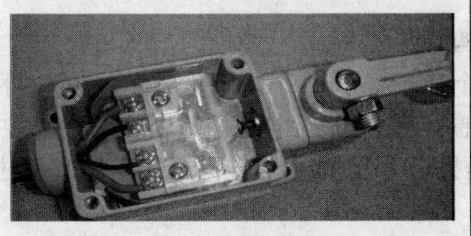	直接观察或用万用表测出动合、动断触点的接线端,进行正确接线

工作提示:
①拆装时要记住各零部件的相对位置,避免随意拆装。
②拆装过程要对准位置,不可强硬撬扳、捶压。
③拆装过程中要轻拿轻放,避免碰撞而造成的损伤。
④螺丝等细小零部件要存放好,必要时用盒子盛放,以免零部件失落。
⑤拆装弹簧时要细心,防止弹簧崩飞。
⑥合理选用拆装工具。不同型号的螺钉、螺帽,应选用相应的工具,避免造成零部件或工具的损伤。

75

⑦注意安全操作。

⑧在生产应用中,为保障电器及设备安全可靠运行,各种低压电器出现故障后,原则上不维修,更换即可。但对初学者来说,有必要拆装各种低压电器,以掌握各种低压电器的结构和接线。

知识链接一　低压电器与电气图的基础知识

知识点1　低压电器的基础知识

低压电器通常是指工作在交流电压小于1200V、直流电压小于1500V的电路中,起通断、保护、控制和调节作用的电器。

1. 低压电器的分类

输配电系统和控制系统中用的低压电器种类繁多,以下是其中的几种分类方法。

1)按动作方式分类

手控电器:依靠外力(如人工)直接操作来进行切换的电器,如刀开关、按钮开关等。

自控电器:依靠指令或物理量(如电压、电流、时间、速度、温度等)变化而自动动作的电器,如接触器、继电器等。

2)按用途分类

低压控制电器:主要在低压配电系统及动力设备中起控制作用,如刀开关、低压断路器等。

低压保护电器:主要在低压配电系统及动力设备中起保护作用,如熔断器、热继电器等。

3)按种类可分类

刀开关和刀型转换开关、熔断器、自动开关、控制器、接触器、继电器、主令电器和电磁铁等。

2. 低压电器的基本结构特点

低压电器一般都有两个基本部分:一个是感受部分,它感受外界的信号,作出有规律的反应,在自控电器中,感受部分大多由电磁机构组成,在手控电器中,感受部分通常为操作手柄等;另一个是执行部分,如触点连同灭弧系统,它根据指令执行电路的接通和切断。

3. 低压电器的型号含义

我国低压电器型号是按产品种类编制的,产品型号采用汉语拼音字母和阿拉伯数字组合表示,各类低压电器产品型号含义见附录A。

知识点2　电气图的基础知识

为了便于交流与沟通,我国参照国际电工委员会(IEC)颁布的有关文件,制定了电气设备有关国家标准,颁布了GB 4728《电气图用图形符号》、GB 5465《电气设备用图形符号》、GB 6988《电气技术用文件的编制》,规定电气图中的图形符号和文字符号必须符合最新的国家标准。

1. 电气图中的图形符号和文字符号

1)电气图中的图形符号

电气图形符号是电气技术领域必不可少的工程语言,所有电气图形符号应符合GB4728《电气图用图形符号》的规定。当GB4728给出几种形式时,应尽可能采用优选形式;在满足需要的前提下,尽量采用最简单的形式;在同一图号的图中使用同一种形式。上述标准示出的符号方位在不改变符号含义的前提下,符号可根据图面布置的需要成比例地放大和缩小,以及进行旋转或成镜像放置,但文字和指示方向不得倒置。所有的符号均应保持无电压、无外力作用的正常状态,例如,按钮未按下、闸刀未合闸、线圈未通电等。

2)电气图中的文字符号

电气图中的文字符号是用于标明电气设备、装置和元器件的名称、功能、状态、特征的,可在电气设备、装置和元器件上或其近旁使用,以表明电气设备、装置和元器件种类的字母代码和功能字母代码。电气技术中的文字符号分为基本文字符号和辅助文字符号。

(1)基本文字符号

基本文字符号分为单字母符号和双字母符号。

单字母符号是用拉丁字母将各种电气设备、装置和元器件划分为23大类,每一类用一个字母表示。例如,"R"表示电阻器,"M"表示电动机,"C"表示电容器等。

双字母符号是由一个表示种类的单字母符号与另一字母组成,并且是单字母符号在前,另一字母在后。双字母中在后的字母通常选用该类设备、装置和元器件的名称。例如,"RT"表示热敏电阻,"FU"表示熔断器,"MD"表示直流电动机,"MC"表示笼型异步电动机。

(2)辅助文字符号

辅助文字符号是用以表示电气设备、装置和元器件以及线路的功能、状态和特征的,通常也是由英文单词的前一两个字母构成的。例如,"DC"表示直流(Direct Current),"IN"表示输入(Input),"S"表示信号(Signal)。

辅助文字符号一般放在单字母文字符号后面,构成组合双字母符号。例如,"Y"是电气操作机械装置的单字母符号,"B"是表示制动的辅助文字符号,"YB"是表示制动电磁铁的组合符号。辅助文字符号也可单独使用,例如,"ON"表示接通,"N"表示中性线。

2. 电气图的分类与作用

电气图包括电气原理图、电气安装图和电气互连图等。

1)电气原理图

电气原理图是说明电气设备工作原理的接线图。在电气原理图中并不考虑电器元件的实际安装位置和实际连线情况,只是把各元件按接线顺序用符号展开在平面图上,用直线将各元件连接起来。图5-2为三相笼型异步电动机控制电气原理图。

在阅读和绘制电气原理图时应注意以下几点:

①电气原理图中各元件的文字符号和图形符号必须按标准绘制和标注。同一电器的所有元件必须用同一文字符号标注。

②电气原理图应按功能来组合,同一功能的电气相关元件应画在一起,但同一

电器的各部件不一定画在一起。电路应按动作顺序和信号流程自上而下或自左向右排列。

③电气原理图分主电路和控制电路,一般主电路在左侧,控制电路在右侧。

④电气原理图中各电器应该是未通电或未动作的状态,二进制逻辑元件应是置零的状态,机械开关应是循环开始的状态,即按电路"常态"画出。

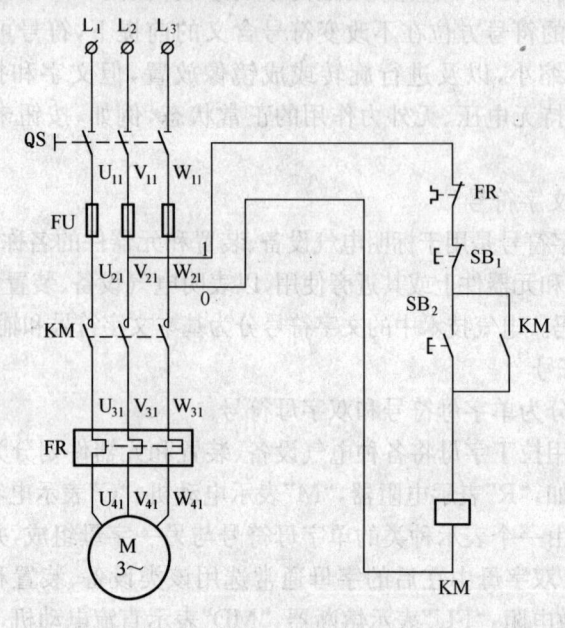

图 5-2 三相笼型异步电动机控制电气原理图

2)电气安装图

电气安装图表示各种电器设备在机械设备和电气单元的布局和安装工作所需数据的图样。例如,电动机要和被拖动的机械装置在一起,行程开关应画在获取信息的地方,操作手柄画在便于操作的地方,一般电气元件应放在电气控制柜中。图 5-3 为三相笼型异步电动机控制线路安装图。

在阅读和绘制电气安装图时应注意以下几点:

①按电气原理图要求,应将动力、控制和信号电路分开布置,并各自安装在相应的位置,以便于操作维护。

②电器控制柜中各元件之间,上、下、左、右之间的连线应保持一定的距离,并且要考虑器件的发热和散热的因素,应便于布线、接线和检修。

③给出部分元器件型号和参数。

④图中的文字代号应与电气原理图和电气设备清单一致。

3)电气互连图

电气互连图用来表明电气设备各单元之间的接线关系,一般不包括单元内部的连接,着重表明电气设备外部元件的相对位置及它们之间的电气连接。图 5-4 为三相笼型异步电动机控制线路电气互连图。

在阅读和绘制电气互连图时应注意以下几点:

①外部单元同一电器的各部件应画在一起,其布置应尽量符合电器的实际情况。

②不在同一控制柜或同一配电屏上的各电气元件的连接,必须经过接线端子板进行。图中文字符号、图形符号及接线端子板编号应与电气原理图一致。

③电气设备的外部连接应标明电源的引入点。

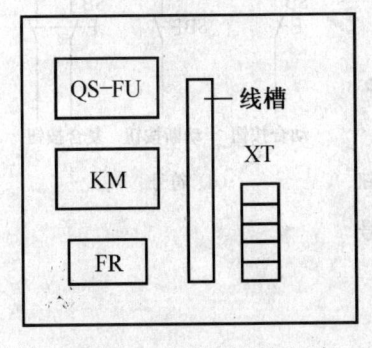

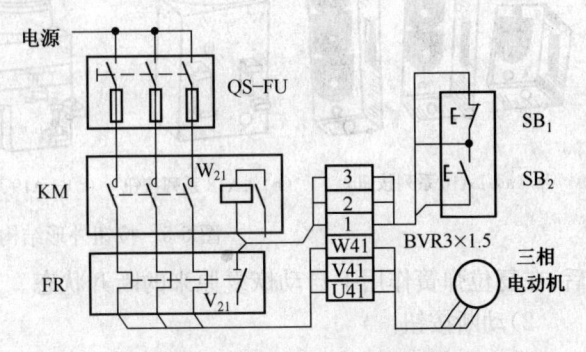

图 5-3 三相笼型异步电动机控制线路安装图

图 5-4 三相笼型异步电动机控制线路电气互连图

知识链接二　按钮、刀开关、组合开关、倒顺开关的基础知识

知识点 1　按钮的基础知识

按钮也称控制按钮或按钮开关,它是一种典型的主令电器,其作用是短时间地接通或断开小电流的控制电路,从而控制电动机或其他电气设备的运行。

主令电器是一种非自动切换的小电流开关电器,主要用于闭合、断开控制电路,以发布命令和信号,通过控制接触器、继电器或其他电器执行元件的电磁线圈,使电路通或断,实现对电力传动系统的控制。主令电器主要有控制按钮、行程开关、微动开关、接近开关和万能转换开关等。

1. 按钮的结构与符号

控制按钮一般由按钮帽、复位弹簧、触点和外壳等部分组成。按钮中触点的形式和数量可根据需要装配成一动合一动断到多动合多动断等形式。

控制按钮按保护形式分为开启式、保护式、防水式和防腐式等。按结构形式有嵌压式、紧急式、钥匙式、旋钮式、带信号灯、带灯揿钮式、带灯紧急式等。按钮(帽)的颜色有红、黑、绿、黄、白、蓝等。

常用的控制按钮有 LA10、LA18、LA19、LA20 及 LA25 等系列,另外还具有防尘、防溅作用的 LA30 系列以及性能更全的 LA101 系列。

控制按钮的主要技术参数有规格、结构型式、触头数及按钮颜色等。常用按钮规格为交流电压 380V、额定工作电流 5A。

常用按钮外形结构及符号如图 5-5 所示。其文字符号为 SB。根据触点的结构,按钮开关可分为动断(常闭)按钮、动合(常开)按钮及复合(组合)按钮。

2. 工作原理

1)动合按钮

外力未作用时(手未按下),触点是断开的;外力作用时,动合触点闭合;但外力消失

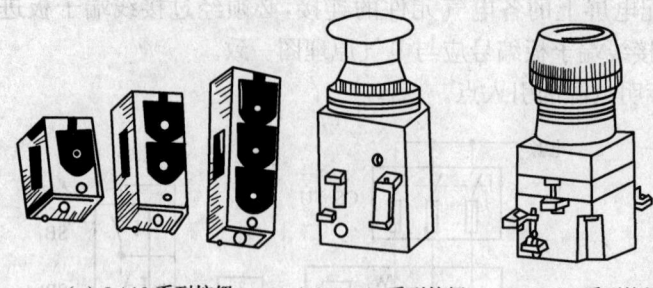

(a) LA10 系列按钮　　(b) LA18 系列按钮　　(c) LA19 系列按钮　　(d) 符号

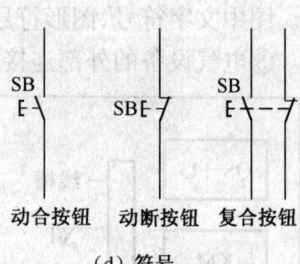

图 5-5　按钮外形结构及符号

后,在复位弹簧作用下自动恢复原来的断开状态。

2) 动断按钮

外力未作用时(手未按下),触点是闭合的;外力作用时,动合触点断开;但外力消失后,在复位弹簧作用下自动恢复原来的闭合状态。

3) 复合按钮

按下复合按钮时,所有触点的状态都将改变,即动断触点(先)断开,动合触点(后)闭合。但外力消失后,在复位弹簧作用下,闭合了的动合按钮(先)断开,断开了的动断按钮(后)闭合,即这两种触点的动作是有先后次序的。复合按钮的结构如图 5-6 所示。

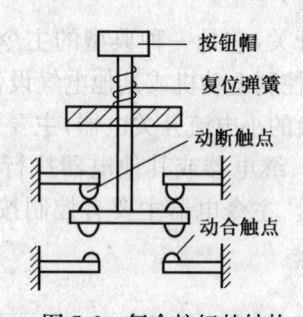

图 5-6　复合按钮的结构

3. 型号含义

按钮开关型号表示方法及含义如下:

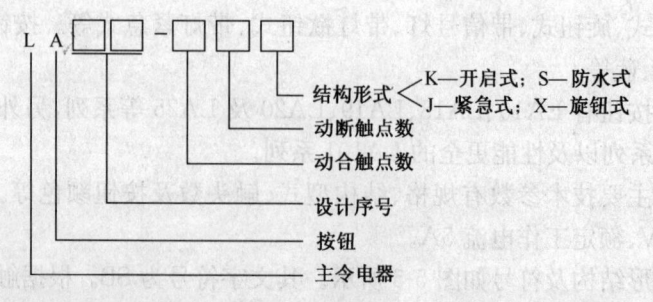

```
L A □□ - □□□
            │  └─ 结构形式 ┬ K—开启式；S—防水式
            │              └ J—紧急式；X—旋钮式
            │─ 动断触点数
            │─ 动合触点数
            │─ 设计序号
       │─ 按钮
       │─ 主令电器
```

4. 按钮使用注意事项

① 使用中,为了避免误操作,通常在按钮上作出不同标记或涂以不同的颜色加以区分。启动按钮的按钮帽采用绿色,停止按钮的按钮帽采用红色,急停按钮的按钮帽采用蘑菇状、颜色鲜艳的红色、橙红色。

②按钮必须有金属的防护挡圈，且挡圈要高于按钮帽，防止意外触动按钮而产生误动作。

③安装按钮的按钮板和按钮盒的材料必须是金属，并与机械的总接地母线相连。

知识点 2　刀开关的基础知识

刀开关又称闸刀开关，它是非自动切换开关中结构最简单、应用最广泛的一种低压电器。其代表产品有 HK 系列瓷底胶盖开关及 HH 系列铁壳开关等。

刀开关又可分为两极和三极两种。两极开关适用于交流 50Hz、500V 以下的小电流电路，主要作为一般电灯、电阻和电热等回路的控制开关用；三极开关适当降低容量后，可作为小型电动机的手动不频繁操作控制开关使用，并具有短路保护作用。

根据工作原理、使用条件和结构形式，刀开关可分为：刀形开关、刀形转换开关、开启式负荷开关（胶盖瓷底刀开关）、封闭式负荷开关（铁壳开关）、熔断器式刀开关和组合开关等。

1. 刀开关的外形结构及符号

HK 系列瓷底胶盖开关及 HH 系列铁壳开关结构及符号如图 5-7 所示。

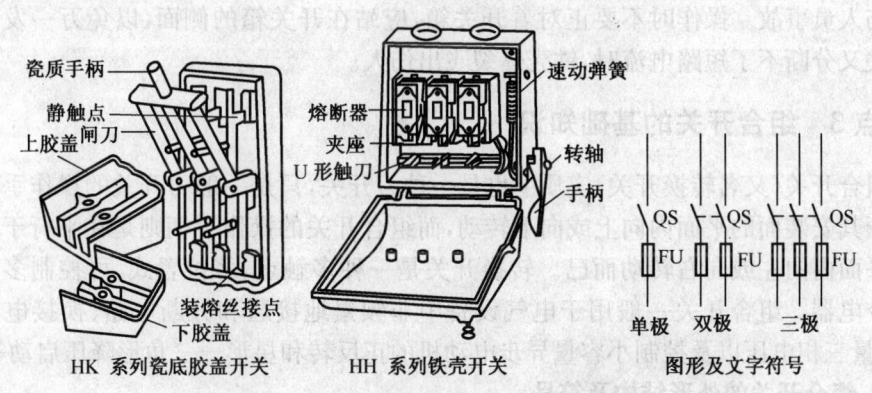

图 5-7　HK、HH 系列刀开关结构及符号

2. 刀开关的型号含义

刀开关型号含义如下：

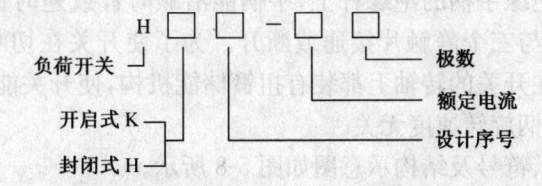

```
        H □ □ - □ □
        │ │ │   │ │
负荷开关 ┘ │ │   │ └─ 极数
           │ │   └─── 额定电流
    开启式 K │ └────── 设计序号
    封闭式 H ┘
```

3. 刀开关的使用与安装注意事项

使用刀开关，首先应根据它在线路中的作用和在成套配电装置中的安装位置，确定其结构形式。刀开关可靠工作的关键之一是触刀与静插座之间有着良好的接触，这就要求它们之间有一定的接触压力。对于额定电流较小的刀开关，静插座使用硬紫铜制成，利用材料自身的弹性来产生所需的接触压力；对于额定电流较大的刀开关，可通过另外在静插座两侧加弹簧的方法进一步增大接触压力。

刀开关在使用中应注意以下几点：

①刀开关安装时,合闸状态时手柄要向上,不得倒装或平装。如果倒装,则手柄可能因自重下落引起误合闸而造成人身和设备安全事故。接线时,应将电源进线接在上端(静触点端),负载出线接在(动触点端)下端。这样,在开关断开时,闸刀和熔丝均不带电,以保证更换熔丝时的安全。

②刀开关在拉闸与合闸时动作要果断迅速,以利于迅速灭弧,减少刀片和触座的灼损。

③当刀开关被用作隔离开关时,合闸顺序是先合上刀开关,再合上其他用以控制负载的开关电器。

④严格按照产品说明书规定的分断能力来分断负载。

⑤刀开关的额定电压应大于或等于线路电压。额定电流应大于或等于线路额定电流。对于电动机负载:开启式负荷开关取电动机额定电流3倍;封闭式负荷开关取电动机额定电流5倍。

⑥若是多极的刀开关,应保证各极动作的同步,并且接触良好。

⑦如果刀开关不是安装在封闭的箱内,应防止因积尘过多而发生相间闪络现象。

⑧铁壳开关不允许随意放在地面上使用。铁壳开关的外壳应可靠接地,防止发生漏电击伤人员事故。操作时不要正对着开关箱,应站在开关箱的侧面,以免万一发生故障而开关又分断不了短路电流时,铁壳爆裂飞出伤人。

知识点 3　组合开关的基础知识

组合开关(又名转换开关)实质上也是一种刀开关,只是一般刀开关的操作手柄是在垂直于其安装面的平面内向上或向下转动,而组合开关的操作手柄则是在平行于其安装面的平面内向左或向右转动而已。转换开关是一种多触点、多位置式、可控制多个回路的主令电器。组合开关一般用于电气设备中非频繁地接通和分断电路、换接电源和负载、测量三相电压以及控制小容量异步电动机的正反转和星形—三角形降压启动等。

1. 组合开关的外形结构及符号

组合开关有三副静触片,每一静触片的一端固定在绝缘垫板上,另一端伸出盒外,并附有接线柱,以便和电源线及用电设备的导线相连。三个动触片装在另外的绝缘垫板上,垫板套装在附有绝缘手柄的绝缘杆上,手柄能沿顺时针或逆时针方向每次旋转90°,带动三个动触片分别与三个静触片接通或断开。为了使开关在切断负荷电流时所产生的电弧能迅速熄灭,在开关的转轴上都装有扭簧储能机构,使开关能快速闭合与分断,其分断与闭合速度与手柄旋转速度无关。

组合开关的外形、符号及结构示意图如图 5-8 所示。

2. 组合开关的型号含义

组合开关的型号含义如下:

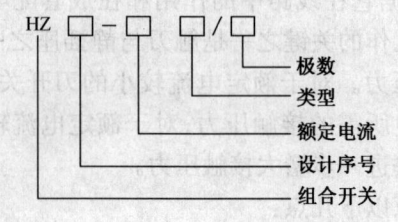

$$HZ\square-\square\square/\square$$

极数
类型
额定电流
设计序号
组合开关

其中，凡未标出类型代号（拼音字母）的，是同时通断或交替通断的产品；有 P 代号的，是二位转换的产品；有 S 代号的，是三位转换的产品；有 Z 代号的，是供转接电阻用的产品；有 X 代号的，是控制电动机作星形—三角形降压启动用的产品。

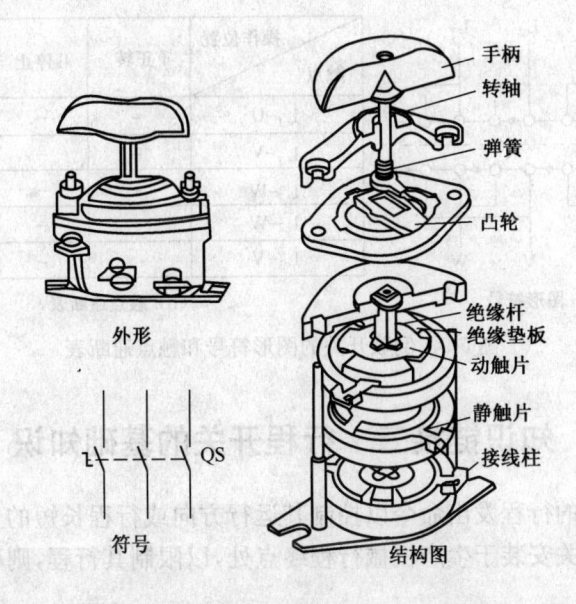

图 5-8 组合开关的外形、符号及结构

交替通断的产品，其极数标志部分有两位数字：前一位表示在起始位置上接通的电路数；第二位表示总的通断电路数。两位转换的产品，其极数标志前无字母代号的，是有一位断路的产品；极数标志前有字母代号 B 的，是有两位断路的产品；极数标志前有数字代号 0 的，是无断路的产品。

3. 组合开关的应用

组合开关结构紧凑，体积较小。组合开关在机床电气系统中多用作电源开关，一般不带负载接通或断开电源，而是在启动前空载接通电源，或在应急、检修和长时间停用时空载切断电源。

组合开关也可用于 5kW 以下小容量电动机的启停和正、反转控制，以及机床照明电路中的开关控制。

组合开关应根据电源种类、电压等级、所需触点数和额定电流等规定条件进行选用。

知识点 4　倒顺开关的基础知识

1. 倒顺开关的结构和符号

HZ3-132 组合开关可用于控制电动机的正、反转与停止，故称为倒顺开关。它由带静触点的基座、带动触点的鼓轮和定位机构组成。开关有三个位置：向左、中间和向右，中间位置是断开，向左或向右旋转 45°即可实现接通或换向。

2. 倒顺开关的图形符号和触点通断表的识读

图 5-9（a）所示为倒顺开关的图形符号，图中 L_1、L_2、L_3 表示与静触点相接的三相电源，U、V、W 表示与静触点相接的电动机三相绕组的引出线。图中的黑点表示当前状态

下黑点左侧的触点与下面对应的触点(或与上面对应的触点)相连接通。

图5-9(b)所示为倒顺开关的触点通断表,"+"(或"×")表示触点接通,"-"表示触点断开。可以看出,在停止状态时,各触点均不接通,电动机停转。

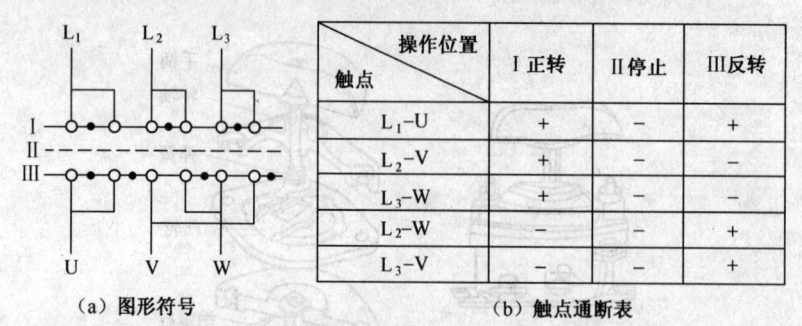

操作位置 触点	Ⅰ正转	Ⅱ停止	Ⅲ反转
L₁-U	+	-	+
L₂-V	+	-	-
L₃-W	+	-	-
L₂-W	-	-	+
L₃-V	-	-	+

(a) 图形符号　　　　　　　　　　(b) 触点通断表

图5-9　倒顺开关的图形符号和触点通断表

知识链接三　行程开关的基础知识

依照生产机械的行程发出命令以控制其运行方向或行程长短的主令电器,称为行程开关。若将行程开关安装于生产机械行程终点处,以限制其行程,则称为限位开关、位置开关或终点开关。

行程开关有机械式、电子式两种,机械式又有按钮式和滑轮式两种。机械式行程开关与按钮相同,一般都由一对或多对动合触点、动断触点组成,但不同之处在于按钮是由人手指"按压",而行程开关是由生产机械"碰撞"来完成触点动作的。

1. 行程开关的外形结构及符号

机械式行程开关的外形结构如图5-10(a)所示,图5-10(b)所示为行程开关的符号,其文字符号为SQ。

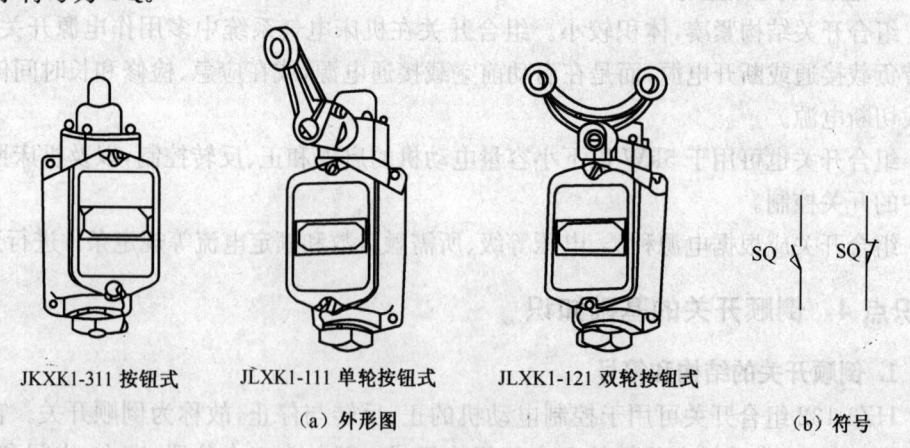

JKXK1-311 按钮式　　JLXK1-111 单轮按钮式　　JLXK1-121 双轮按钮式

(a) 外形图　　　　　　　　　　　　　　　　(b) 符号

图5-10　行程开关的外形结构及符号

2. 行程开关的结构及工作原理

当外界机械的挡铁碰压顶杆时,顶杆向下移动,压迫触点弹簧,使接触桥(动触点)离开常闭静触点,转为与常开静触点接触,即动作后,常开触点闭合,常闭触点断开。当外界机械的挡铁离开顶杆后,在复位弹簧的作用下,接触桥(动触点)重新恢复原来的位置。可见,行程开关与按钮开关的区别在于,行程开关不靠手按而是利用生产机械某些运动部件的碰撞而使触点动作。

行程开关的结构如图 5-11 所示。

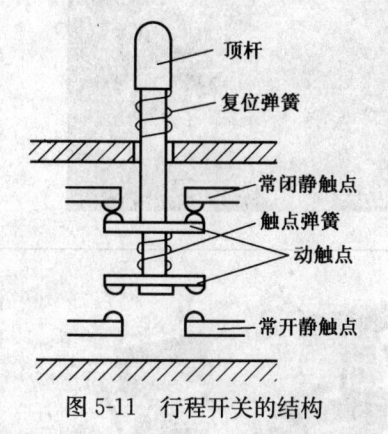

图 5-11　行程开关的结构

3. 行程开关的型号含义

行程开关的型号含义为:

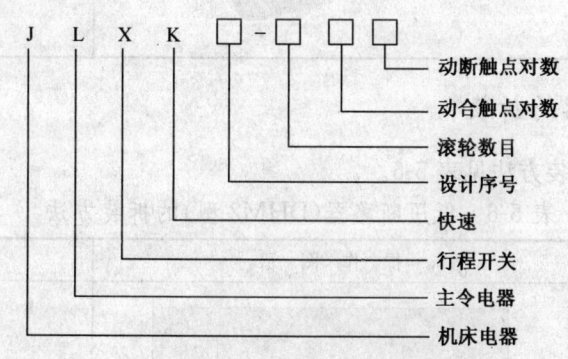

```
J L X K □-□□□
│ │ │ │  │ │ │└─ 动断触点对数
│ │ │ │  │ │└── 动合触点对数
│ │ │ │  │└──── 滚轮数目
│ │ │ │  └───── 设计序号
│ │ │ └──────── 快速
│ │ └────────── 行程开关
│ └──────────── 主令电器
└────────────── 机床电器
```

任务二　熔断器、低压断路器的拆装

一、熔断器的拆装

常用熔断器的拆装方法见表 5-5。

表 5-5　常用熔断器的拆装方法

操作内容	操作图示	操作方法说明
1. 拆卸熔断器		拧下瓷帽,熔断管随瓷帽一起取下,旋拧下瓷套。观察熔断管一端色点是否脱落,判断熔断管是否熔断

85

(续)

操作内容	操作图示	操作方法说明
2. 拆装熔断管		对于 RT18-32 型熔断器,更换熔断管只需扳下熔断管支架即可
3. 另一种有填料式熔断器		要根据熔断器的结构不同,而采取相对应的拆装方法

二、低压断路器的拆装

低压断路器的拆装方法见表 5-6。

表 5-6 低压断路器(DHM2 型)的拆装方法

操作内容	操作图示	操作方法说明
1. 取下端盖		拧下外壳上的螺钉,取下透明塑料外壳
2. 取出灭弧栅片,拆下触点		灭弧栅片没有螺钉固定,可以直接取出。撬开底座下的薄挡板,拧下静触点的紧固螺钉,取下静触点,进行维护。动触点与其他联动机构连在一起,一般不取下

(续)

操作内容	操作图示	操作方法说明
3. 另几种断路器		对于 DZ47LE-63（有漏电保护功能）型和 DZ47-63（前）型断路器，其结构是整体式的，不可拆卸，如有损坏，更换即可

工作提示：
①在看清结构的前提下动手操作，避免拆卸的随意性。
②轻拿轻放，防止陶瓷、塑料壳体损坏。
③注意卡扣等机构，不得生硬撬扳。
④合理选用工具，安全文明操作。

知识链接四 熔断器的基础知识

熔断器是低压电路及电动机控制线路中一种最简单的短路和过载保护电器（过载保护功能并不可靠）。熔断器内装有一个低熔点的熔体，它串联在电路中，正常工作时相当于导体，保证电路接通。当电路发生短路或过载时，熔体熔断，电路随之自动断开，从而保护了线路和设备。熔断器作为一种保护电器，具有结构简单，价格低，使用维护方便，体积小、重量轻等优点，所以得到了广泛应用。

1. 熔断器外形结构与符号

熔断器主要由熔体和安装熔体的熔管或熔座两部分组成。熔体是熔断器的主要组成部分，常做成片状或丝状。熔管是熔体的保护外壳，在熔体熔断时兼有灭弧作用。

瓷插式熔断器和螺旋式熔断器的外形结构如图 5-12(a)、图 5-12(b)所示，图 5-12(c)所示为熔断器的图形符号，其文字符号为 FU。

RC1A 系列瓷插式熔断器由瓷盖、瓷底、动触头、静触头和熔体等部分组成。瓷底和瓷盖均用电工瓷制成，电源线及负载线分别接在瓷底两端的静触头上。瓷底座中间有一空腔，与瓷盖突出部构成灭弧室。额定电流为 60A 以上的熔断器，在灭弧室中还垫有石棉织物，用来灭弧。熔丝接在瓷盖内的两个动触头上，使用时，将瓷盖插于瓷座上即可。

RL1 系列螺旋式熔断器主要由瓷帽、熔断管、瓷套、上接线端、下接线端及瓷底座等部分组成。熔断管是一个瓷管，除了装熔丝外，在熔丝周围填满石英砂，用于熄灭电弧。熔断管的上端有一个小红色点，熔丝熔断后，红点自动脱落，显示熔丝已熔断。

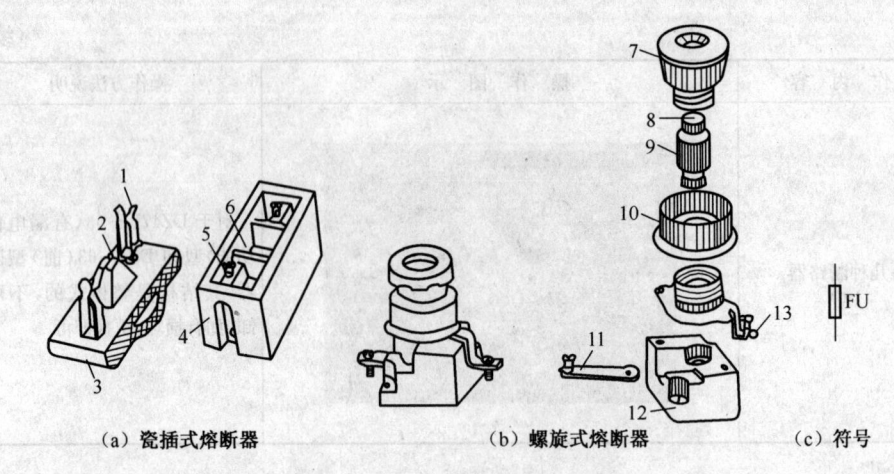

(a) 瓷插式熔断器　　(b) 螺旋式熔断器　　(c) 符号

图 5-12　熔断器外形结构及符号

1—动触片；2—熔体；3—瓷盖；4—瓷底；5—静触点；6—灭弧室；7—瓷帽；8—小红点标志；
9—熔断管；10—瓷套；11—下接线端；12—瓷底座；13—上接线端。

2. 熔断器型号含义及参数

1) 熔断器型号的表示方法及含义

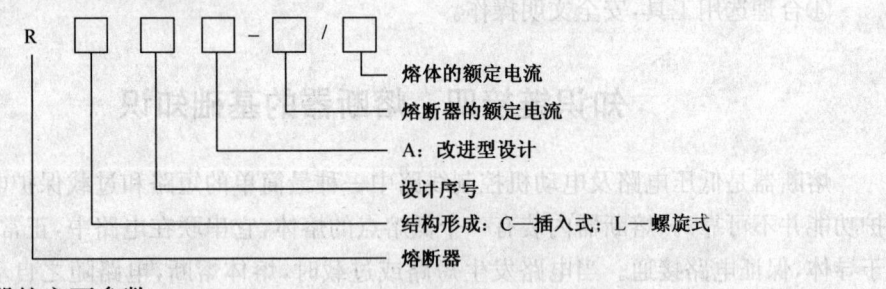

```
R □ □ □ - □ / □
              └── 熔体的额定电流
           └──── 熔断器的额定电流
         └────── A：改进型设计
       └──────── 设计序号
     └────────── 结构形成：C—插入式；L—螺旋式
   └──────────── 熔断器
```

2) 熔断器的主要参数

每一种熔体都有额定电流和熔断电流两个参数。熔管有三个参数：额定工作电压、额定电流和断流能力。常用低压熔断器的主要技术参数见表 5-7。

表 5-7　常用低压熔断器的主要技术参数

类别	型号	额定电压/V	额定电流/A	熔体额定电流等级/A
插入式熔断器	RC1A	380	5	2,4,5
			10	2,4,6,10
			15	6,10,15
			30	15,20,25,30
			60	30,40,50,60
			100	60,80,100
			200	100,120,150,200
螺旋式熔断器	RL1	500	15	2,4,5,6,10,15
			60	20,25,30,35,40,50,60
			100	60,80,100
			200	100,125,150,200

(续)

类别	型号	额定电压/V	额定电流/A	熔体额定电流等级/A
快速熔断器	RLS	500	10	3,5,10
			50	15,20,25,30,40,50
			100	60,80,100

3. 熔断器的另外几种类型

熔断器的类型还有快速熔断器 RLS 和 RS 系列。

RLS 系列是螺旋式快速熔断器,用于小容量硅整流元件的短路保护和某些过载保护。应当注意,快速熔断器的熔体不能用普通的熔体代替,因为普通的熔体不具有快速熔断特性。

RS 系列是半导体器件保护用熔断器,是一种分断能力高、限流特性好、功耗低、性能稳定的熔断器,能可靠地保护半导体及其成套装置。

封闭管式熔断器、有填料密闭管式熔断器结构如图 5-13、图 5-14 所示。

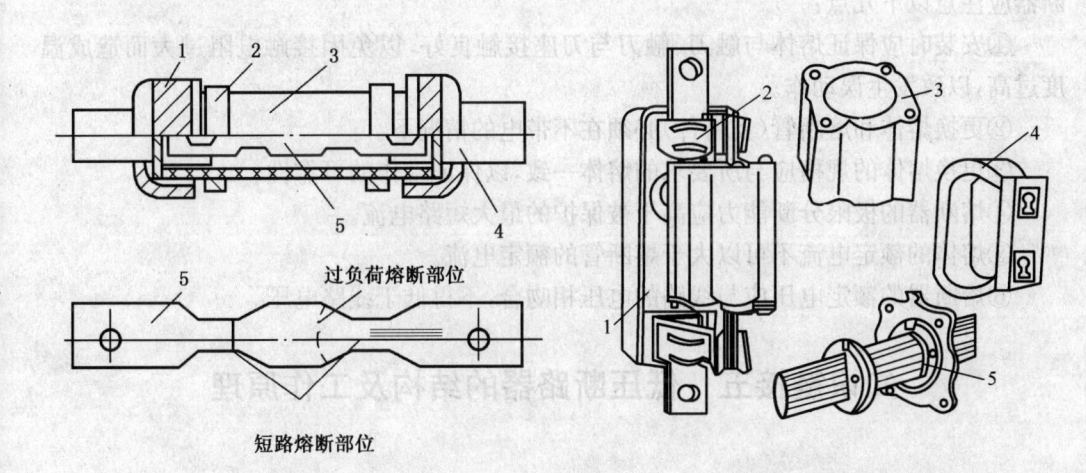

图 5-13 封闭管式熔断器结构图
1—铜管帽;2—管夹;3—纤维熔管;
4—触刀;5—变截面锌熔片。

图 5-14 有填料密闭管式熔断器结构图
1—瓷底座;2—弹簧片;3—管体;
4—绝缘手柄;5—熔体。

4. 熔断器的选用

熔断器用于不同性质的负载,其熔体额定电流的选用方法也不同。

1)熔断器类型选择

熔断器类型应根据线路的要求、使用场合和安装条件进行选择。

2)熔断器额定电压的选择

额定电压应大于或等于线路的工作电压。

3)熔断器额定电流的选择

额定电流必须大于或等于所装熔体的额定电流。

4)熔体额定电流的选择

对于电炉、照明等电阻性负载的短路保护,熔体的额定电流等于或稍大于电路的工作电流。

在配电系统中,远离电源端的前级熔断器应先熔断。一般后一级熔体的额定电流比前一级熔体的额定电流至少大一个等级,以防止熔断器越级熔断而扩大停电范围。

由于电动机的启动电流很大,必须考虑启动时熔丝不能断,因此熔体的额定电流应选得较大。

单台电动机:熔体额定电流=(1.5~2.5)×电动机额定电流。

多台电动机:熔体额定电流=(1.5~2.5)×容量最大的电动机额定电流+其余电动机额定电流。

降压启动电动机:熔体额定电流=(1.5~2.0)×电动机额定电流。

直流电动机和绕线式电动机:熔体额定电流=(1.2~1.5)×电动机额定电流。

5. 熔断器的使用与安装

熔断器的正确使用能够达到保护电器的目的,为了保证其可靠工作,使用和安装熔断器应注意以下几点:

①安装时应保证熔体与触刀、触刀与刀座接触良好,以免因接触电阻过大而造成温度过高,以致发生误动作。

②更换熔体和熔断管(支持件)必须在不带电的情况下。

③更换熔体的规格应与所要求的熔体一致,以保证动作的可靠性。

④熔断器的极限分断能力应高于被保护的最大短路电流。

⑤熔体的额定电流不可以大于熔断管的额定电流。

⑥熔断器的额定电压应与线路的电压相吻合,不得低于线路电压。

知识链接五 低压断路器的结构及工作原理

低压断路器又称自动空气开关、自动空气断路器或自动开关。它相当于刀开关、熔断器、热继电器、过电流继电器和欠电压继电器的组合,是一种既有手动开关作用又能自动进行欠电压、失电压、过载和短路保护、动作值可调、分断能力高的电器。另外,具有漏电保护功能的低压断路器(漏电保护器)在学校、家庭、工厂等处也有广泛的应用。

低压断路器与接触器的区别在于:接触器允许频繁地接通和分断电路,但不能分断短路电流;低压断路器不仅可分断额定电流、一般故障电流,还能分断短路电流,但单位时间内允许的操作次数较低。

知识点1 低压断路器的结构和符号

低压断路器由操作机构、触点、保护装置(各种脱扣器)、灭弧系统等组成。低压断路器(DZ5型)的结构和符号如图5-15所示。

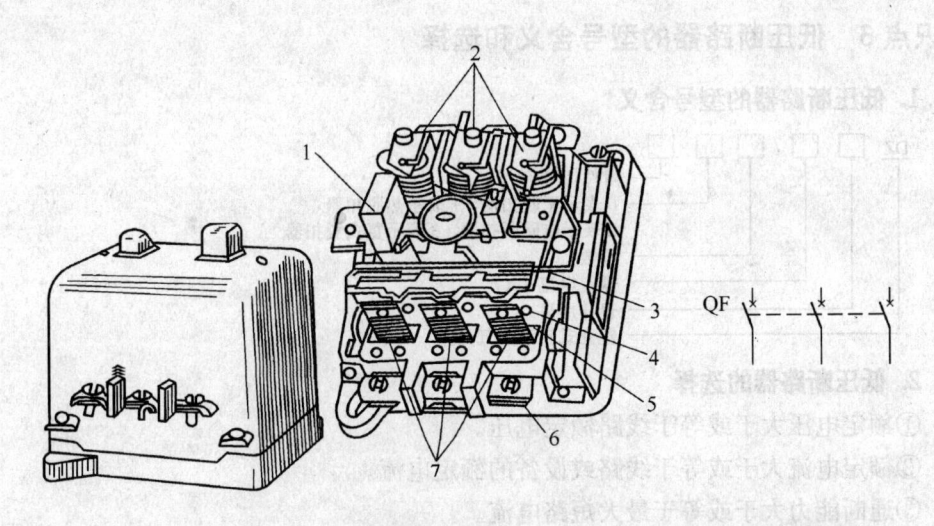

(a）外形结构　　　　　　　　　　　　(b）符号

图 5-15　低压断路器的结构和符号

1—按钮；2—电磁脱扣器；3—自由脱扣器；4—动触点；
5—静触点；6—接线柱；7—热脱扣器。

知识点 2　低压断路器的工作原理

低压断路器的工作原理图如图 5-16 所示。

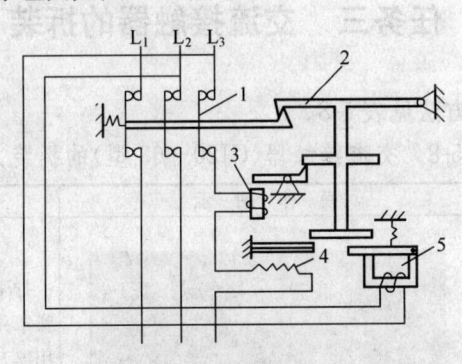

图 5-16　低压断路器的工作原理图

工作原理分析：

断路器的主触点是靠操作机构手动或电动合闸的，并且自由脱扣机构将主触点锁在合闸位置上。如果电路发生故障，自由脱扣机构在有关脱扣器的推动下动作，使钩子脱开。于是主触点在弹簧作用下迅速分断。过电流脱扣器的线圈和热脱扣器的热元件与主电路串联，失压脱扣器的线圈与电路并联。当电路发生短路或严重过载时，过电流脱扣器的衔铁被吸合，使自由脱扣机构动作。当电路过载时，热脱扣器的热元件产生的热量增加，使双金属片向上弯曲，推动自由脱扣机构动作。当电路失压时，失压脱扣器的衔铁释放，也使自由脱扣机构动作。

图 5-16 中，1 为低压断路器的主触点，2 为自由脱扣机构，3 为过电流脱扣器机构，4 为热脱扣器机构，5 为失压脱扣器机构。

知识点 3　低压断路器的型号含义和选择

1. 低压断路器的型号含义

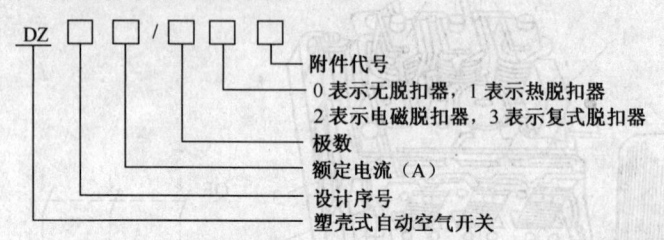

```
DZ□□/□□□
         ├─ 附件代号
         ├─ 0表示无脱扣器，1表示热脱扣器
         ├─ 2表示电磁脱扣器，3表示复式脱扣器
         ├─ 极数
         ├─ 额定电流（A）
         ├─ 设计序号
         └─ 塑壳式自动空气开关
```

2. 低压断路器的选择

①额定电压大于或等于线路额定电压。
②额定电流大于或等于线路或设备的额定电流。
③通断能力大于或等于最大短路电流。
④欠压和失压脱扣器额定电压等于线路额定电压。
⑤分励脱扣器额定电压等于控制电源电压。
⑥长延时电流整定值（热脱扣器电流）等于电动机额定电流。
⑦瞬时整定电流（过电流脱扣器电流）对笼型异步电动机为其额定电流 8 倍～15 倍，对绕线型异步电动机为其额定电流的 3 倍～6 倍。

任务三　交流接触器的拆装

交流接触器的拆装方法见表 5-8。

表 5-8　交流接触器(CJ20－63型)的拆装方法

操 作 内 容	操 作 图 示	操 作 方 法 说 明
1. 拆下灭弧罩		拧下灭弧罩上的固定螺钉，取下灭弧罩并检查有无碳化现象。如有，则用锉刀或小刀刮掉，并将灭弧罩内吹刷干净（具有灭弧罩的接触器，决不允许拆下灭弧罩后观察接触器通电运行情况。）
2. 取下主触头的动触头		用尖嘴钳拉起动触头的固定架，拔出固定销，取下触点压力弹簧片和主触头的动触头，检查触头磨损状况，决定是否需要修整或调换触头

(续)

操作内容	操作图示	操作方法说明
3. 取下主触头的静触头	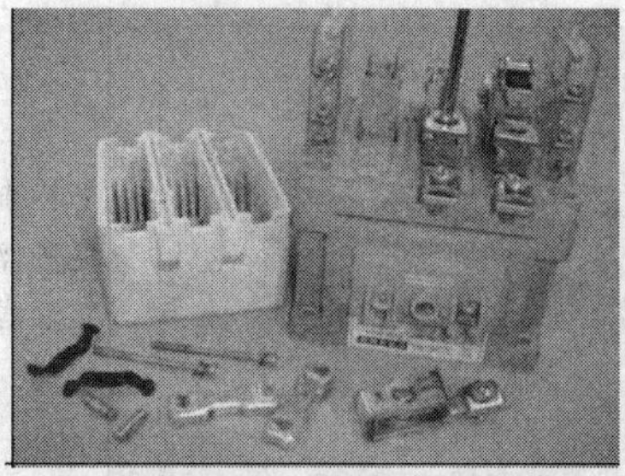	拧下静触头上的固定螺钉,取下主触头的静触头。银和银合金触头表面因电弧生成黑色氧化膜时,不必锉去,因其接触电阻很小,锉去反而缩短了触头的寿命
4. 取下辅助触头	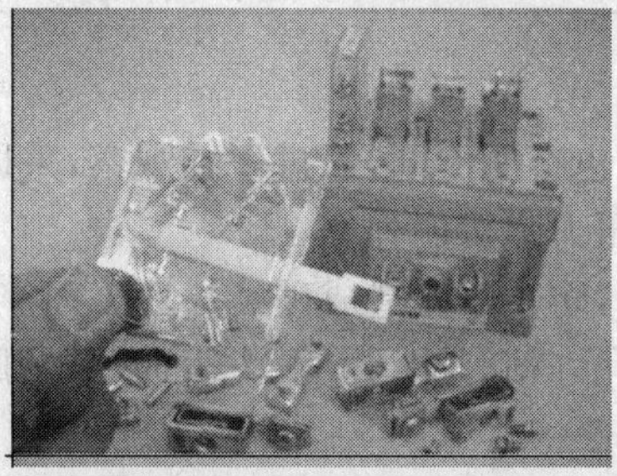	拧下辅助触头支架上的固定螺钉,取下接触器两侧的辅助触头。检查有无异常,是否需要修整
5. 拆开底座		拧下底座上盖上的固定螺钉,取下底座上盖
6. 取出动铁芯		支架连同动铁芯一起取出。细心操作,防止支撑弹簧失落
7. 取出电磁线圈		卸下线圈接线柱上的螺钉,在底座内拔出线圈接线柱,取出电磁线圈。检查有无异常,是否需要修整

93

(续)

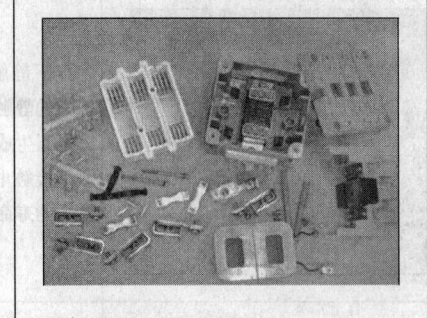

操作内容	操作图示	操作方法说明
8. 检查铁芯		检查动、静铁芯极面上是否有油污锈迹,清理干净后,按拆卸的逆顺序将接触器组装好

工作提示:
①不同型号的接触器其结构也有所不同,通过仔细观察,采取正确的方法进行拆卸。
②触点拆装时,要防止触点压力弹簧崩弹。
③拆装灭弧罩时应轻拿轻放,防止磕碰造成破裂损坏。
④保持触头表面的清洁,不允许粘有油污。触头表面因电弧烧蚀而附有金属小珠粒时,应及时去掉。
⑤触头明显磨损时,应及时调整消除过大的超程。
⑥装配结束后,应检查紧固件是否松动,各种弹簧是否位置准确,可动部分是否灵活,如有问题,应及时调整解决。
⑦装配结束后,还应检查各触头位置是否准确,动作应保持同步。
⑧若接触器一旦不能修复,应及时更换。更换新的接触器的主要技术参数应与原接触器保持一致。
⑨装配结束后,应进行多次通断试运行,检查触头接触电阻和电磁机构是否良好。

知识链接六　交流接触器的基础知识

接触器是一种用来接通或切断交、直流主电路和控制电路,并且能够实现远距离控制的电器。大多数情况下其控制对象是电动机,也可用于其他电力负载。接触器不仅能自动地接通和断开电路,还具有控制容量大、欠电压释放保护、零压保护、频繁操作、工作可靠、寿命长等优点。

接触器的种类很多,按照驱动力的不同可分为电磁式、气动式和液压式,以电磁式应用最为广泛;按接触器主触头通过电流的种类,可分为交流接触器和直流接触器两种;按冷却方式又分为自然空气冷却、油冷和水冷三种,以自然空气冷却的为最多;按主触头的极数,还可以分为单极、双极、三极、四极和五极等多种。

知识点1　交流接触器的结构和符号

交流接触器的结构主要由电磁系统、触点系统、灭弧装置三大部分组成,另外还有反作用力弹簧、缓冲弹簧、触头压力弹簧和传动机构等部分。

交流接触器的结构与符号如图 5-17 所示。

(a) 外形结构　　　　　　　　　　(b) 符号

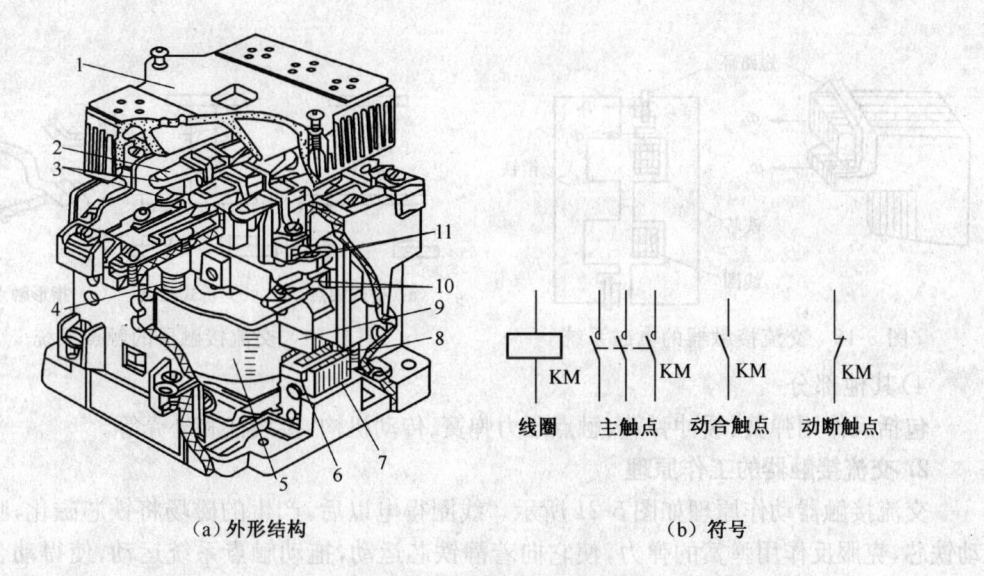

图 5-17　交流接触器的结构与符号

1—灭弧罩；2—触点压力弹簧片；3—主触点；4—反作用弹簧；5—线圈；6—短路环；
7—静铁芯；8—弹簧；9—动铁芯；10—辅助动合触点；11—辅助动断触点。

知识点 2　交流接触器的组成和工作原理

1. 交流接触器的组成

交流接触器主要由电磁系统、触点系统和灭弧装置及其他部件等部分组成。

1）电磁系统

电磁系统主要用于产生电磁吸力，它由电磁线圈（吸力线圈）、动铁芯（衔铁）和静铁芯等组成。交流接触器的电磁线圈是将绝缘铜导线绕制在铁芯上制成的，线圈的电阻较小，故铜损引起的发热较小。为了增加铁芯的散热面积，线圈一般做成短而粗的圆筒状。交流接触器的铁芯由硅钢片叠压而成，以减少铁芯中的涡流与磁滞损耗，避免铁芯过热。在铁芯上装有一个短路铜环，其作用是减少交流接触器吸合时产生的振动和噪声，故又称减振环，其材料为铜或镍铬合金等。E 型铁芯的中柱较短，铁芯闭合后上下中柱间形成 0.1mm～0.2mm 的气隙，这是为了减小剩磁，避免线圈断电后铁芯粘连。交流接触器的电磁系统如图 5-18 所示。

2）触点系统

触点系统主要用于通断电路或传递信号，分为主触点和辅助触点。主触点用以通断电流较大的主电路，一般由三对动合触点组成；辅助触点用以通断电流较小的控制电路，一般有动合和动断各两对触点，常在控制电路中起电气自锁或互锁作用。交流接触器的触点系统如图 5-19 所示。

3）灭弧装置

灭弧装置用来熄灭触点在切断电路时所产生的电弧，保护触点不受电弧灼伤。在交流接触器中常采用的灭弧方法有电动力灭弧和栅片灭弧。灭弧方式如图 5-20 所示。

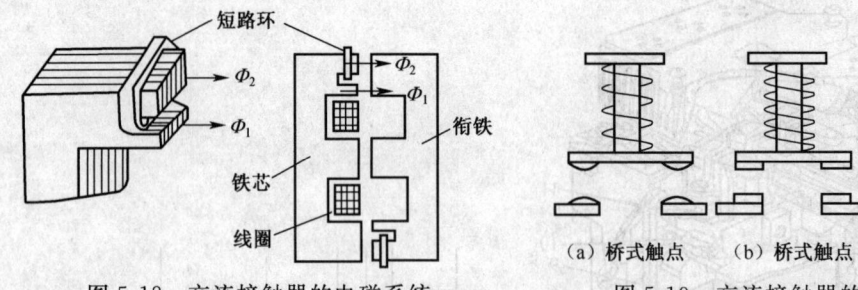

图 5-18 交流接触器的电磁系统

图 5-19 交流接触器的触点系统

4）其他部分

包括反作用弹簧、缓冲弹簧、触点压力弹簧、传动机构、接线柱和外壳等。

2. 交流接触器的工作原理

交流接触器动作原理如图 5-21 所示。线圈得电以后，产生的磁场将铁芯磁化，吸引动铁芯，克服反作用弹簧的弹力，使它向着静铁芯运动，拖动触点系统运动，使得动合触点闭合、动断触点断开。当电源电压消失或者显著降低，以致电磁线圈没有激磁或激磁不足，动铁芯就会因电磁吸力消失或过小而在反作用弹簧的弹力作用下释放，使得动触点与静触点脱离，触点恢复线圈未通电时的状态。

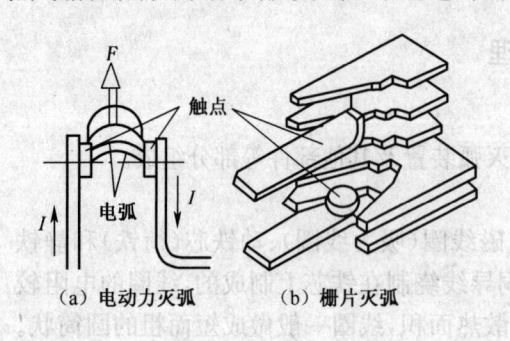

图 5-20 交流接触器的灭弧方式

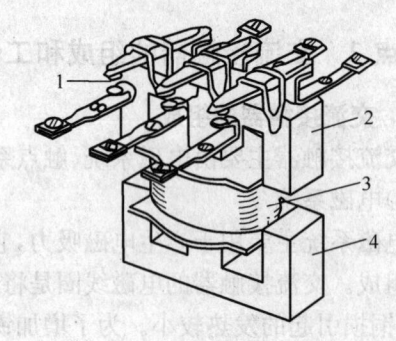

图 5-21 交流接触器动作原理图
1—主触点；2—动触点；3—电磁线圈；4—静铁芯。

知识点 3　交流接触器的型号与主要技术参数

1. 接触器的型号含义

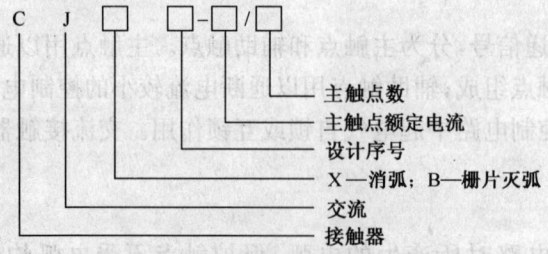

```
C J □ □ □-□/□
        │  │ │ │ │
        │  │ │ │ └── 主触点数
        │  │ │ └──── 主触点额定电流
        │  │ └────── 设计序号
        │  └──────── X—消弧；B—栅片灭弧
        └─────────── 交流
                     接触器
```

2. 交流接触器的主要技术参数

1）额定电压

主触点正常工作的额定电压，亦即其所在电路的电源电压。

2)额定电流

主触点的额定电流。

3)线圈的额定电压

线圈的额定电压等于控制电路电压,但不一定等于主触点额定电压。

4)允许操作频率

指每小时最高操作次数。

5)机械寿命和电气寿命

机械寿命为无载操作次数,电气寿命为有载操作次数。

6)接触器线圈的启动功率和吸持功率

7)主触点的接通和分断能力

指可靠地接通和断开电路的电流值。

知识点 4　交流接触器的选用

①接触器的额定电压大于或等于主电路的额定电压。

②接触器线圈的额定电压必须与接入此线圈的控制电路的额定电压相等。

③接触器的额定电流等级按下列方法选择:按接触器设计时规定的使用类别使用时,接触器的额定电流应等于或稍大于负载额定电流;按照任务使用类别设计的接触器,用于重任务使用类别时,应降低容量使用;用于反复短时工作制的接触器,其额定电流应大于负载的等效发热电流。

④选择接触器的型号时,各系列接触器是按一定的使用类别设计的,应根据负载的情况选用。此外还应注意负载的工作制,用于长期工作时,应尽量选用银或银基合成触头的接触器。

⑤接触器的触头数量和种类应满足主电路和控制电路的需要。

知识点 5　交流接触器的使用与安装

在安装接触器前,应先检查线圈电压是否符合使用要求;然后将铁芯极面上的防锈油擦净,以免造成线圈断电后铁芯不释放;并检查其活动部分是否正常,如触点是否接触良好,是否有卡阻现象等。

交流接触器的安装应注意底面与安装处平面的倾角应小于 5°;若有散热孔,则应将有孔的一面放在垂直方向上,以利散热,并按规定留有适当的飞弧空间,以免飞弧烧坏相邻器件。安装孔的螺钉应装有弹簧垫圈,并拧紧螺钉以防松脱。

交流接触器灭弧罩应该完整无缺且固定牢靠,检查接线正确无误后,在主触点不带电的情况下操作几次,然后再将主触点接入负载工作。

知识链接七　交流接触器的常见故障及维修

接触器可能出现的故障很多,表 5-9 列出了一些常见的故障、故障原因和相应的故障处理方法。

表 5-9 接触器常见故障及处理方法

故障现象	产生故障的原因	处理方法
吸不上或吸力不足	①电源电压过低或波动过大; ②操作回路电源容量不足或发生断线,触点接触不良,以及接线错误; ③线圈技术参数不符合要求; ④接触器线圈断线,可动部分被卡住,转轴生锈、歪斜等; ⑤触点弹簧压力与超程过大; ⑥接触器底盖螺钉松脱或其他原因使动、静铁芯间距太大; ⑦接触器安装角度不合规定	①调整电源电压; ②增大电源容量,修理线路和触点; ③更换线圈; ④更换线圈,排除可动零件的故障; ⑤按要求调整触点; ⑥拧紧螺钉,调整间距; ⑦电器底板垂直水平面安装;
不释放或释放缓慢	①触点弹簧压力过小; ②触点被熔焊; ③可动部分被卡住; ④铁芯极面有油污; ⑤反力弹簧损坏; ⑥用久后,铁芯截面之间的气隙消失	①调整触点参数; ②修理或更换触点; ③拆修有关零件再装好; ④擦清铁芯极面; ⑤更换弹簧; ⑥更换或修理铁芯
线圈过热或烧毁	①电源电压过高或过低; ②线圈技术参数不符合要求; ③操作频率过高; ④线圈已损坏; ⑤使用环境特殊,如空气潮湿,含有腐蚀性气体或温度太高; ⑥运动部分卡住; ⑦铁芯极面不平或气隙过大	①调整电源电压; ②更换线圈或接触器; ③按使用条件选用接触器; ④更换或修理线圈; ⑤选用特殊设计的接触器; ⑥针对情况设法排除; ⑦修理或更换铁芯
噪声较大	①电源电压低; ②触点弹簧压力过大; ③铁芯截面生锈或粘有油污、灰尘; ④零件歪斜或卡住; ⑤分磁环断裂; ⑥铁芯截面磨损过度而不平	①提高电压; ②调整触点压力; ③清理铁芯截面; ④调整或修理有关零件; ⑤更换铁芯或分磁环; ⑥更换铁芯
触点熔焊	①操作频率过高或过负荷使用; ②负载侧短路; ③触点弹簧压力过小; ④触点表面有突起的金属颗粒或异物; ⑤操作回路电压过低或机械性卡住触点停顿在刚接触的位置上	①按使用条件选用接触器; ②排除短路故障; ③调整弹簧压力; ④修整触点; ⑤提高操作电压,排除机械性卡阻故障

(续)

故障现象	产生故障的原因	处理方法
触点过热或灼伤	①触点弹簧压力过小； ②触点表面有油污或不平，铜触点氧化； ③环境温度过高，或使用于密闭箱中； ④操作频率过高，或工作电流过大； ⑤触点的超程太小	①调整触点压力； ②清理触点； ③接触器降低容量使用； ④调换合适的接触器； ⑤调换或更换触点
触点过度磨损	①接触器选用欠妥，在某些场合容量不足，如反接制动、密集操作等； ②三相触点不同步； ③负载侧短路	①接触器降容使用或改用合适的； ②调整使之同步； ③排除短路故障
相间短路	①可逆接触器互锁不可靠； ②灰尘、水汽、污垢等使绝缘材料导电； ③某些零部件损坏（如灭弧室）	①检修互锁装置； ②经常清理，保持清洁； ③更换损坏的零部件

任务四 热继电器、中间继电器的拆装

一、热继电器的拆装

热继电器的拆装方法见表 5-10。

表 5-10 热继电器的拆装方法

操作内容	操作图示	操作方法说明
1. 拆下挡板		拆下紧固螺钉，取下挡板
2. 调整触点，维护机械结构		检查触点状态、复位机构、机械结构部分是否需要调整

99

二、中间继电器的拆装

中间继电器的拆装方法见表 5-11。

表 5-11 中间继电器(JZ7—44 型)的拆装方法

操作内容	操作图示	操作方法说明
1. 拆下静触点		拧下静触点上的螺钉,取下静触点
2. 取下铁芯		拧下底盖上的螺钉,取下底盖,取出反作用弹簧及其支架,取出铁芯
3. 取出线圈、衔铁和动触点		拧下线圈接线柱上的螺钉,从壳内拉出线圈接线柱,从壳体中取出线圈、衔铁和动触点。观察线圈、触点状况,铁芯极面是否有油污锈迹,确定是否进行修整

工作提示:
①拆卸时,要备盛放零部件的容器,避免零件失落。
②拆装过程中,不允许硬撬。拆卸弹簧时要防止其崩出。
③装配后,要进行多次通断试运行,检查触点及电磁机构是否正常。
④注意安全操作。

知识链接八　热继电器、中间继电器的基础知识

知识点 1　继电器的基础知识

继电器是一种根据电气量(如电压、电流等)或非电气量(如热、时间、压力、转速等)

的变化接通或断开控制电路,以实现自动控制和保护电力拖动装置的电器。继电器一般由感测机构、中间机构和执行机构三个基本部分组成。

继电器的种类很多,按用途可分为控制继电器和保护继电器;按输入信号的性质可分为电压继电器、电流继电器、时间继电器、速度继电器、压力继电器和温度继电器等;按工作原理可分为电磁式继电器、感应式继电器、热继电器和电子式继电器等;按动作时间可分为瞬时继电器和延时继电器等。

知识点 2　热继电器的基础知识

热继电器是利用电流流过热元件时产生的热量,使双金属片发生弯曲而推动执行机构动作的一种保护电器,主要用于交流电动机的过载保护、断相及电流不平衡运动的保护及其他电器设备发热状态的控制。热继电器还常和交流接触器配合组成电磁启动器,广泛用于三相异步电动机的长期过载保护,但不能作瞬时过载及短路保护用。

1. 热继电器的结构和符号

热继电器主要由热元件、触头系统、运作机构、复位按钮、整定电流装置和温升补偿元件等组成。热继电器的外形结构和符号如图 5-22 所示。

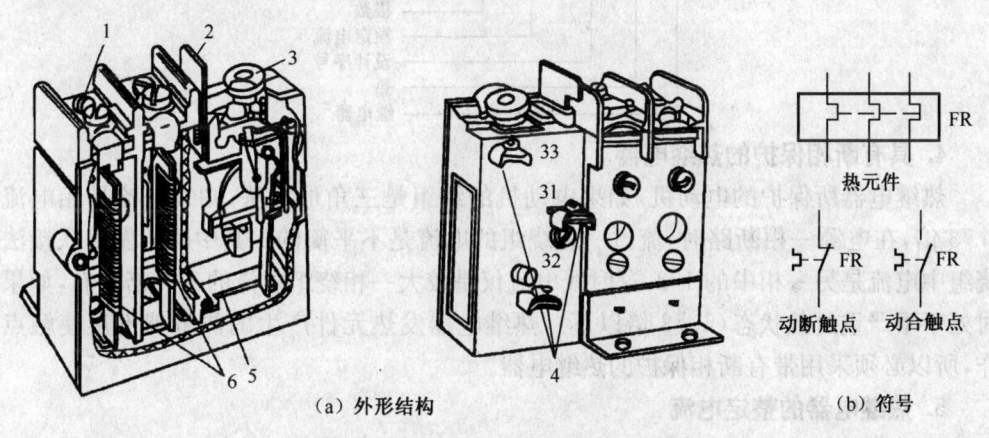

(a) 外形结构　　　　　　　　　　　　　　(b) 符号

图 5-22　热继电器的外形结构和符号
1—热元件接线柱;2—复位按钮;3—调节旋钮;
4—触点接线柱;5—动作机构;6—热元件。

2. 热继电器的工作原理

当电动机过载时,流过电阻丝(热元件)的电流增大,电阻丝产生的热量使金属片弯曲,经过一定时间后,弯曲位移增大,因而脱扣,通过运作机构使动断触点断开,动合触点闭合。热继电器动作原理如图 5-23 所示。

热继电器触点动作切断电路后,电流为 0,则电阻丝不再发热,双金属片冷却到一定值时恢复原状。于是动合和动断触点可以复位。另外也可通过调节螺钉,使触点在动作后不自动复位,而必须按动复位按钮才能使触点复位。这很适用于某些要求故障未排除而防止电动机再启动的场合。不能自动复位对检修时确定故障范围也是十分有利的。

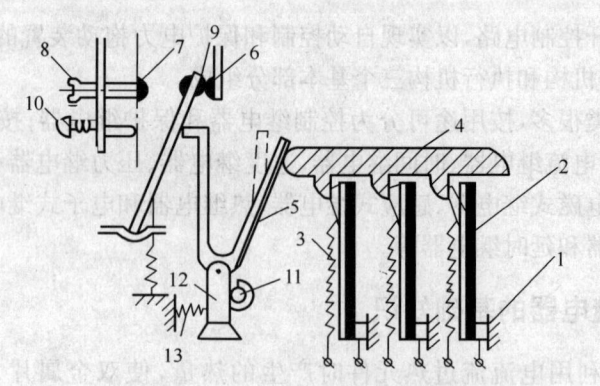

图 5-23　热继电器动作原理示意图

1—接线柱；2—主双金属片；3—加热元件；4—导板；5—补偿双金属片；
6—静触点（动断）；7—静触点（动合）；8—复位调节螺钉；9—动触点；
10—复位按钮；11—调节旋钮；12—支撑件；13—弹簧。

3. 热继电器的型号含义

热继电器的型号含义为：

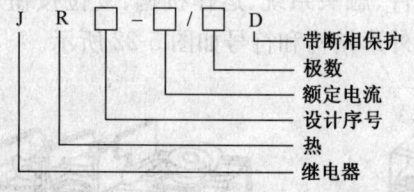

```
J R □ - □ / □ D —— 带断相保护
                —— 极数
                —— 额定电流
                —— 设计序号
                —— 热
                —— 继电器
```

4. 具有断相保护的热继电器

热继电器所保护的电动机，如果电动机的绕组是三角形接法，则线电流是相电流的 1.73 倍，在电源一相断路时，流过三相绕组的电流是不平衡的。其中两相做串联接法的绕组中电流是另一相中的 1/2，这时线电流仅是较大一相绕组电流的 1.5 倍左右，如果此时处于不严重过载状态（1.73 倍以下），热继电器发热元件产生的热量就不足使触点动作，所以必须采用带有断相保护的热继电器。

5. 热继电器的整定电流

热继电器的整定电流是指热继电器长期不动作的最大电流，超过此值就会动作。

整定电流的调整：热继电器中凸轮上方是整定旋钮，刻有整定电流值的标尺；旋动旋钮时，凸轮压迫支撑杆绕交点左右移动，支撑杆向左移动时，推杆与连杆的杠杆间隙加大，热继电器的热元件动作电流增大，反之动作电流减小。

当过载电流超过整定电流的 1.2 倍时，热继电器便要动作。过载电流越大，热继电器开始动作所需时间越短。其过载电流的大小与动作时间关系见表 5-12。

表 5-12　过载电流大小与动作时间关系表

整定电流倍数	动作时间	起始状态	整定电流倍数	动作时间	起始状态
1.0	长期不动作	从冷态开始	1.5	小于 2min	从热态开始
1.2	小于 20min	从热态开始	6	大于 5s	从冷态开始

6. 热继电器的选用

选用时，应根据电动机额定电流来确定热继电器的型号及热元件的电流等级。

①一般情况下,可选用两相结构的热继电器。对于电网电压的均衡性较差,工作环境恶劣或较少有人照管的电动机,可选用三相结构的热继电器。当电动机定子绕组是三角形接法时,应采用有断相保护装置的三相结构的热继电器。

②热元件的额定电流等级一般略大于电动机的额定电流。热元件选定后,再根据电动机的额定电流调整热继电器的整定电流,使之等于电动机的额定电流。

a. 对于过载能力较差的电动机,所选用的热继电器的额定电流应适当小一些,一般为电动机额定电流的60%~80%。

b. 在电动机拖动的是冲击性负载(如冲床、剪床等)或电动机启动时间较长的情况下,选择的热继电器的整定电流要比电动机额定电流高一些。

③双金属片式热继电器一般用于轻载、不频繁启动电动机的过载保护。对于重载、频繁启动的电动机,可采用过电流继电器作过载和短路保护。

知识点3　中间继电器的基础知识

中间继电器的主要作用是在电路中起信号的传递与转换作用。中间继电器可以实现多路控制,并可将小功率的控制信号转换为大容量的触点动作,以驱动电气执行元件工作。即中间继电器是用来转换控制信号的中间元件,将一个输入信号变换成一个或多个输出信号,其输入信号为线圈的通电或断电,输出信号为触点的动作。有时也可用中间继电器控制小容量电动机的起停。

中间继电器也可分为直流与交流两种,其结构一般由电磁机构和触点系统组成。电磁机构与接触器相似,其触点因为通过控制电路的电流容量较小,所以不需加装专用灭弧装置。

1. 中间继电器的外形结构与符号

中间继电器的外形结构如图5-24(a)所示,图5-24(b)所示为中间继电器的符号,其文字符号为KA。

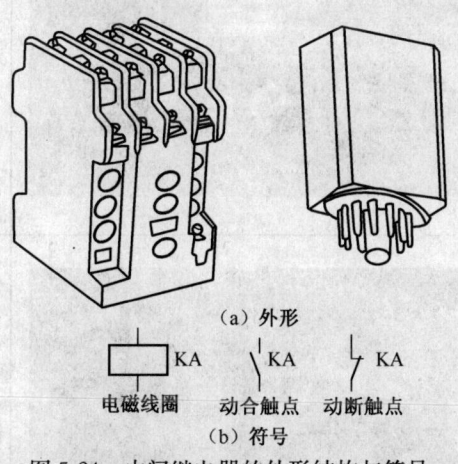

图5-24　中间继电器的外形结构与符号

中间继电器的结构和交流接触器基本一样,其外壳一般由塑料制成,为开启式。外壳上的相间隔板将各对触点隔开,以防止因飞弧而发生短路事故。

中间继电器的触点一般有8动合、6动合2动断、4动合4动断三种组合形式。

2. 中间继电器的原理和型号含义

中间继电器的结构与交流接触器相似，工作原理也相同。当电磁线圈得电时，铁芯被吸合，触点动作，即动合触点闭合，动断触点断开；电磁线圈断电后，铁芯释放，触点复位。

中间继电器的型号表示方法及含义如下：

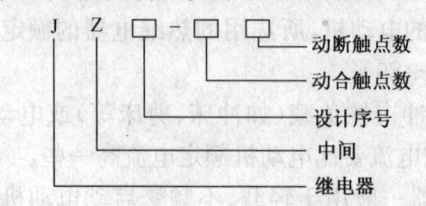

```
J Z □-□□
│ │  │ │ └─ 动断触点数
│ │  │ └─── 动合触点数
│ │  └───── 设计序号
│ └──────── 中间
└────────── 继电器
```

3. 中间继电器的使用

工程中，中间继电器的用途有两个：一是当电压或电流继电器的触头容量不够时，可借助中间继电器来控制，用中间继电器作为执行元件；二是当其他继电器触头数量不够时，可利用中间继电器来切换复杂电路。

任务五　时间继电器的拆装及接线

时间继电器的拆装及接线方法见表 5-13。

表 5-13　时间继电器(JS7 型)的拆装及接线方法

操作内容	操作图示	操作方法说明
1. 拆下触点系统		卸下触点系统的紧固螺钉，分别取下瞬动触点和延时触点
2. 拆下电磁系统		卸下电磁系统支架上的紧固螺钉，取下电磁系统。检查线圈状况，衔铁活动是否顺畅

(续)

操作内容	操作图示	操作方法说明
3. 拆下气室部分		卸下延时机构后端盖上的紧固螺钉,拆开气室部分,检查气室是否整洁无破损
4. 另几种时间继电器		对于电子式时间继电器,由于其定时精度高、时间长,内电路复杂,如有故障,无需拆卸,更换即可
5. 时间继电器触点的接线		应用时间继电器,必须明确定触点的性质,区分瞬时触点和延时触点后,才能正确地接线

工作提示:
①拆卸时,要备盛放零部件的容器,避免细小零件失落。
②拆装过程中,不允许硬撬。拆卸弹簧时要防止其崩出。
③细心安装调整电磁机构,因延时触点对其位置很敏感。
④延时机构的各部件要准确组装,否则影响其工作的可靠性。并检查气室是否严密,橡皮膜是否损坏。
⑤装配过程中,应注意传动机构不得有卡阻现象。
⑥装配后,要进行多次模拟运行,检查触点及延时机构是否正常。
⑦注意安全文明操作。

知识链接九　时间继电器的基础知识

时间继电器也称为延时继电器,是一种用来实现触点延时接通或断开的控制电器。时间继电器种类繁多,但目前常用的时间继电器主要有空气阻尼式、电动式、晶体管式及直流电磁式等几大类。

时间继电器按延时方式可分为通电延时型和断电延时型两种。通电延时型时间继电器在其感测部分接收信号后开始延时,一旦延时完毕,就通过执行部分输出信号以操纵控制电路,当输入信号消失时,继电器就立即恢复到动作前的状态(复位)。断电延时型与通电延时型相反。断电延时型时间继电器在其感测部分接收输入信号后,执行部分立即动作,但当输入信号消失后,继电器必须经过一定的延时,才能恢复到原来(即动作前)的状态(复位),并且有信号输出。

知识点 1　时间继电器的外形结构及符号

JS7 型空气阻尼式时间继电器的外形结构如图 5-25(a)所示。图 5-25(b)所示为时间继电器的符号,其文字符号为 KT。时间继电器由电磁系统、延时机构和触点系统三部分组成。将电磁系统翻转 180°安装后,通电延时型可以改换成断电延时型。同样,断电延时型也可改换成通电延时型。

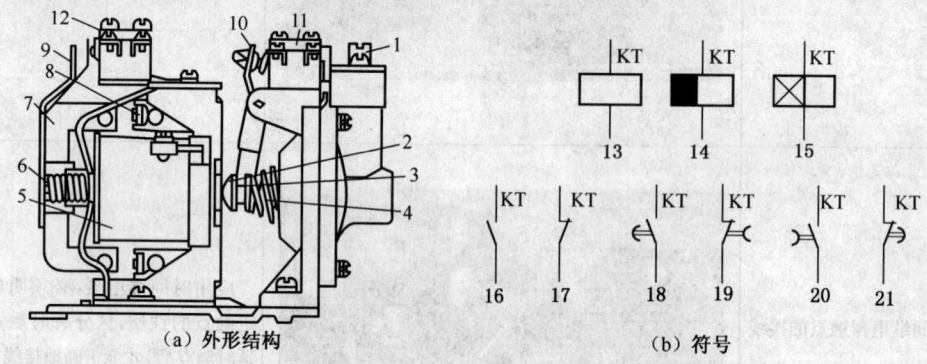

图 5-25　空气阻尼式时间继电器的外形结构及符号

1—调节螺丝;2—推板;3—推杆;4—宝塔弹簧;5—电磁线圈;6—反作用弹簧;7—衔铁;8—铁芯;　9—弹簧片;10—杠杆;11—延时触点;12—瞬动触点;13—一般符号;14—断电延时线圈;15—通电延时线圈;　16—瞬动合触点;17—瞬动断触点;18—延时闭合动合触点;19—延时断开动断触点;20—延时断开动合触点;21—延时闭合动断触点。

下面介绍时间继电器的结构。

1. 电磁系统
由线圈、铁芯、衔铁、反力弹簧及弹簧片等组成。

2. 延时机构

1)气室部分

气室内有一块橡皮薄膜,随空气的增减而移动。气室上面有调节螺钉,可调节延时的长短。

2)传动机构

由推板、活塞杆、杠杆及宝塔弹簧等组成。

3. 触点系统

由两对瞬时触头(一对瞬时闭合,另一对瞬时断开)及两对延时触头组成。不同型号的时间继电器其触点类型和数量略有不同。

知识点2 时间继电器的工作原理

JS7型空气阻尼式(通电延时型)时间继电器的工作原理如图5-26所示。现以通电延时型为例说明其工作原理。

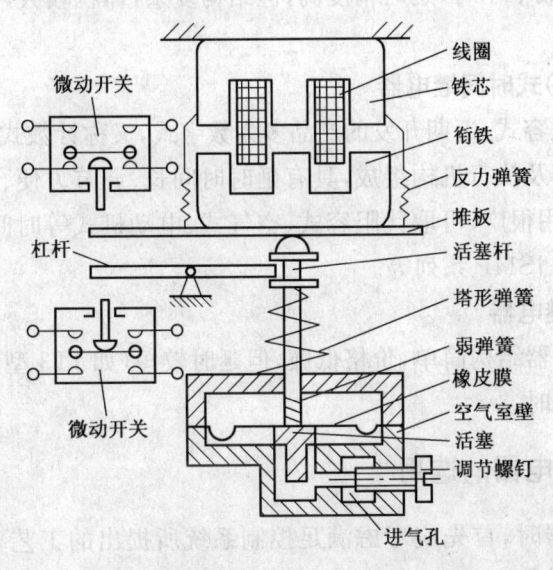

图5-26 通电延时型时间继电器的工作示意图

当线圈得电后衔铁(动铁芯)吸合,活塞杆在塔形弹簧作用下带动活塞及橡皮膜向上移动,橡皮膜下方空气室空气变得稀薄形成负压,活塞杆只能缓慢移动,其移动速度由进气孔气隙大小来决定。经一段延时后,活塞杆通过杠杆压动微动开关,使其触头动作,起到通电延时作用。

当线圈断电时,衔铁释放,橡皮膜下方空气室内的空气通过活塞肩部所形成的单向阀迅速地排出,使活塞杆、杠杆、微动开关等迅速复位。由线圈得电到触头动作的一段时间即为时间继电器的延时时间,其大小可以通过调节螺钉调节进气孔气隙大小来改变。

在线圈通电和断电时,微动开关在推板的作用下都能瞬时动作,其触头即为时间继电器的瞬动触头。

知识点3 时间继电器的型号含义

时间继电器的型号含义为:

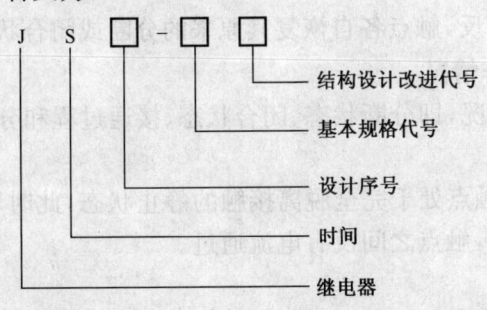

JS□-□□
- 结构设计改进代号
- 基本规格代号
- 设计序号
- 时间
- 继电器

知识点4 其他几种时间继电器

1. 电动式时间继电器

它由同步电动机、减速齿轮机构、电磁离合系统及执行机构组成。电动式时间继电器延时时间长,可达数十小时,延时精度高,但结构复杂,体积较大,常用的有 JS10、JS11 系列和 7PR 系列。

2. 晶体管(电子)式时间继电器

早期产品多是阻容式,近期开发的产品多为数字式,又称计数式,其结构是由脉冲发生器、计数器、放大器及执行机构组成,具有延时时间长、调节方便、精度高的优点,有的还带有数字显示,应用很广,可取代阻容式、空气式、电动机式等时间继电器。我国生产的产品有 JSJ 系列和 JS14P 系列等。

3. 电磁式时间继电器

电磁式时间继电器结构简单,价格低廉,但延时较短(如 JT3 型只有 0.3s~0.5s)且只能用于直流断电延时。

知识点5 时间继电器的选用

选用时间继电器时,首先应考虑满足控制系统所提出的工艺要求和控制要求,并根据对延时方式的要求选用通电延时型或断电延时型。对于延时要求不高和延时时间较短的,可选用价格相对较低的空气阻尼式;当要求延时精度较高、延时时间较长时,可选用晶体管式或数字式;在电源电压波动大的场合,采用空气阻尼式比用晶体管式的好,而在温度变化较大处,则不宜采用空气阻尼式时间继电器。总之,选用时除了考虑延时范围、准确度等条件外,还要考虑控制系统对可靠性、经济性、工艺安装尺寸等的要求。

知识链接十 低压电器的常见故障及排除

知识点1 低压电器触点系统的故障诊断与排除

常用的触点有指式单断口和桥式双断口两种形式,如图 5-27 所示。当电器动作时,动合触点由分断状态转换为闭合状态,而动断触点则由闭合状态转换为分断状态;当电器复位时则刚好相反,触点各自恢复其原来的分断或闭合状态。

1. 触点系统的工作情况

触点有四种工作情况,即分断状态、闭合状态、接通过程和分断过程。

1)分断状态

分断状态指动、静触点处于完全脱离接触的静止状态,此时动、静触点之间承受着被控制线路的额定电压,触点之间没有电流通过。

2)闭合状态

(a)指式单断口触点　　　　(b)桥式双断口触点

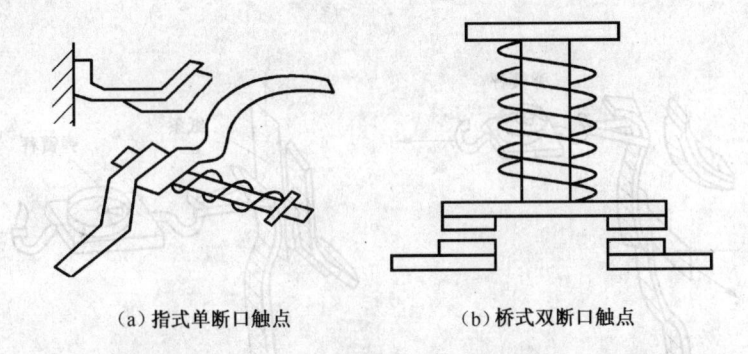

图 5-27　指式单断口和桥式双断口触点

闭合状态指动、静触点完全闭合的静止状态,此时触点之间通过工作电流,动、静触点之间的接触电阻增大,在电流通过时就会引起触点发热;同时,触点的严重温升又会加速触点的氧化,加大触点的发热,甚至造成触点的熔焊。影响触点接触电阻的因素主要有以下几个:

①触点材料的电阻率和机械特性:材料越软,电阻率越小,使得接触电阻就越小。

②触点的接触压力:接触压力适当增大会使接触电阻减小。

③触点的接触形式:工作电流较大的触点一般采取线接触或面接触,以加大接触面积从而减小接触电阻。

④触点表面的状况:触点表面的光洁度和氧化、硫化的情况会影响接触电阻。

3)接通过程

接通过程动、静触点在接通后再次短时分离,即产生触点的弹跳,触点的弹跳会产生电弧,严重时会使触点熔焊。

4)分断过程

分断过程指动、静触点在紧密接触并通过工作电流的情况下脱离接触,直至完全分断的过程。触点在分断时,由于热电子发射和强电场的作用,使气体游离,从而会在分断瞬间产生电弧。电弧对触点和被控制电路的危害主要是:产生高温,加快触点的氧化,加快电磨损,严重时会使触点熔焊而引起事故;妨碍被控制电路及时可靠地分断,严重时持续燃弧会烧毁触点,甚至引起相间短路事故;对弱电设备造成电磁干扰。

2. 触点系统的故障与排除

1)触点过热

造成触点过热的原因可能是触点接触压力不足。触点的初压力和终压力的测量方法是:在支架和动触点之间放一纸条,纸条在触点弹簧的作用下被压紧,然后在动触点上装一弹簧秤(其受力点应是两触点的接触点),如图 5-28(a)所示,一手拉弹簧秤(注意拉弹簧秤的方向应垂直于触点的接触面),一手轻轻拉纸条,当纸条刚刚可以拉出时,弹簧秤的读数就是初压力。当触点在闭合状态时,将纸条夹在动、静触点之间,用同样的方法拉弹簧秤和纸条,如图 5-28(b)所示,当纸条可以拉出时,弹簧秤的读数就是终压力。

触点过热的另一原因是触点表面接触不良、触点表面氧化或积垢,这些都会使触点接触电阻增大,引起触点过热。处理的方法是清除触点表面的灰尘或油污,还可用小刀刮去触点表面的氧化层。

2)触点磨损

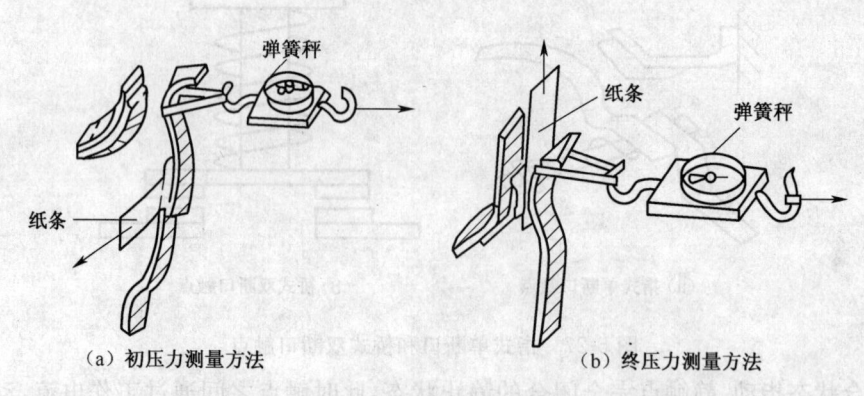

(a) 初压力测量方法　　　　(b) 终压力测量方法

图 5-28　触点初压力和终压力的测量方法

触点使用日久,其厚度越用越薄,这就是触点磨损。造成触点磨损的原因一般有两种:一种是电气磨损,即由触点间电弧或电火花的高温而使触点金属汽化和蒸发所造成;另一种是机械磨损,即由触点在接通过程中的撞击,以及触点接触面的相对滑动摩擦等所造成。当触点磨损到只剩下原厚度的 1/2～2/3 时,就需要更换新触点。若触点磨损过快,则应查明原因,排除故障。

3)触点熔焊

触点熔焊是指动、静触点的表面被熔化后焊在一起而分离不开的现象。产生的原因主要是:触点的初压力太大;触点容量太小,或线路发生过载。触点熔焊后,必须更换新的触点。

知识点 2　电磁机构的故障诊断与排除

1. 衔铁噪声大

产生衔铁噪声大的原因一般有以下几个。

1)衔铁与铁芯的接触面接触不良或衔铁歪斜

排除故障时,应拆下线圈,检查动、静铁芯之间的接触面是否平整和清洁,若不平整则应锉平或用砂纸磨平,如有污垢则用汽油清洗。若衔铁歪斜或松动,则加以校正或紧固。

2)短路环损坏

如果发现短路环断裂,应修复或更换。

3)其他原因

如果触点的弹簧压力过大,或动铁芯因活动受卡阻而不能完全吸合,也会产生振动而发出噪声。需要指出的是:如果衔铁活动受阻而不能吸合,一经发现应立即切断电源,以免线圈过热而烧毁。

2. 线圈断电后衔铁不能释放或不能立即释放

产生这类故障的原因主要有:衔铁运动受阻;动、静铁芯间的气隙太小,剩磁太大;复位弹簧变形或疲劳;铁芯的接触面有油污而粘住。

3. 线圈的故障

线圈的故障主要是由于线圈电流过大致使线圈过热甚至烧毁。产生线圈电流过大的原因主要是线圈的绝缘损坏,或机械损伤造成匝间短路或接地;其他如电源电压过低、动、静铁芯吸合时接触不好甚至不能吸合,都可能使线圈电流过大,造成线圈过热以至烧毁。

知识点 3　低压电器灭弧装置的故障诊断与排除

电器灭弧装置的常见故障表现为灭弧性能降低甚至失去灭弧功能,其原因可能是灭弧罩受潮、碳化或破碎,磁吹线圈局部脱落,灭弧角或灭弧栅片脱落等。在检查时,可贴近电器倾听触点分断时的声音,如是软弱无力的"噗噗"声,则是灭弧时间延长的现象,可拆开灭弧罩检查。若灭弧罩受潮,可烘烤以除潮气;若灭弧罩碳化,轻者可刮除碳化层,碳化严重的则应更换灭弧罩;若磁吹线圈短路,可按线圈短路的故障排除方法进行维修;若是灭弧角或灭弧栅片脱落,则重新固定;若灭弧栅片烧坏,则应更换。

知识点 4　常用低压电器的一般故障诊断与排除

1. 接触器的一般故障与排除

1) 接触器通电后不能吸合

应首先测试电磁线圈两端是否有额定电压。若无电压,说明故障发生在控制回路,应根据具体电路检查处理;若有电压且低于线圈额定电压,致使电磁线圈通电后产生的电磁力不足以克服弹簧的反作用力,则可更换线圈;若有额定电压,则应检查线圈是否断线,螺丝是否松脱。另外,机械机构及动触头发生卡阻,都可造成接触器通电后不能吸合。

2) 接触器吸合不正常

接触器吸合不正常是指接触器吸合过于缓慢、触头不能完全闭合、铁芯吸合不紧等现象。产生该类故障的原因通常有电源电压过低、触头弹簧压力不合适、动静铁芯间隙过大、机械卡阻以及转轴生锈、歪斜等。当接触器吸合不正常时,应查明原因,排除故障。如果弹簧压力不合适,则应调整弹簧压力,必要时进行更换;如果动、静铁芯间隙过大,则应重新装配;如果轴部有问题,则应清洗轴端及支承杆,必要时应调换部件。

3) 触头断相

发生触头断相时,电动机仍能转动,但启动很慢,旋转无力,同时发出"嗡嗡"声,此时应立即停车,否则将烧毁电动机。产生触头断相的原因是某相触头接触不良或连接螺丝松脱。排除的方法是检查触头的连接处,应保证可靠连接,螺丝必须拧紧,不得松动。

4) 触头熔焊

交流接触器两相或三相触点由于过载电流大而出现熔焊。

5) 相间短路

由于接触器的正反转联锁控制失灵,或因误动作,致使两台接触器同时投入运行而造成相间短路;或因接触器动作过快,转换时间太短,在转换过程中发生电弧短路。为了避免发生相间短路,应定期检查接触器各部件的工作情况,要求可动部件不卡阻,接线处无松脱,零部件如有损坏应及时修换,灭弧罩应完好,如有破碎,要及时更换。

可以在控制线路中改用按钮和接触器双重连锁控制电动机正、反转的线路,或更换动作时间长的接触器,延长正、反转的转换时间。

2. 热继电器的一般故障与排除

1) 热元件烧断

当热继电器动作频率太高,或负载一侧发生短路、电流过大时会使热元件烧断。更换热继电器后要注意重新调整整定电流。

2) 热继电器误动作

该故障的原因一般有以下几种：一是整定值偏小，以致未过载就动作；二是电动机启动时间过长，使热继电器在电动机启动过程中动作；三是操作频率过高，使热元件经常受到电流的冲击；四是使用场合有较强烈的冲击及振动，使热继电器动作机构松动导致动断触点断开。处理这些故障的方法是调换合适的热继电器，并合理调整整定值。

3) 热继电器不动作

这种故障的原因通常是热元件烧断或脱焊，或电流整定值偏大，以致过载很久热继电器仍不动作；也可能是热继电器触点接触不良，线路接不通，使热继电器不动作。

热继电器使用一段时间后，应注意定期检查、校验。热继电器脱扣后，不要立即手动复位，应等其双金属片冷却复原后，再按下复位按钮使动断触点复位，按复位按钮时要注意用力不可过猛，否则会损坏操作机构。

3. 时间继电器的一般故障与排除

电气控制线路常用的时间继电器是空气阻尼式时间继电器，空气阻尼式时间继电器的主要故障是延时不准确，其原因是在使用一段时间后，或是空气室经过拆卸后，空气室密封不严；或者橡皮膜老化，以及弹簧疲劳等原因，都会造成延时误差。如果有灰尘进入空气室，甚至堵塞了进气孔，延时就会变得很长。这时应拆开空气室进行清洗，或更换零件。

4. 中间继电器的一般故障与排除

因为中间继电器的主要结构是电磁机构和触点系统，所以其故障及检修也与接触器基本相同。

5. 按钮开关的一般故障与排除

按钮开关的常见故障是触点接触不良，其原因及处理方法如下：

①触点烧蚀或磨损松动造成接触不良，应拆开按钮对触点进行检修，若磨损严重则更换触点。

②动触点弹簧失效而造成动触点松动位移接触不良，应更换弹簧。

③因使用环境差或按钮开关本身密封不好，有异物进入而使按钮动作受阻，应拆开进行清洁，清除异物。

6. 行程开关的一般故障与排除

行程开关在电气控制线路中往往作为位置控制或限位保护的电器，如果控制失灵就会危及设备和人身的安全。行程开关控制失灵常常是安装螺丝松动或触点接触不良所引起的，由于行程开关多安装在机械设备的运动部位，经常受到撞块的碰撞，其安装螺丝容易松动造成位移，因此应注意经常检查，发现松动应及时紧固，触点接触不良应及时修理或更换。

对于在油污、粉尘较多的场合使用的行程开关出现的控制失灵，则往往不是触点烧坏，也不是固定螺丝位移松动，而是由于粉尘积聚过多或油污粉尘粘合造成导杆移动受阻，或者是油污粉尘附在触点上造成触点接触不良，所以应定期进行检修，清除污垢。

7. 熔断器的一般故障与排除

1) 对运行中的熔断器应经常进行巡视检查

主要内容有:熔体的额定电流是否与负载电流相适应;有熔断信号指示器的熔断器应检查信号指示是否弹出;与熔断器相连接的导线、接点及熔断器本身有无过热现象,触点的接触是否良好;熔断器的外观有无裂纹、污损,有无放电现象;其内部有无放电的声响。

2)熔体的更换

熔体熔断后,应予以更换,但应首先查明其原因,如有故障应先排除故障。造成熔体熔断的原因一般可从短路或过载两方面寻找,并根据现象进行分析:熔体在过载下熔断时,一般响声不大,熔丝仅在一两处熔断,变截面熔体只有小截面熔断,熔管内也没有烧焦的现象;而熔体在短路下熔断时,响声很大,熔体熔断部位大,且熔管内有烧焦的现象。

更换熔体时,需检查熔体的规格是否与负载的性质及线路电流相适应。更换熔体应在断电情况下进行。

项目学习评价小结

1. 低压电器的拆装与维护考核标准

项目内容	配分	评分标准	扣分	得分
电器拆卸	20分	1. 损坏或失落零件,每只扣10分; 2. 拆卸顺序错误,每次扣5分; 3. 工具应用不合理,每次扣5分; 4. 零件、工具摆放杂乱,每次扣5分		
电器装配	30分	1. 装配顺序错误,每次扣5分; 2. 工具应用不合理,每次扣5分; 3. 装配位置错误,每次扣10分; 4. 损坏或多余零件,每只扣10分		
电器维护	30分	1. 触点维护错误,每次扣10分; 2. 电磁机构部分维护不当,每次扣5分; 3. 机械运动部分维护不当,每次扣10分; 4. 外壳等其他部分维护不当,每次扣5分		
安全文明操作	20分	每违反一次扣5分		
工时	180分钟	每超过10分钟扣10分		

开始时间:	结束时间:	实际时间:

2. 学生自我评价

(1)填空题

①为了保证安全,铁壳开关上设有_____,保证开关在_____状态下开关盖不

能开启,而当开关盖开启时又不能_____。

②螺旋式熔断器在安装使用时,电源线应接在_____上,负载应接在_____上。

③接触器的电磁机构由_____、_____和_____三部分组成。

④交流接触器的铁芯及衔铁一般用硅钢片叠压铆成,是为了减小交变磁场在铁芯中产生的_____,防止铁芯_____。

⑤交流接触器为了增加铁芯的散热面积,其线圈一般_____状。

⑥与接触器比较,继电器触点的_____很小,一般不设_____。

⑦根据实际应用的要求,电流继电器可分为_____和_____。

⑧当电动机定子绕组是三角形接法时,应采用有_____功能的热继电器。

⑨低压断路器由_____、_____、保护装置(各种脱扣器)、_____等组成。

⑩在交流接触器中常采用的灭弧方法有_____灭弧和_____灭弧。

⑪继电器一般由_____、_____和_____三个基本部分组成。

(2)判断题

①HK系列刀开关带负载操作时,其动作越慢越好。( )

②HZ系列转换开关可用作频繁的接通和断开电路,换接电源和负载。( )

③熔断器熔管的作用只是作为保护熔体用。( )

④接触器除通断电路外,还具备短路和过载的保护作用。( )

⑤为了消除衔铁振动,交流接触器和直流接触器都装有短路环。( )

⑥中间继电器的输入信号为触点的通电和断电。( )

⑦热继电器在电路中的接线原则是热元件串联在主电路中,动合触点串联在控制电路中。( )

⑧触点发热程度与流过触点的电流有关,与触点的接触电阻无关。( )

(3)选择题

①按复合按钮时,( )。

 A. 动合先闭合   B. 动断先断开

 C. 动合、动断同时动作   D. 动断动作,动合不动作

②瞬动型位置开关的触点动作速度与操作速度( )。

 A. 成正比   B. 成反比

 C. 无关   D. 有关

③交流接触器线圈电压过低将导致( )。

 A. 线圈电流显著增加   B. 线圈电流显著减小

 C. 铁芯电流显著增加   D. 铁芯电流显著减小

④热继电器中的双金属片弯曲是由于( )。

 A. 机械强度不同   B. 热膨胀系数不同

 C. 温差效应   D. 受到外力的作用

(4)问答题

①什么是电气图中的图形符号和文字符号?它们各由什么要素或符号组成?

②什么是电气原理图、电气安装图和电气互连图？它们各起什么作用？

③交流接触器线圈断电后，动铁芯不能立即释放，从而使电动机不能及时停止，原因有哪些？应如何处理？

④中间继电器和接触器有何异同？在什么条件下可以用中间继电器代替接触器启动电动机？

⑤电动机的启动电流很大，当电动机启动时，热继电器是否会动作？为什么？

⑥JS7-A型时间继电器触点有哪几种？画出它们的符号。

⑦如何将通电延时型时间继电器改成断电延时型？

⑧组合开关的分断和闭合的速度与操作手柄旋转速度是否有关？为什么？

⑨在正、反转控制线路中，已采用了按钮的互锁（也称为机械互锁），为什么还要采用电气互锁？

⑩试设计对同一台电动机可以进行两处操作的长动和点动控制线路。

⑪某机床主轴和润滑油泵各由一台电动机带动，试设计其控制线路，要求主轴必须在油泵开动后才能开动，主轴能正、反转并可单独停车，有短路、失压及过载保护等。

⑫某机床有两台电动机，要求主电动机 M_1 启动后，辅助电动机 M_2 延迟10s自行启动，试用断电延时型时间继电器设计控制线路。

⑬试设计某控制装置在两个行程开关 SQ_1 和 SQ_2 区域内自动往返循环的控制电路。

⑭试用时间继电器、接触器等设计一个电动机自动循环正、反转的控制线路。

⑮如图 5-29 所示。试分析：a. 电动机具有几种工作状态？b. 各按钮、开关、触点的作用是什么？c. 若 FR 动断触点的接线松脱，则会产生什么现象？d. 若 SQ_1 动合触点的接线松脱，则会产生什么现象？

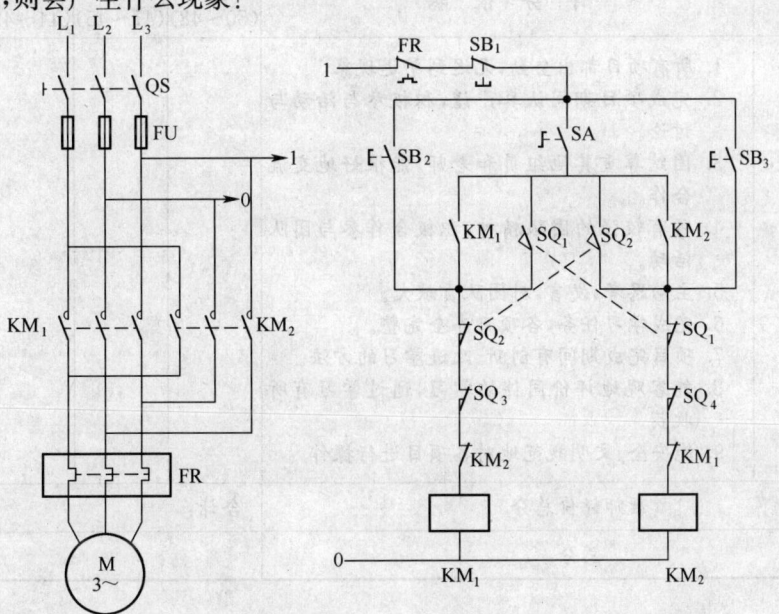

图 5-29　题⑮图

3. 项目评价报告表

评价项目		评分依据	优秀 (10~8)	良好 (7~5)	合格 (4~2)	继续努力 (<2)
自我评价 (30)	学习态度 (10)	1. 所有项目都出全勤,无迟到早退现象。 2. 认真完成各项任务,积极参与活动与讨论。 3. 尊重其他组员和老师,能够很好地交流合作				
	团队角色 (10)	1. 具有较强的团队精神、合作意识。 2. 积极参与各项活动、小组讨论、操作等过程。 3. 组织、协调能力强,主动性强,表现突出				
	实践情况 (10)	认真完成项目任务:拆装过程准确无误、工具使用合理、各部件维护保养正确				
自我评价总分			colspan合计:			

项目完成时间:　年　月　日——　年　月　日

评价项目	其他组员	评分依据	优秀 (20~18)	良好 (17~15)	合格 (14~12)	继续努力 (<12)
小组内互评 (20)		1. 所有项目都出全勤,无迟到早退现象。 2. 具有较强的团队精神、合作意识。 3. 积极参与各项活动、小组讨论、操作等过程。 4. 组织、协调能力强,主动性强,表现突出。 5. 能客观有效地评价同伴的学习。 6. 能认真完成项目任务:拆装过程准确无误、工具使用合理、各部件维护保养正确				
小组内互评平均分			合计:			

评价项目		评分依据	优秀 (50~48)	良好 (47~45)	合格 (44~42)	继续努力 (<42)
教师评价 (50)		1. 所有项目都出全勤,无迟到早退现象。 2. 完成项目期间认真严谨,积极参与活动与讨论。 3. 团结尊重其他组员和老师,能很好地交流合作。 4. 具有较强的团队精神,积极合作参与团队活动。 5. 主动思考、发言,对团队贡献大。 6. 完成学习任务,各项目齐全完整。 7. 项目完成期间有创新、改进学习的方法。 8. 能客观地评价同伴的学习,通过学习有所收获。 9. 能安全、文明规范地对各项目进行操作				
教师评价总分			合计:			
总分						

项目六 三相异步电动机基本控制线路的安装

项目情景展示

在现代工农业生产实践中，由于加工工艺与各种生产机械的工作场合性质不同，使得它们对三相异步电动机的控制要求不同，因而构成控制线路的安装也就不一样，有的控制线路简单，如手动控制启动线路安装，有的则较复杂，如降压启动控制线路的安装、制动控制线路的安装等。但任何复杂的三相异步电动机控制线路都是由一些基本控制线路有机地组合而成。三相异步电动机基本控制线路包括：手动控制启动控制线路、点动与长动控制线路、正、反转控制线路、顺序和多点控制线路、行程控制线路、降压启动控制线路、制动控制线路等。

项目学习目标

	学 习 目 标	学习方式	学时
技能目标	1. 掌握手动、点动与长动控制线路安装。 2. 掌握正、反转控制线路安装。 3. 掌握顺序和多点控制线路的安装。 4. 掌握行程控制线路的安装。 5. 掌握降压启动与制动控制线路的安装	讲授、示范及学生练习	20
知识目标	1. 了解电动机基本控制线路的基本原理。 2. 掌握短路、过载、失压、欠压等保护功能。 3. 掌握自锁、互锁功能。 4. 时间控制与行程控制的工作原理。 5. 降压启动的类型及工作原理。 6. 制动的类型与工作原理	讲授	8

对于三相异步电动机基本控制线路的安装，所有实训设备为电力拖动控制线路配电柜，此套设备既可自行设计制造也可定制，其设备布局如图6-1所示。

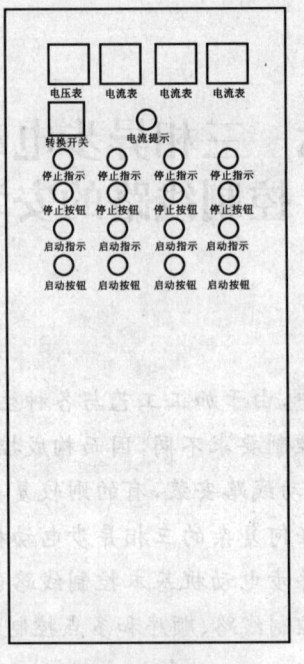

(a) 配电柜外形　　　　　(b) 动力面板布局　　　　　(c) 动力电器元件布局

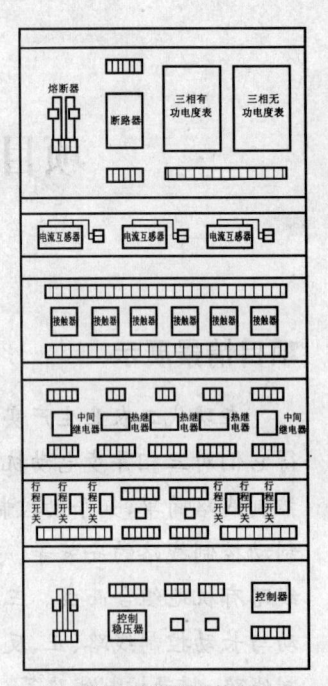

图 6-1　动力配电柜布局

任务一　手动控制启动线路的安装

手动启动控制线路常由闸刀开关进行控制，因此也称为闸刀开关控制线路。它只能控制电动机单向启动和停止，使生产机械的运动部件朝一个方向旋转或运动，可分为手动正转启动控制线路与手动反转启动控制线路，常用于控制机床冷却泵、小型台钻、砂轮机等，如图 6-2 所示。

手动启动控制线路中具有如下几个特点：

①线路简单，接线操作方便。

②主电路与控制电路为同一回路。

在工业生产实践中，也常用到低压断路器控制的手动启动控制线路，其电路原理如图 6-3 所示。

【工作过程】（建议两个学生一组分工合作完成）

1. 学生绘制接线安装图

由于该电路主电路与控制电路为同一回路，电路简单，因此可不画接线安装图，依原理图进行接线。

2. 学生进行接线安装

①选用工具：尖嘴钳、剥线钳、断线钳、测电笔、螺钉旋具、电工刀等。

②选用仪表：UT33B 型数字万用表。

③低压断路器控制的手动启动控制线路安装过程见表 6-1。

（a）电路图　　　　　（b）台钻

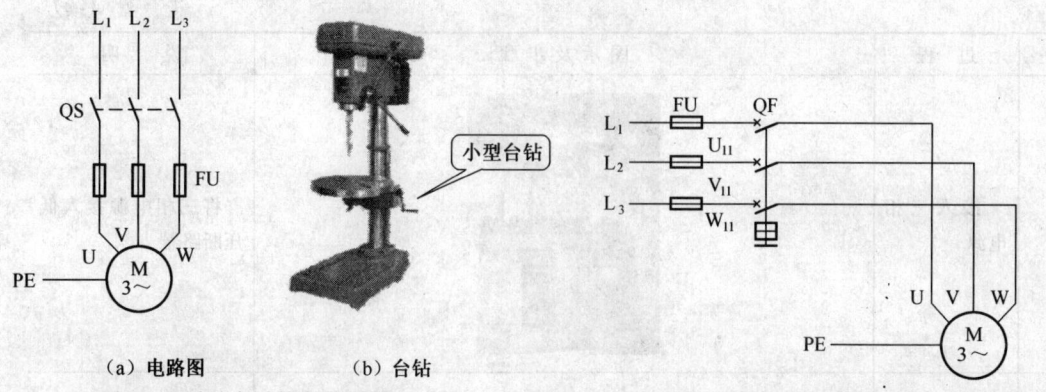

图 6-2　手动启动控制原理图及应用　　　图 6-3　低压断路器控制的手动启动控制线路原理图

表 6-1　低压断路器控制的手动启动控制线路安装与运行步骤

序号	过程	图示及步骤	说　明
1	安装主电路（主电路与控制电路为同一回路）	（图示：L_1、L_2；QF；U_{12}、V_{12}、W_{12}；连接导线；U、V、W；绕组三角形连接；地线PE）	①断开手动开关 QS（左图中为低压断路器 QF）。②连接手动开关 QS 与电动机：$U_{12}-U$、$V_{12}-V$、$W_{12}-W$。工艺要求：接线横平竖直、连接导线不要损伤绝缘或线芯；不要相交。③电动机的外壳与地线连接。④电动机使用的电源电压应与绕组的接法相一致，即与铭牌上规定的电压相同
2	自检	①检查线路是否正常（开路与短路检测）。②接地线是否可靠（PE）。③进行绝缘电阻测量	实训室操作台应有专门接地通道

119

(续)

序号	过程	图示及步骤	说 明
3	接入三相电源		将三相电源接入低压断路器
4	通电运行	通电时,指导教师在场监控	通电试车,应先空载、断续运行,确定无误后,再接负载运行;若有异常,应立即断电检查

任务二　点动控制线路的安装

点动控制线路中,控制电路中的元件为按钮开关 SB 与交流接触器 KM,电路中主电路与控制电路为不同的回路,如图 6-4 所示。该电路的特点是用手按下按钮开关 SB,电动机通电启动,松开手后电动机线圈断电直至停转,如电葫芦升降及车床中刀架的快速移动等。

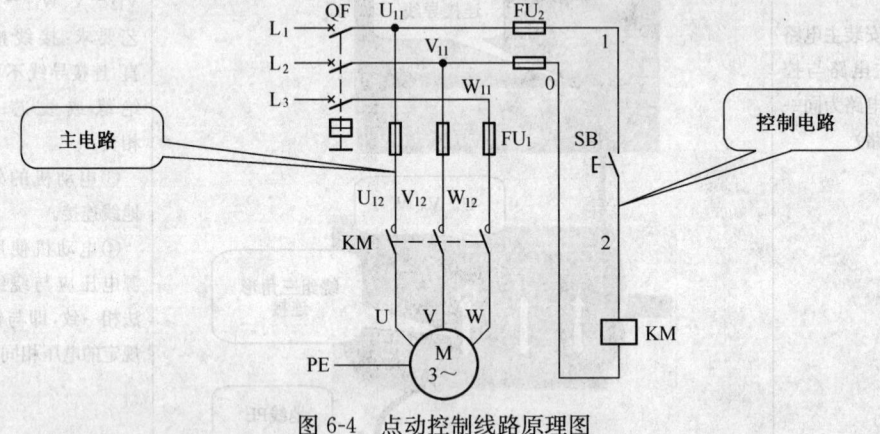

图 6-4　点动控制线路原理图

【工作过程】（建议两个学生一组分工合作完成）
1. 学生绘制接线安装图
点动控制线路接线安装图如图 6-5 所示。
2. 学生进行接线安装
①选用工具:尖嘴钳、剥线钳、断线钳、测电笔、螺钉旋具、电工刀等。
②仪表:UT33B 型数字万用表。
③点动控制线路接线安装过程见表 6-2。

图 6-5 点动控制线路接线安装图

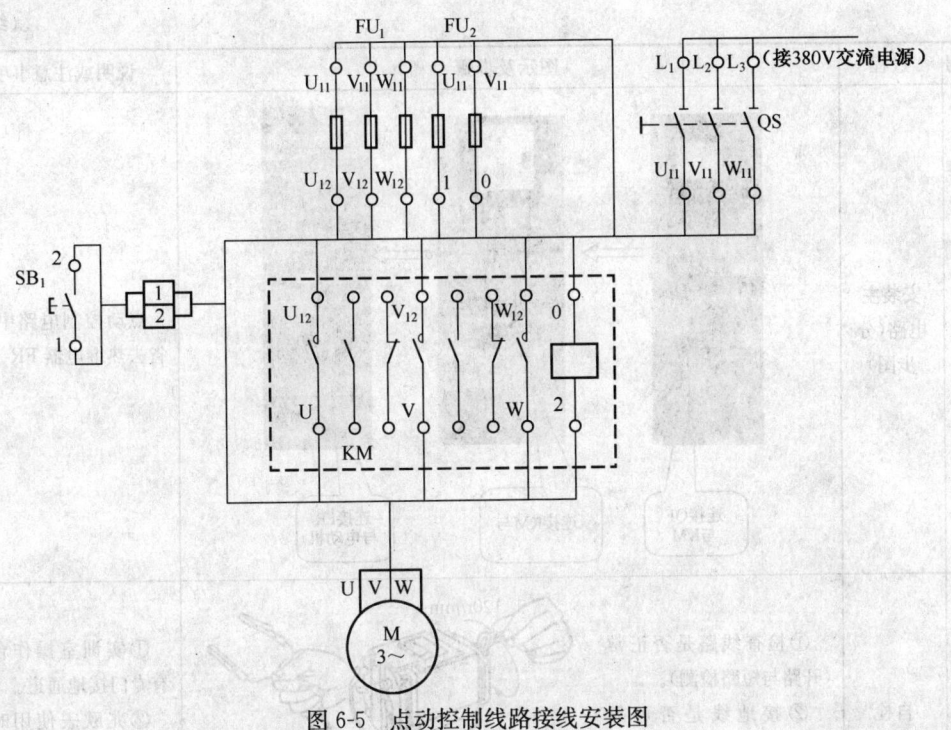

表 6-2 点动控制线路安装与运行步骤

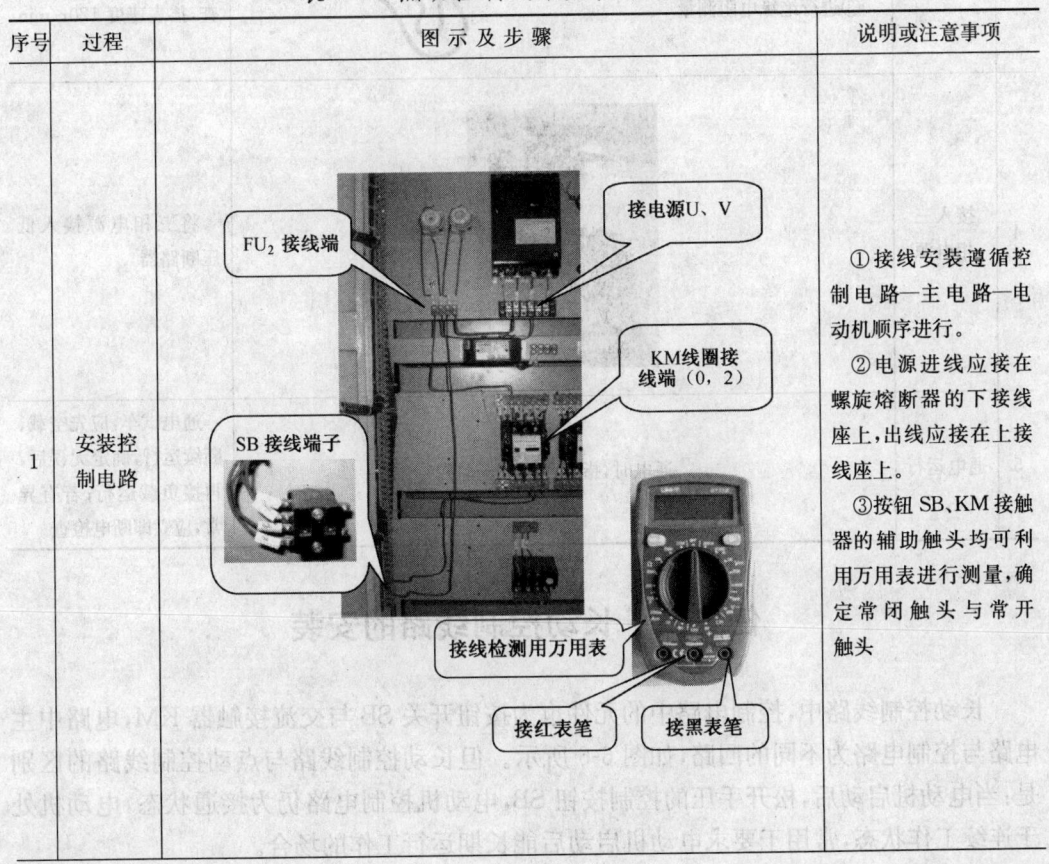

序号	过程	图示及步骤	说明或注意事项
1	安装控制电路	标注：FU₂ 接线端；接电源U、V；KM线圈接线端（0，2）；SB 接线端子；接线检测用万用表；接红表笔；接黑表笔	①接线安装遵循控制电路—主电路—电动机顺序进行。②电源进线应接在螺旋熔断器的下接线座上，出线应接在上接线座上。③按钮SB、KM接触器的辅助触头均可利用万用表进行测量，确定常闭触头与常开触头

121

(续)

序号	过程	图示及步骤	说明或注意事项
2	安装主电路(分步图)	连接QF与KM → 连接KM与 → 连接FR与电动机	点动控制电路中,可省去热继电器FR
3	自检	①检查线路是否正常(开路与短路检测)。②接地线是否可靠(PE)。③进行绝缘电阻测量 120r/min	①实训室操作台应有专门接地通道。②兆欧表使用时前应进行开路与短路检查,摇表速度120r/min
4	接入三相电源		将三相电源接入低压断路器
5	通电运行	通电时,指导教师在场监控	通电试车,应先空载、断续运行,确定无误后,再接负载运行;若有异常,应立即断电检查

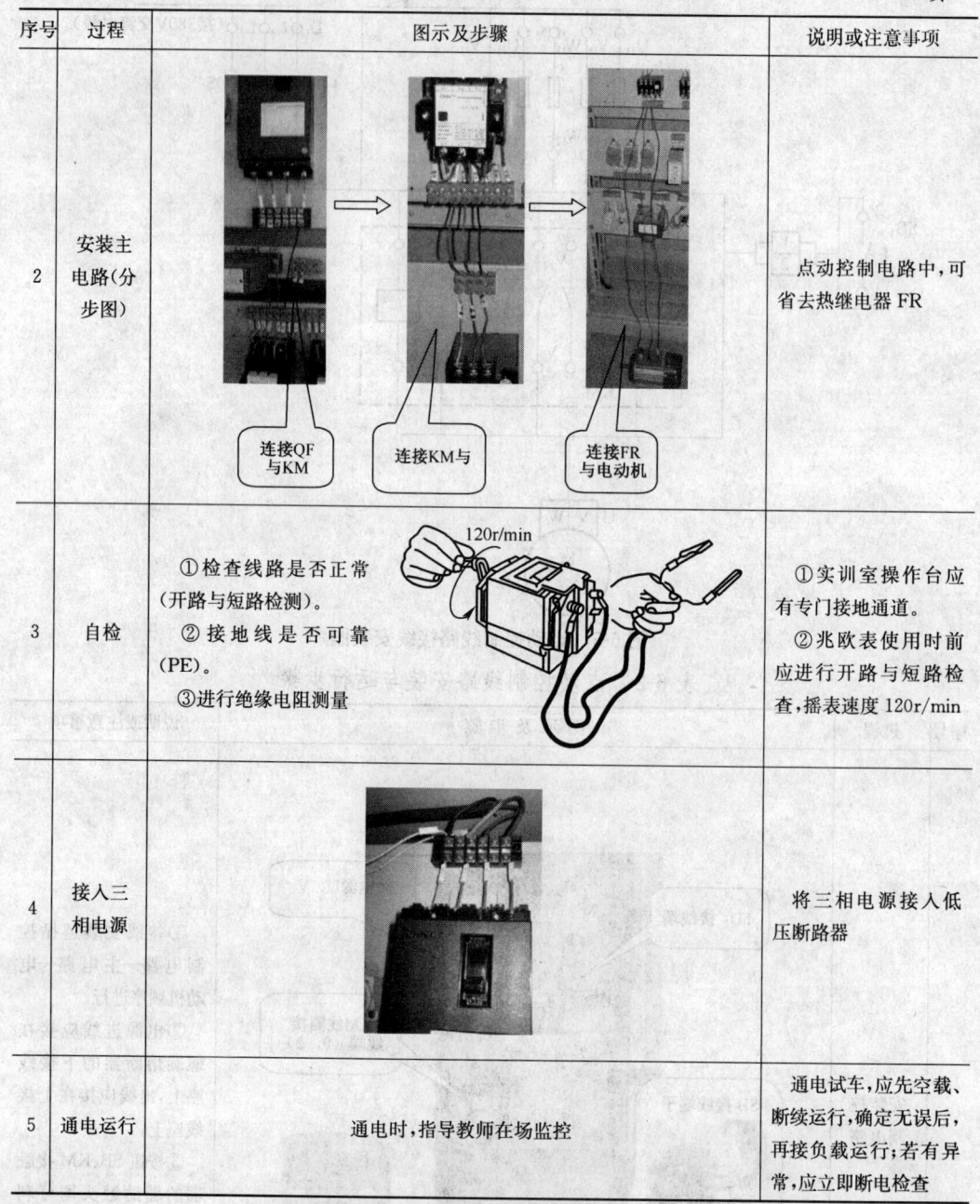

任务三 长动控制线路的安装

长动控制线路中,控制电路中的元件也为按钮开关 SB 与交流接触器 KM,电路中主电路与控制电路为不同的回路,如图 6-6 所示。但长动控制线路与点动控制线路的区别是:当电动机启动后,松开手压的控制按钮 SB,电动机控制电路仍为接通状态,电动机处于连续工作状态,常用于要求电动机启动后能长期运行工作的场合。

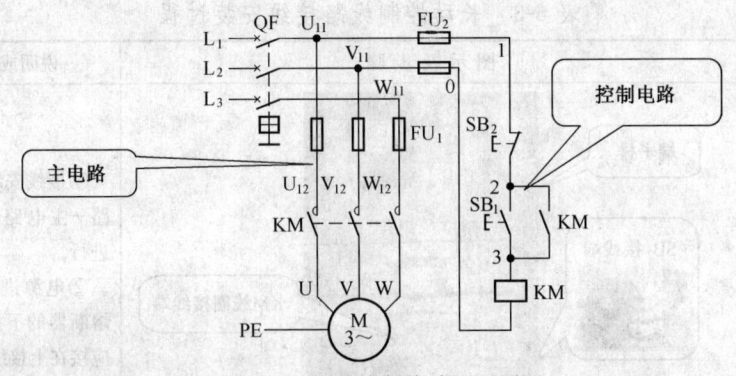

图 6-6 长动控制线路原理图

【工作过程】（建议两个学生一组分工合作完成）
1. 学生绘制接线安装图
长动控制线路接线安装图如图 6-7 所示。

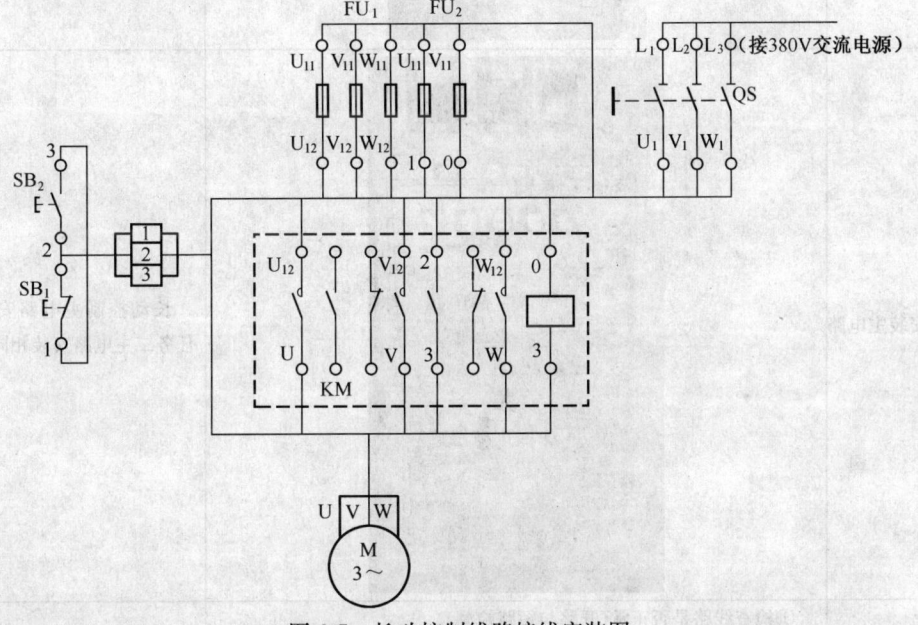

图 6-7 长动控制线路接线安装图

注意事项：
①接线安装图根据原理图及实际元器件布置图而绘制。
②学生可徒手绘制接线安装图。
③指导教师可根据学生绘制的图进行分析指导。
④安装应结合实际的设备进行，应灵活运用。
2. 学生进行接线安装操作
①选用工具：尖嘴钳、剥线钳、断线钳、测电笔、螺钉旋具、电工刀等。
②仪表：UT33B 型数字万用表。
③学生接线操作时应在指导教师的监督下进行，做到安全操作，文明生产，杜绝违规行为发生。学生接线安装过程见表 6-3。

表6-3 长动控制线路接线安装过程

序号	过程	图示及步骤	说明或注意事项
1	安装控制电路	端子排；SB₂接线端；KM线圈接线端；SB₁接线端；KM常开辅助触头	①接线安装遵循：控制电路—主电路—电动机顺序进行。②电源进线应接在螺旋熔断器的下接线座上，出线应接在上接线座上。③按钮SB、KM接触器的辅助触头均可利用万用表进行测量，确定常闭触头与常开触头
2	安装主电路		长动控制主电路安装与任务二主电路安装相同
3	自检	①检查线路是否正常（开路与短路检测）。②接地线是否可靠（PE）。③进行绝缘电阻测量	实训室操作台应有专门接地通道
4	接入三相电源		将三相电源接入低压断路器
5	通电运行	通电时，指导教师在场监控	通电试车，应先空载、断续运行，确定无误后，再接负载运行；若有异常，应立即断电检查

知识链接一　短路、过载、失压、欠压保护功能分析

知识点1　短路保护

1. 短路的原因

电流不通过用电器直接接通叫做短路,如图6-8所示照明电路短路。短路产生的原因有:

图6-8　照明电路短路

1)电气设备、元件的损坏

如:设备绝缘部分自然老化或设备本身有缺陷,正常运行时被击穿短路;以及设计、安装、维护不当所造成的设备缺陷最终发展成短路等。

2)自然的原因

如:气候恶劣,由于大风、低温导线覆冰引起架空线倒杆断线;因遭受直击雷或雷电感应,设备过电压,绝缘被击穿等。

3)人为事故

如:工作人员违反操作规程带负荷拉闸,造成相间弧光短路;违反电业安全工作规程带接地刀闸合闸,造成金属性短路;人为疏忽接错线造成短路或运行管理不善造成小动物进入带电设备内形成短路事故等。

2. 短路的类型

在三相电力供电系统中,常常发生的短路类型有:三相短路(图6-9)、两相短路(图6-10)、单相短路(图6-11)和两相接地短路(图6-12)。

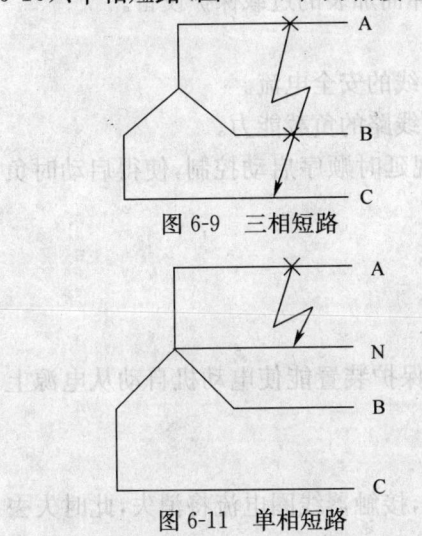

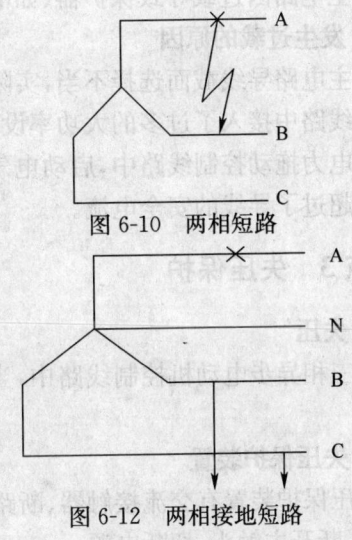

图6-9　三相短路　　　　图6-10　两相短路

图6-11　单相短路　　　　图6-12　两相接地短路

3. 短路电流

在电路中，由于短路而在电气元件上产生的不同于正常运行值的电流，称为短路电流。电力系统在运行中，相线与相线之间或相线与地线（或中性线）之间发生非正常连接（即短路）时流过的电流，其值可远远大于额定电流，并取决于短路点距电源的电气距离。例如，在发电机端发生短路时，流过发电机的短路电流最大瞬时值可达额定电流的10倍～15倍。大容量电力系统中，短路电流可达数万安。

4. 短路的防护

发生短路时，电流过大往往会引起机器损坏或火灾。如在电机控制线路中，短路会烧毁电动机线圈。因此，在电路中常常采取相应的防护措施。

①正确计算短路电流的大小，合理选择及校验电气设备，电气设备的额定电压要和线路的额定电压相符。

②正确选择继电保护的整定值和熔体的额定电流，采用速断保护装置，以便发生短路时，能快速切断短路电流，减少短路电流持续时间，减少短路所造成的损失。

③带电安装和检修电气设备时，注意力要集中，防止误接线，误操作，在带电部位距离较近的部位工作，要采取防止短路的措施。

④及时清除导电粉尘，防止导电粉尘进入电气设备，导致短路事故发生。

知识点 2　过载保护

1. 安全电流与过载电流

电气线路中允许连续通过而不至于使电线或线圈过热的电流量，称为安全载流量或安全电流。如导线流过的电流超过了安全载流量，就叫导线过载。一般导线最高允许工作温度为 65℃，电动机线圈也有相应的工作温度。过载时，温度超过该温度，会使绝缘迅速老化甚至导致线路燃烧。

2. 过载保护装置

在电气控制线路中，常用的电气过载保护装置为热继电器 FR（见项目五）。它是一种防止主电路因过载导致保护器（如电动机）过热损坏而加装的过载保护设备。

3. 发生过载的原因

①主电路导线截面选择不当，实际负载超过了导线的安全电流。

②线路中接入了过多的大功率设备，超过了配电线路的负载能力。

③电力拖动控制线路中，启动电气设备时未实现延时顺序启动控制，使得启动时负载过大超过了导线的安全电流。

知识点 3　失压保护

1. 失压

在三相异步电动机控制线路中，当电源停电时，保护装置能使电动机自动从电源上切除。

2. 失压保护装置

失压保护装置有交流接触器、断路器。当失压时，接触器线圈电流将消失，此时失去电磁力，断开主触头，切断电源。

3. 失压保护的作用

①当电源电压恢复时,如不重新按下启动按钮,电动机就不会自行转动(因为自锁触头也是断开的),避免了事故发生。如果不是采用继电接触控制,而是直接用闸刀开关进行控制,由于在停电时往往忽视拉开电源开关,电源电压恢复时,电动机就会自行启动,易发生事故。

②可以保证异步电动机不在电压过低的情况下运行,防止电动机烧毁。比如起重机械、风机水泵等,既可以保证人身安全和设备安全,又可以确保能源的利用效率。

③在某些特定的场合,失压可能导致设备工作异常,便于检查维修。

知识点 4　欠压保护

1. 欠压

"欠压"是指线路电压低于电动机应加的额定电压。在三相异步电动机控制线路中,当电源电压降低过多时(一般低于额定电压的 85% 以下),保护装置能使电动机自动从电源上切除。

2. 欠压保护装置

常见的失压保护装置为交流接触器。当欠压时,接触器线圈电流将减弱,此时产生的电磁力减小。当电磁吸力减小到小于反作用弹簧的拉力时,动铁芯被迫释放,主触头、自锁触头同时分断,自动切断主电路和控制电路,电动机断电停转。

3. 欠压保护的作用

①当电源电压恢复时,如不重新按下启动按钮,电动机就不会自行转动(因为自锁触头也是断开的),避免了事故发生。如果不是采用继电接触控制,而是直接用闸刀开关进行控制,由于在停电时往往忽视拉开电源开关,电源电压恢复时,电动机就会自行启动,易发生事故。

②可以保证异步电动机不在电压过低的情况下运行,防止电动机烧毁。比如起重机械、风机水泵等,既可以保证人身安全和设备安全,又可以确保能源的利用效率。

③在某些特定的场合,失压可能导致设备工作异常,便于检查维修。

任务四　按钮联锁正、反转控制线路的安装

正、反转控制线路是指通过改变接入三相异步电动机绕组的电源相序使电动机实现正、反方向旋转的调换,以达到控制要求的线路。如车床上刀架台可以前后移动,起重机的吊钩可以上升和下降等,这些都是依靠电动机的正、反转来实现的。图 6-13 所示为接触器联锁正、反转控制线路原理图。

【工作过程】(建议两个学生一组分工合作完成)

1. 学生绘制接线安装图

接触器联锁正、反转控制电路的接线安装图如图 6-14 所示。

注意事项:

①接线安装图根据原理图及实际元器件布置图而绘制。

②学生可徒手绘制接线安装图。

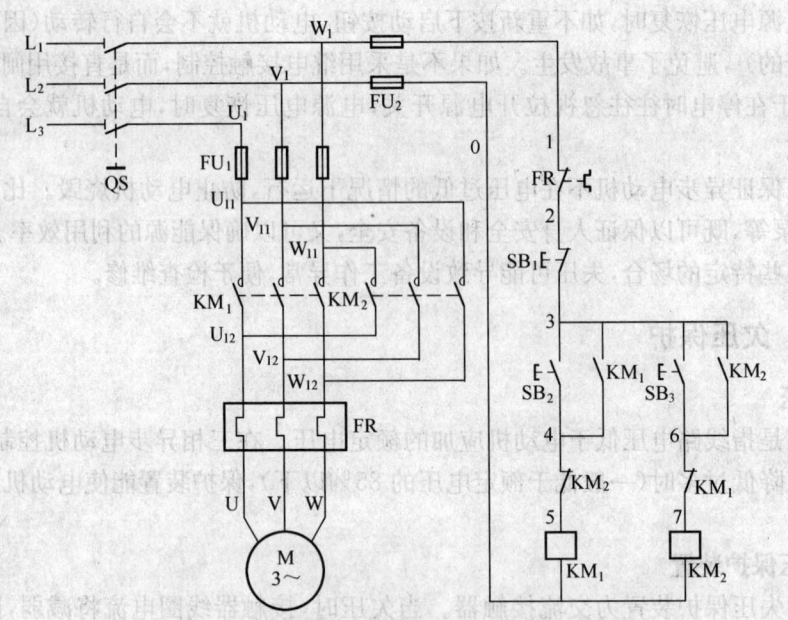

图 6-13 接触器联锁正、反转控制线路原理图

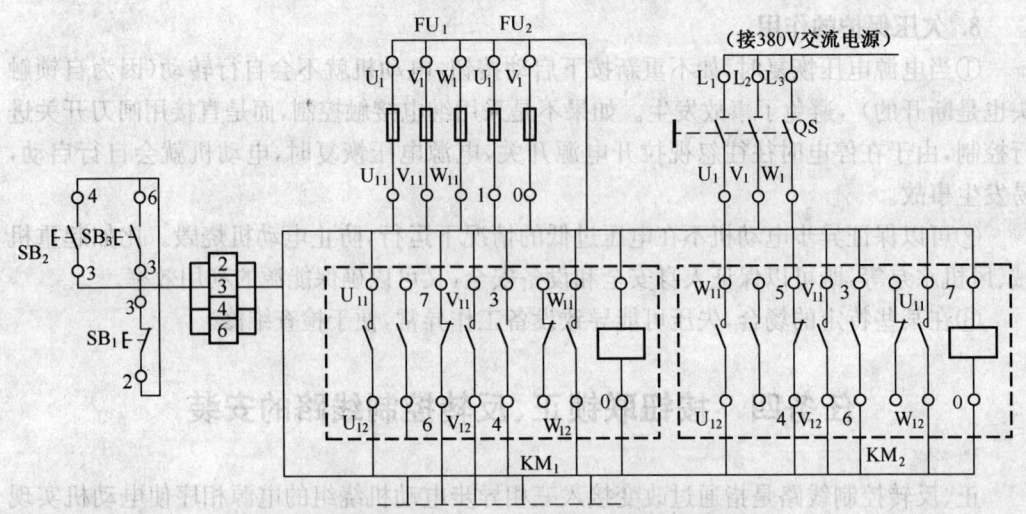

图 6-14 接触器联锁正、反转控制电路的接线安装图

③指导教师可根据学生绘制的图进行分析指导。

④安装应结合实际的设备进行，应灵活运用。

2. 学生进行接线安装操作

①选用工具：尖嘴钳、剥线钳、断线钳、测电笔、螺钉旋具、电工刀等。

②仪表：UT33B 型数字万用表。

③学生接线操作时应在指导教师的监督下进行，做到安全操作，文明生产，杜绝违规行为发生。学生接线安装过程见表 6-4。

128

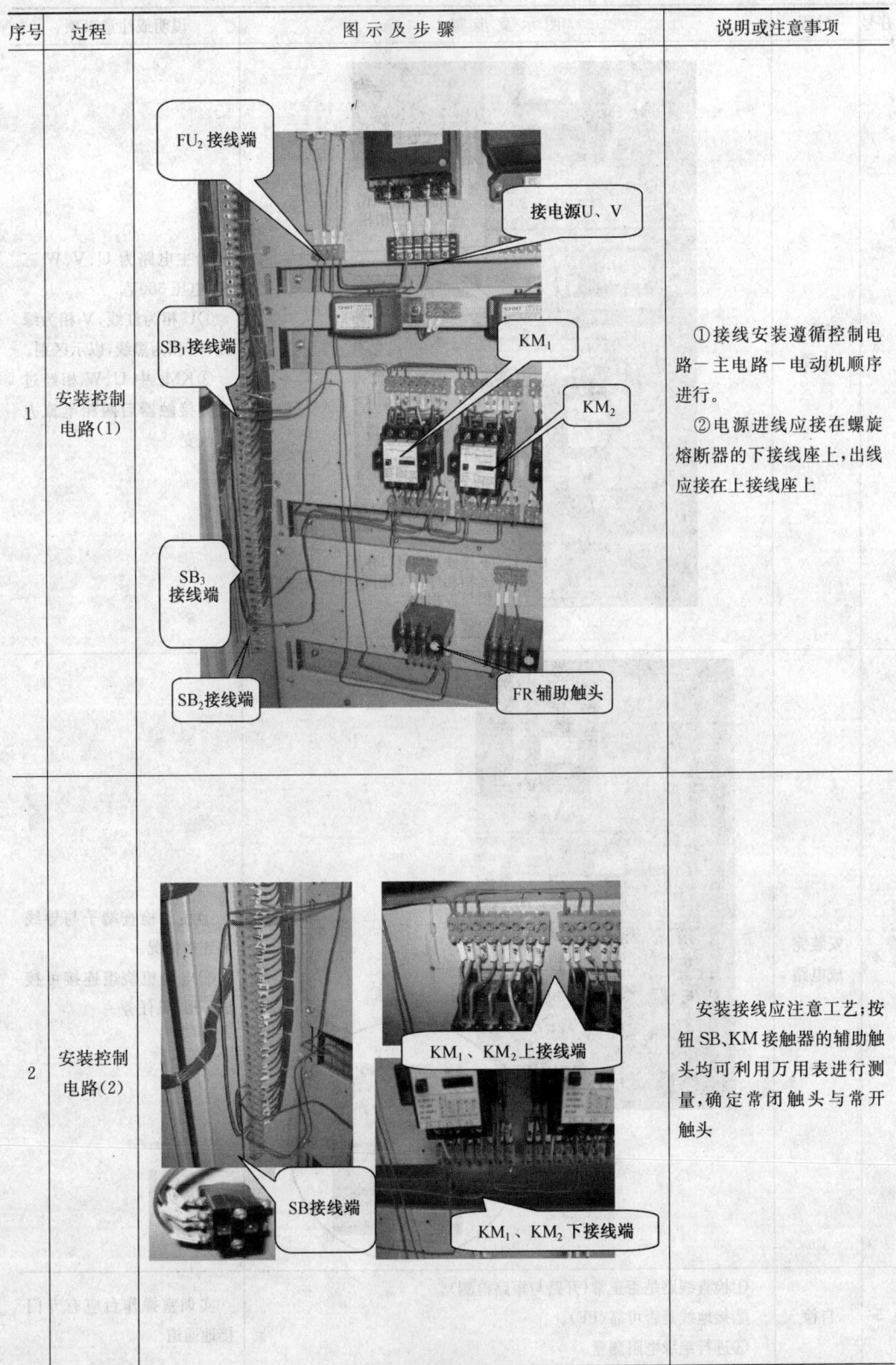

表 6-4　接触器联锁正、反转控制线路的安装步骤

序号	过程	图示及步骤	说明或注意事项
1	安装控制电路(1)	FU$_2$接线端；接电源U、V；SB$_1$接线端；KM$_1$；KM$_2$；SB$_3$接线端；SB$_2$接线端；FR辅助触头	①接线安装遵循控制电路—主电路—电动机顺序进行。②电源进线应接在螺旋熔断器的下接线座上，出线应接在上接线座上
2	安装控制电路(2)	KM$_1$、KM$_2$上接线端；SB接线端；KM$_1$、KM$_2$下接线端	安装接线应注意工艺；按钮SB、KM接触器的辅助触头均可利用万用表进行测量，确定常闭触头与常开触头

(续)

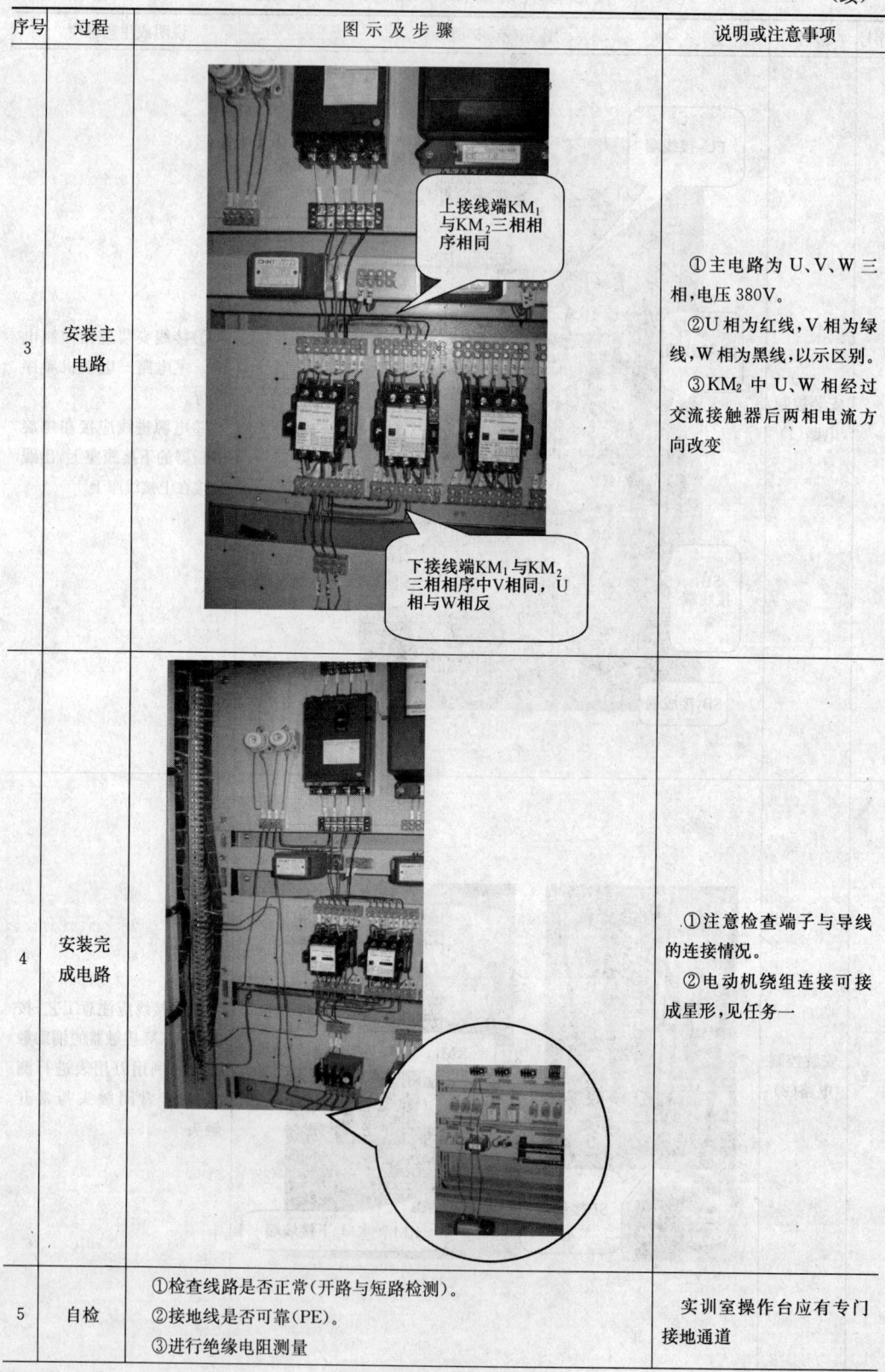

序号	过程	图示及步骤	说明或注意事项
3	安装主电路	上接线端KM₁与KM₂三相相序相同 下接线端KM₁与KM₂三相相序中V相同，U相与W相反	①主电路为 U、V、W 三相，电压 380V。 ②U 相为红线，V 相为绿线，W 相为黑线，以示区别。 ③KM₂ 中 U、W 相经过交流接触器后两相电流方向改变
4	安装完成电路		①注意检查端子与导线的连接情况。 ②电动机绕组连接可接成星形，见任务一
5	自检	①检查线路是否正常（开路与短路检测）。 ②接地线是否可靠（PE）。 ③进行绝缘电阻测量	实训室操作台应有专门接地通道

(续)

序号	过程	图示及步骤	说明或注意事项
6	接入三相电源		将三相电源接入低压断路器,可通过控制台开关进行控制送电
7	通电运行	通电时,指导教师在场监控	通电试车,应先空载、断续运行,确定无误后,再接负载运行;若有异常,应立即断电检查

任务五 接触器按钮联锁正、反转控制线路的安装

接触器和按钮联锁正、反转控制电路中采用按钮和接触器双重联锁。图 6-15 所示为接触器按钮联锁正、反转控制线路原理图。

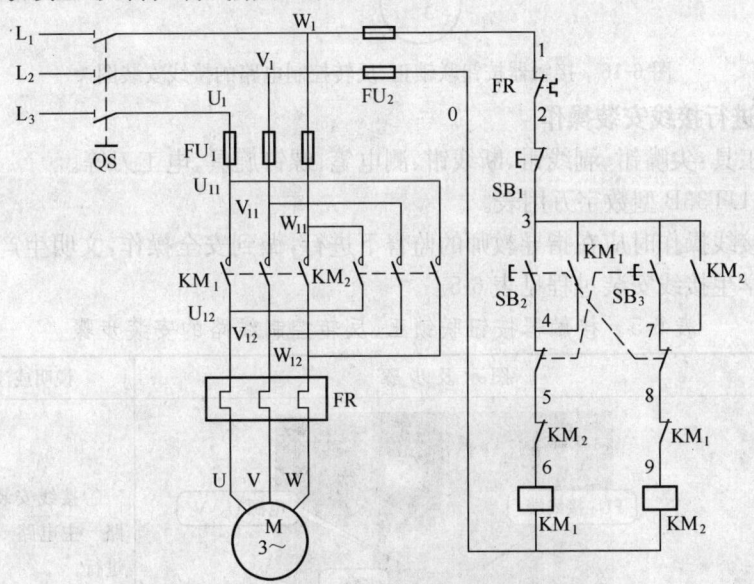

图 6-15 接触器按钮联锁正、反转控制线路原理图

【工作过程】(建议两个学生一组分工合作完成)
1. 学生绘制接线安装图
接触器按钮联锁正、反转控制线路接线安装图如图 6-16 所示。
注意事项:
①接线安装图根据原理图及实际元器件布置图而绘制。
②学生可徒手绘制接线安装图。
③指导教师可根据学生绘制的图进行分析指导。
④安装应结合实际的设备进行,应灵活运用。

131

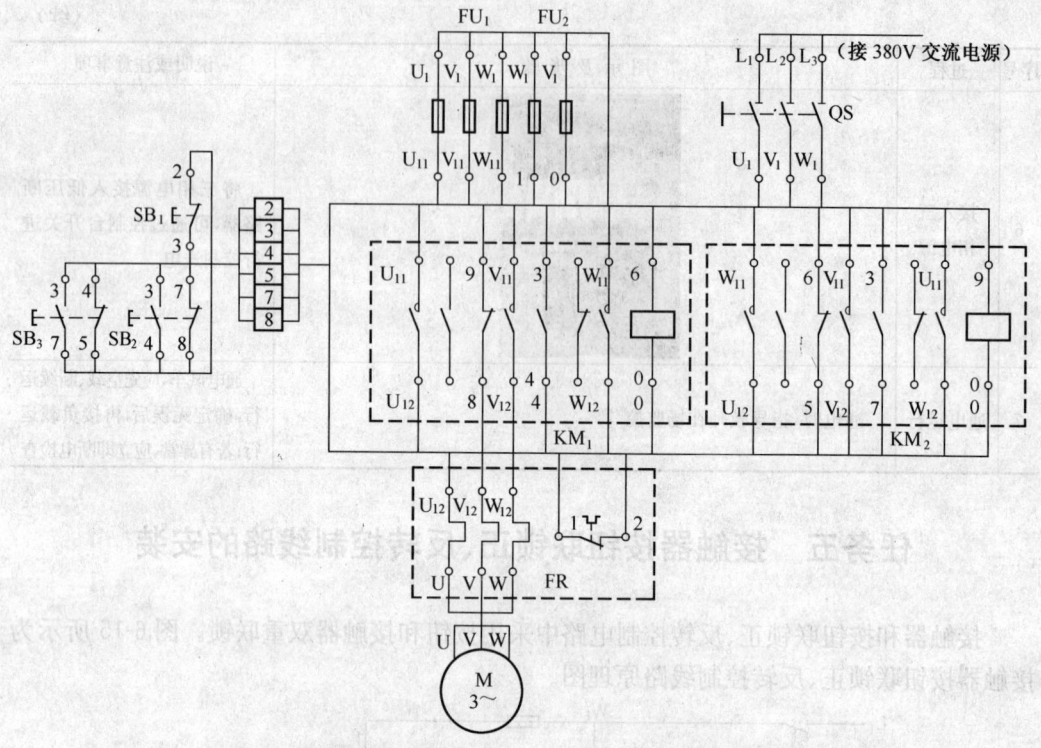

图 6-16 接触器按钮联锁正、反转控制电路的接线安装图

2. 学生进行接线安装操作

①选用工具：尖嘴钳、剥线钳、断线钳、测电笔、螺钉旋具、电工刀等。

②仪表：UT33B 型数字万用表。

③学生接线操作时应在指导教师的监督下进行，做到安全操作，文明生产，杜绝违规行为发生。学生接线安装过程见表 6-5。

表 6-5 接触器按钮联锁正、反转控制线路的安装步骤

序号	过程	图示及步骤	说明或注意事项
1	安装控制电路(1)	(图示：FU₂ 接线端、电源 U、V、KM₁、SB₁ 接线端、KM₂、SB₃ 接线端、SB₂ 接线端、FR 常开辅助触头)	①接线安装遵循控制电路—主电路—电动机顺序进行。 ②电源进线应接在螺旋熔断器的下接线座上，出线应接在上接线座上。 ③控制电路的安装根据原理图按 1—2—3—4—5—6—0（正转），1—2—3—7—8—9—0（反转）顺序进行接线

132

(续)

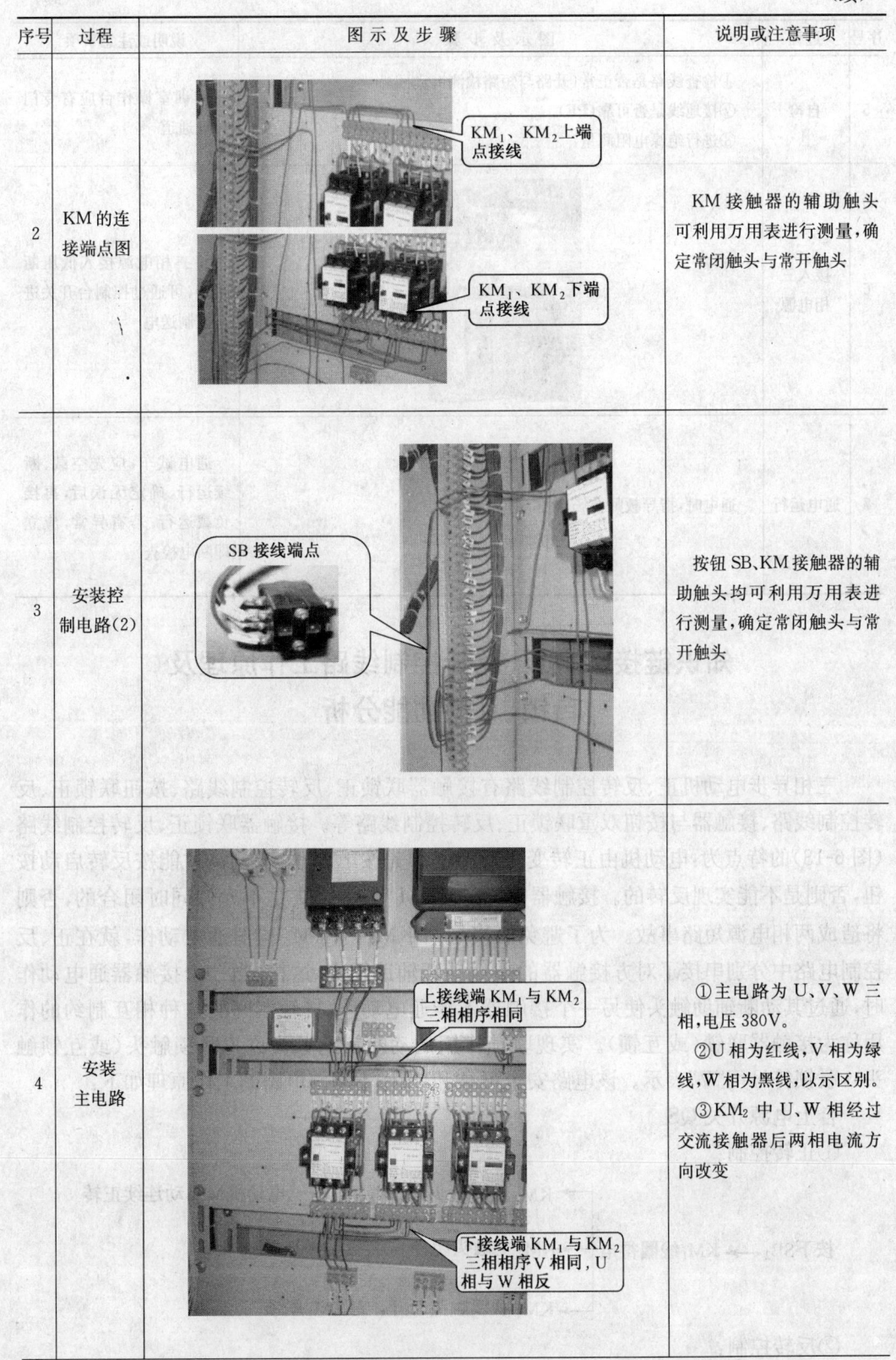

序号	过程	图示及步骤	说明或注意事项
2	KM的连接端点图	KM₁、KM₂上端点接线 KM₁、KM₂下端点接线	KM接触器的辅助触头可利用万用表进行测量,确定常闭触头与常开触头
3	安装控制电路(2)	SB接线端点	按钮SB、KM接触器的辅助触头均可利用万用表进行测量,确定常闭触头与常开触头
4	安装主电路	上接线端KM₁与KM₂三相相序相同 下接线端KM₁与KM₂三相相序V相同,U相与W相反	①主电路为U、V、W三相,电压380V。 ②U相为红线,V相为绿线,W相为黑线,以示区别。 ③KM₂中U、W相经过交流接触器后两相电流方向改变

133

(续)

序号	过程	图示及步骤	说明或注意事项
5	自检	①检查线路是否正常(开路与短路检测)。 ②接地线是否可靠(PE)。 ③进行绝缘电阻测量	实训室操作台应有专门接地通道
6	接入三相电源		将三相电源接入低压断路器,可通过控制台开关进行控制送电
7	通电运行	通电时,指导教师在场监控	通电试车,应先空载、断续运行,确定无误后,再接负载运行;若有异常,应立即断电检查

知识链接二 正、反转控制线路工作原理及自锁、互锁功能分析

三相异步电动机正、反转控制线路有接触器联锁正、反转控制线路、按钮联锁正、反转控制线路、接触器与按钮双重联锁正、反转控制线路等。接触器联锁正、反转控制线路(图6-13)的特点为:电动机由正转变为反转必须先按下停止按钮后,才能按反转启动按钮,否则是不能实现反转的。接触器KM_1与KM_2的主触头是不允许同时闭合的,否则将造成两相电源短路事故。为了避免两接触器KM_1和KM_2同时通电动作,就在正、反控制电路中分别串接了对方接触器的一对动断辅助触头,这样,当一个接触器通电动作时,通过其动断辅助触头使另一个接触器不能通电动作,接触器间的这种相互制约的作用称为接触器联锁(或互锁)。实现联锁作用的动断辅助触头称为联锁触头(或互锁触头),联锁符号用"∇"表示。该电路安全可靠,但操作不便。电路的工作原理如下:

合上电源开关QS。
①正转控制:

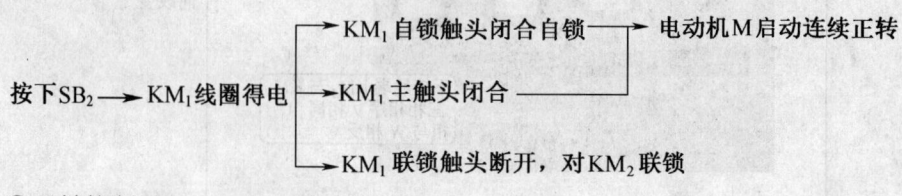

按下SB_2 → KM_1线圈得电 → KM_1自锁触头闭合自锁 → 电动机M启动连续正转
　　　　　　　　　　　　　→ KM_1主触头闭合
　　　　　　　　　　　　　→ KM_1联锁触头断开,对KM_2联锁

②反转控制:

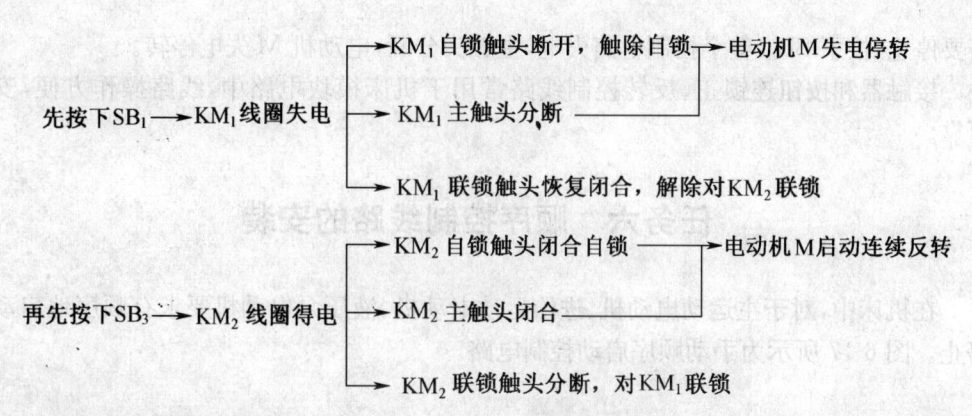

先按下SB₁ → KM₁线圈失电
- → KM₁自锁触头断开,触除自锁 → 电动机M失电停转
- → KM₁主触头分断
- → KM₁联锁触头恢复闭合,解除对KM₂联锁

再先按下SB₃ → KM₂线圈得电
- → KM₂自锁触头闭合自锁 → 电动机M启动连续反转
- → KM₂主触头闭合
- → KM₂联锁触头分断,对KM₁联锁

③停转控制：停止时,按下停止按钮SB₁→控制电路失电→KM₁(或KM₂)主触头分断→电动机M失电停转。

由以上原理分析可见,当松开启动按钮SB₂(或SB₃)后,SB₂(或SB₃)的常开触头虽然恢复断开,但接触器KM₁(或KM₂)的辅助常开触头闭合时已将SB₂(或SB₃)短接,使控制电路仍保持接通,接触器KM₁(或KM₂)继续得电,电动机M实现了连续运转。像这种当启动按钮松开后,接触器通过自身的辅助常开触头使其线圈保持得电的作用叫自锁。与启动按钮并联起自锁作用的接触器辅助常开触头KM₁(或KM₂)叫自锁触头。

接触器和按钮连锁正、反转控制线路采用按钮和接触器双重连锁(互锁),以保证接触器KM₁、KM₂不会同时通电：即在接触器KM₁和KM₂线圈支路中,相互串联对方的一对常闭辅助触点(接触器联锁),正、反转启动按钮SB₂、SB₃的常闭触点分别与对方的常开触点相互串联(按钮联锁)。常把此电路称为双重互锁正、反转控制电路,如图6-15所示。电路的工作原理如下：

合上电源开关QS。

①正转控制：

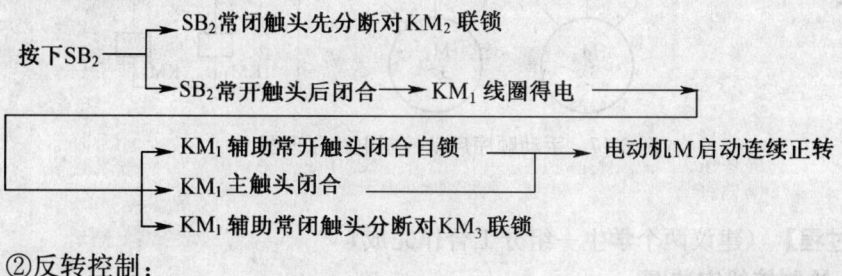

按下SB₂
- → SB₂常闭触头先分断对KM₂联锁
- → SB₂常开触头后闭合 → KM₁线圈得电
  - → KM₁辅助常开触头闭合自锁 → 电动机M启动连续正转
  - → KM₁主触头闭合
  - → KM₁辅助常闭触头分断对KM₃联锁

②反转控制：

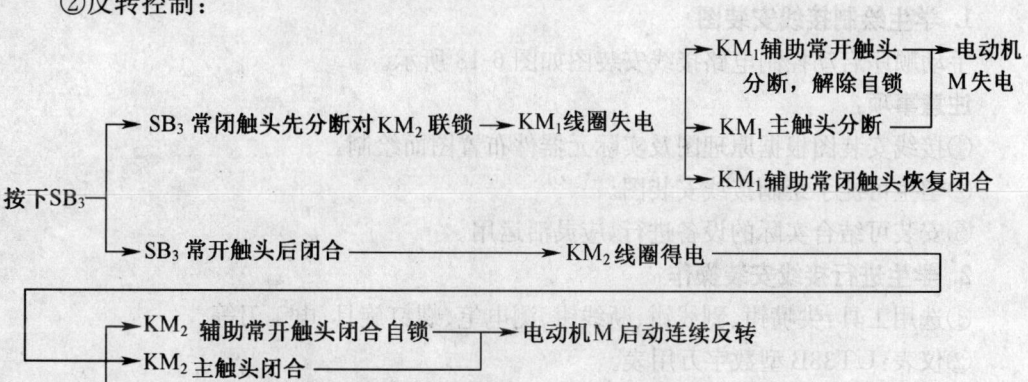

按下SB₃
- → SB₃常闭触头先分断对KM₂联锁 → KM₁线圈失电
  - → KM₁辅助常开触头分断,解除自锁 → 电动机M失电
  - → KM₁主触头分断
  - → KM₁辅助常闭触头恢复闭合
- → SB₃常开触头后闭合 → KM₂线圈得电
  - → KM₂辅助常开触头闭合自锁 → 电动机M启动连续反转
  - → KM₂主触头闭合
  - → KM₂辅助常闭触头分断对KM₁联锁

若要停止，按下 SB$_1$，整个控制电路失电，主触头分断，电动机 M 失电停转。

接触器和按钮连锁正、反转控制线路常用于机床模块电路中，线路操作方便，安全可靠。

任务六　顺序控制线路的安装

在机床中，对于主运动电动机、进给运动电动机、液压泵电动机要求有顺序地启动或停止。图 6-17 所示为手动顺序启动控制电路。

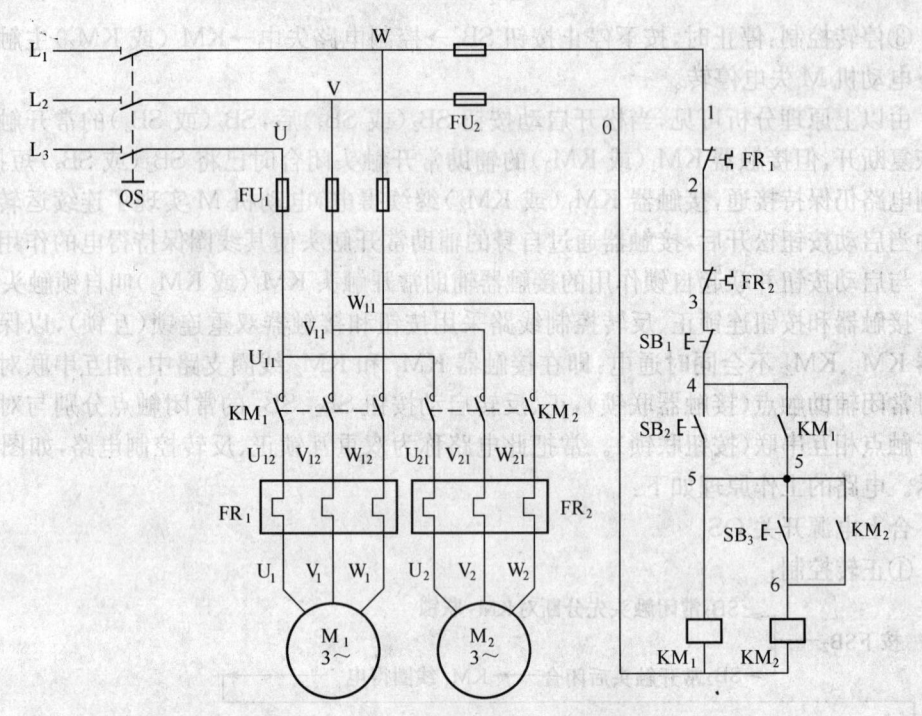

图 6-17　手动顺序启动控制电路原理图

【工作过程】（建议两个学生一组分工合作完成）
1. 学生绘制接线安装图
手动顺序启动控制电路接线安装图如图 6-18 所示。
注意事项：
①接线安装图根据原理图及实际元器件布置图而绘制。
②学生可徒手绘制接线安装图。
③安装可结合实际的设备进行，应灵活运用。
2. 学生进行接线安装操作
①选用工具：尖嘴钳、剥线钳、断线钳、测电笔、螺钉旋具、电工刀等。
②仪表：UT33B 型数字万用表。
③学生接线安装过程见表 6-6。

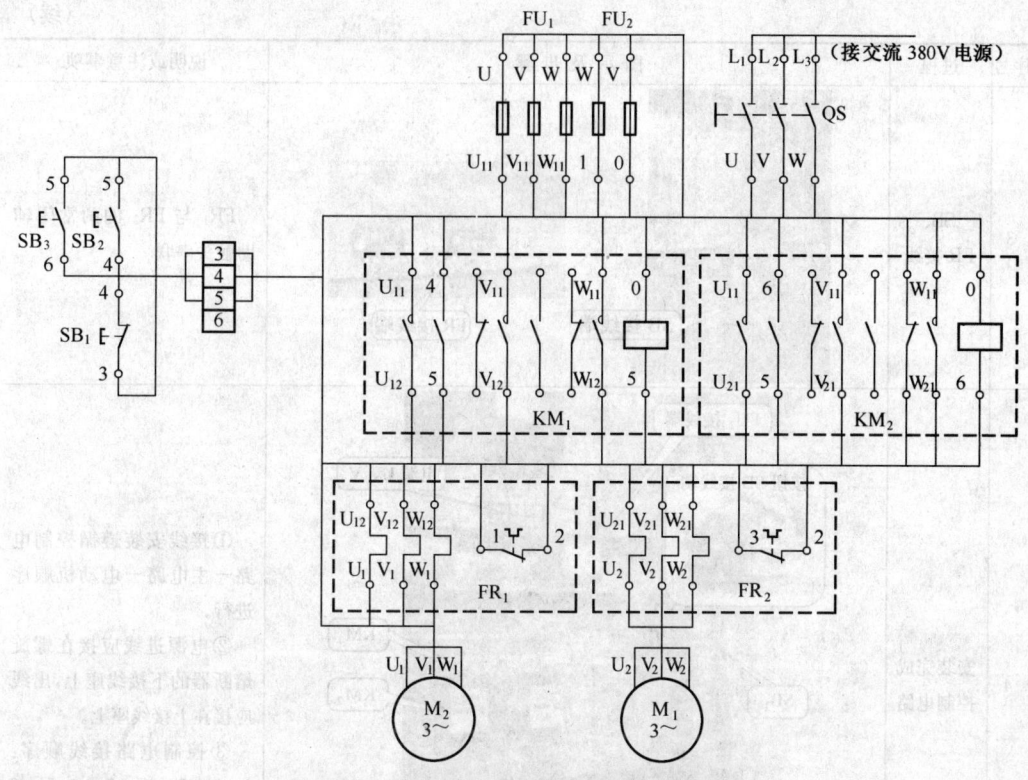

图 6-18 手动顺序启动控制电路接线安装图

表 6-6 手动顺序控制线路的安装步骤

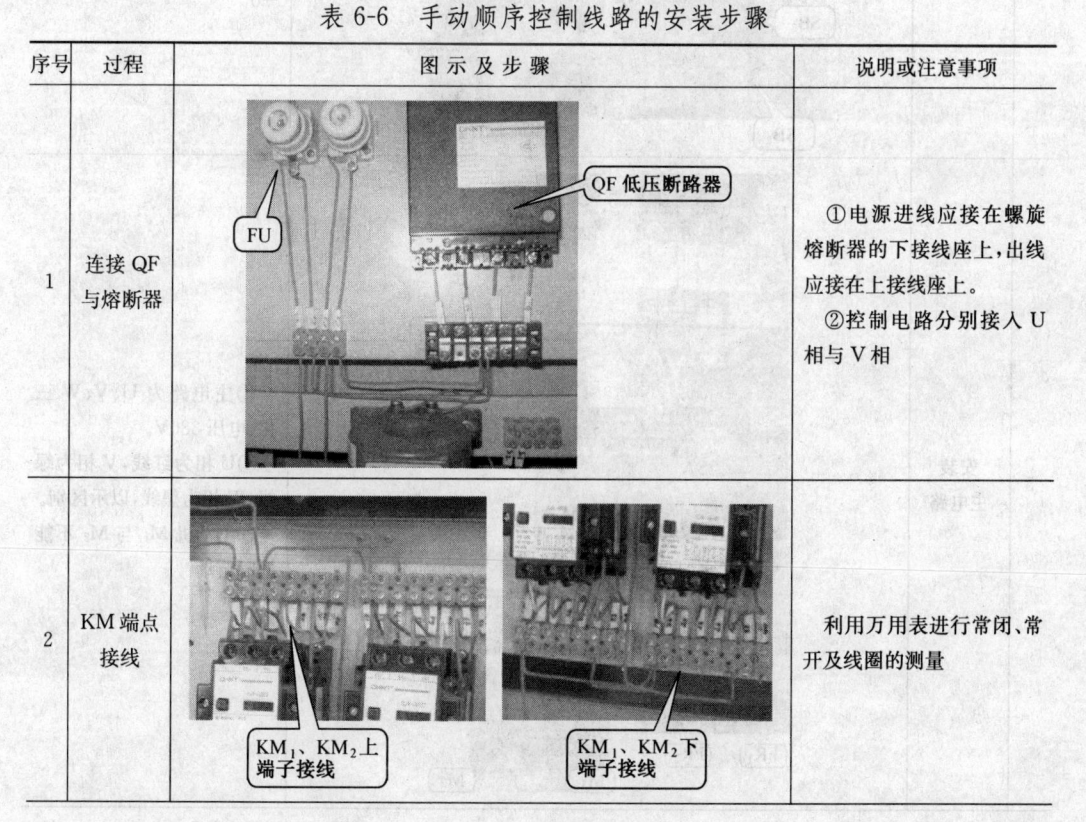

序号	过程	图示及步骤	说明或注意事项
1	连接 QF 与熔断器	FU；QF 低压断路器	①电源进线应接在螺旋熔断器的下接线座上，出线应在上接线座上。②控制电路分别接入 U 相与 V 相
2	KM 端点接线	KM_1、KM_2 上端子接线；KM_1、KM_2 下端子接线	利用万用表进行常闭、常开及线圈的测量

137

(续)

序号	过程	图示及步骤	说明或注意事项
3	SB、FR 接线	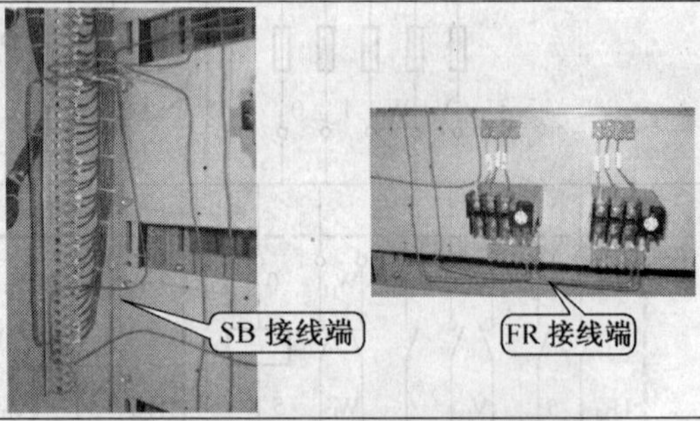 SB 接线端　FR 接线端	FR_1 与 FR_2 的两常闭辅助触头串联
4	安装完成控制电路	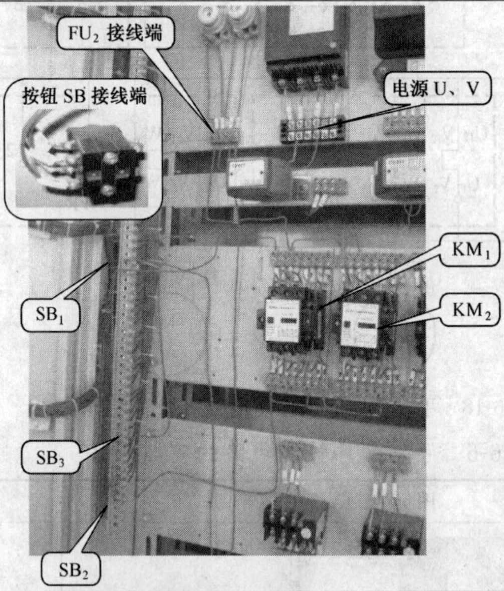 FU_2 接线端　按钮 SB 接线端　电源 U、V　KM_1　KM_2　SB_1　SB_3　SB_2	①接线安装遵循控制电路—主电路—电动机顺序进行。 ②电源进线应接在螺旋熔断器的下接线座上，出线应接在上接线座上。 ③控制电路接线顺序：1—2—3—4—5—0；5—6—0
5	安装主电路	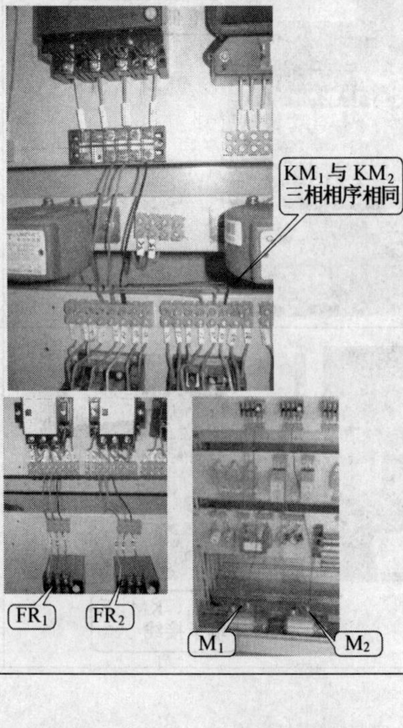 KM_1 与 KM_2 三相相序相同　FR_1　FR_2　M_1　M_2	①主电路为 U、V、W 三相，电压 380V。 ②U 相为红线，V 相为绿线，W 相为黑线，以示区别。 ③电动机 M_1 与 M_2 不能同时启动

(续)

序号	过程	图示及步骤	说明或注意事项
6	自检	①检查线路是否正常(开路与短路检测)。 ②接地线是否可靠(PE)。 ③进行绝缘电阻测量	实训室操作台应有专门接地通道
7	接入三相电源		将三相电源接入低压断路器,可通过控制台开关进行控制送电
8	通电运行	通电时,指导教师在场监控	通电试车,应先空载、断续运行,确定无误后,再接负载运行;若有异常,应立即断电检查

任务七 多点控制线路的安装

在大型机床中还需要对同一台电动机在不同的地点实现控制,以满足工作操作方便及实施有效管理要求。图 6-19 所示为多点控制电路原理图。

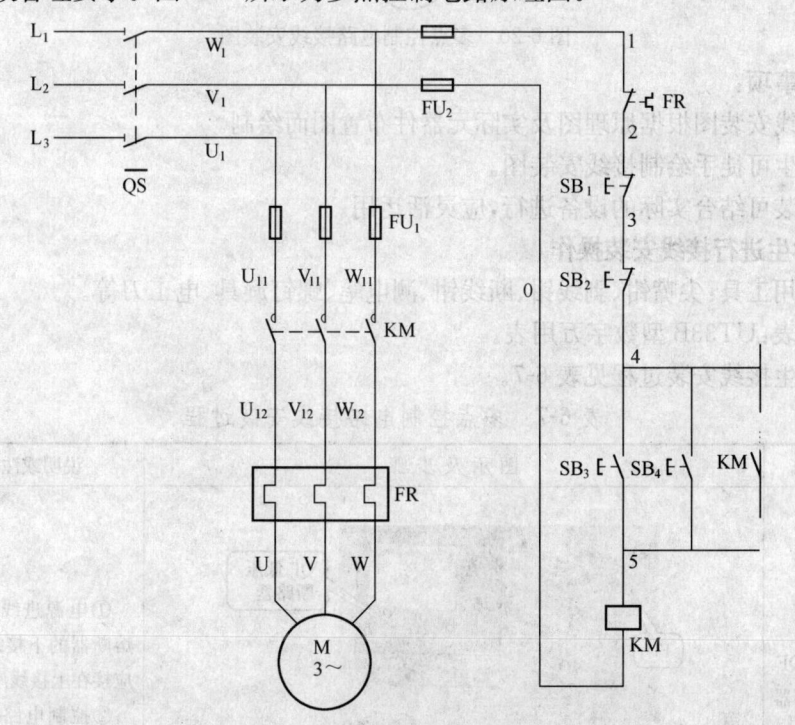

图 6-19 多点控制电路原理图

【工作过程】(建议两个学生一组分工合作完成)
1. 学生绘制接线安装图
多点控制电路接线安装图如图 6-20 所示。

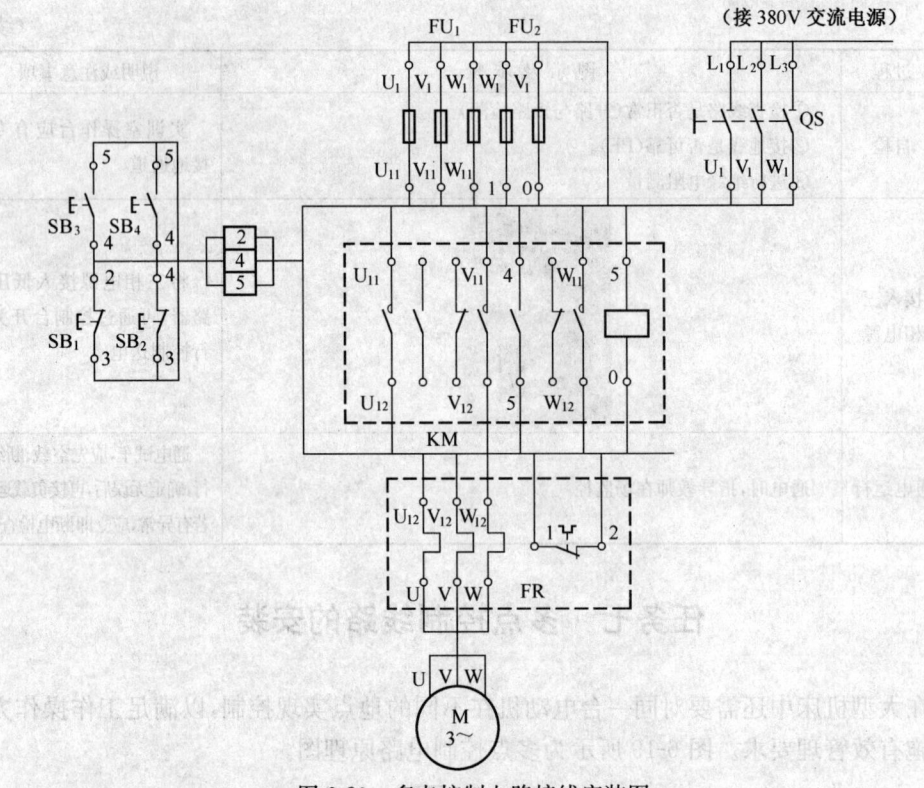

图 6-20 多点控制电路接线安装图

注意事项：
①接线安装图根据原理图及实际元器件布置图而绘制。
②学生可徒手绘制接线安装图。
③安装可结合实际的设备进行，应灵活运用。

2. 学生进行接线安装操作
①选用工具：尖嘴钳、剥线钳、断线钳、测电笔、螺钉旋具、电工刀等。
②仪表：UT33B 型数字万用表。
③学生接线安装过程见表 6-7。

表 6-7 多点控制电路接线安装过程

序号	过程	图示及步骤	说明或注意事项
1	连接 QF 与熔断器		①电源进线应接在螺旋熔断器的下接线座上，出线应接在上接线座上。②控制电路分别接入 U 相与 V 相

(续)

序号	过程	图示及步骤	说明或注意事项
2	安装控制电路(1)	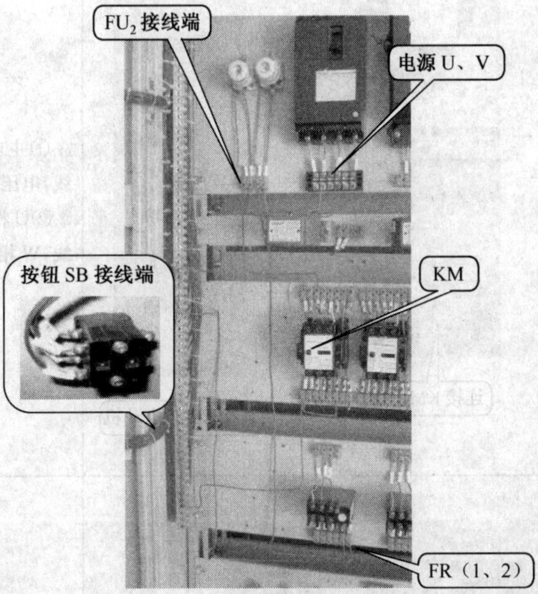 图中标注：FU$_2$接线端、电源U、V、按钮SB接线端、KM、FR(1、2)	①接线安装遵循控制电路—主电路—电动机顺序进行。 ②电源进线应接在螺旋熔断器的下接线座上，出线应接在上接线座上。 ③控制电路接线顺序：1—2—3—4—5—0
3	安装控制电路(2)	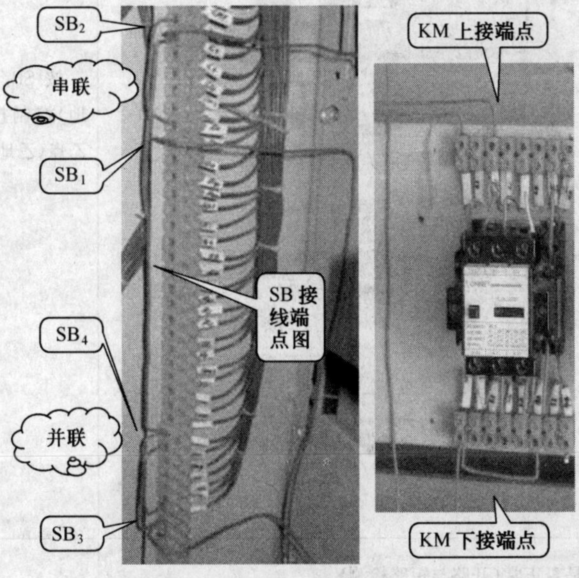 图中标注：SB$_2$、串联、SB$_1$、SB接线端点图、SB$_4$、并联、SB$_3$、KM上接端点、KM下接端点	采用4个按钮，其中SB$_1$与SB$_2$串联(2—3—4)；SB$_3$与SB$_4$并联(4—5)

141

(续)

序号	过程	图示及步骤	说明或注意事项
4	安装主电路	 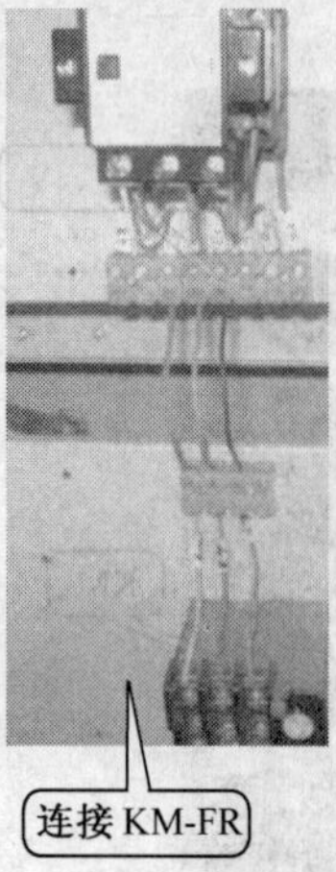  连接 QF-KM　　连接 KM-FR　　连接 FR 与电动机	①主电路为 U、V、W 三线,电压 380V。 ②U 相为红线,V 相为绿线,W 相为黑线,以示区别
5	完成全电路		按 SB$_1$、SB$_3$ 为甲点(甲地)控制按钮;SB$_2$、SB$_4$ 为乙点(乙地)控制按钮
6	自检	①检查线路是否正常(开路与短路检测)。 ②接地线是否可靠(PE)。 ③进行绝缘电阻测量	实训室操作台应有专门接地通道

142

(续)

序号	过程	图示及步骤	说明或注意事项
7	接入三相电源		将三相电源接入低压断路器,可通过控制台开关进行控制送电
8	通电运行	通电时,指导教师在场监控	通电试车,应先空载、断续运行,确定无误后,再接负载运行;若有异常,应立即断电检查

知识链接三 顺序控制工作原理及多点控制原则

知识点 1 顺序控制工作原理

顺序控制在电路中要求几台电动机的启动或停止必须按一定的先后顺序来完成。顺序控制有手动顺序启动控制和自动顺序启动控制;有主电路实现顺序控制与控制电路实现顺序启动控制。

图6-18所示为控制电路实现顺序控制,其工作原理如下:

合上电源开关QS(通常用低压断路器QF来代替)。

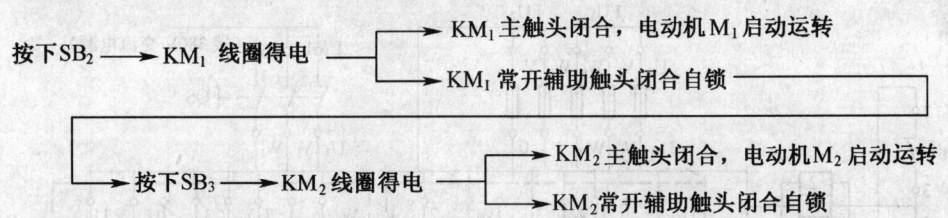

按下SB₂ ⟶ KM₁线圈得电 ⟶ KM₁主触头闭合,电动机M₁启动运转
　　　　　　　　　　　　　⟶ KM₁常开辅助触头闭合自锁

⟶ 按下SB₃ ⟶ KM₂线圈得电 ⟶ KM₂主触头闭合,电动机M₂启动运转
　　　　　　　　　　　　　⟶ KM₂常开辅助触头闭合自锁

电路的特点:在电动机 M_2 的控制电路中,串接了接触器 KM_1 的辅助常开触头。显然,只要 M_1 不启动,即使按下 SB_3,由于 KM_1 的辅助常开触头未闭合,KM_2 线圈也不能得电,从而保证了 M_1 启动后,M_2 才能启动的控制要求。

知识点 2 多点控制原则

多点控制也称多地控制,它能在两地或多地控制同一台电动机。在图6-19所示电路图中,SB_1、SB_3 为甲地的停止按钮与启动按钮;SB_2、SB_4 为乙地的停止按钮与启动按钮。线路连接的特点:两地的启动按钮 SB_3、SB_4 要并联在一起,停止按钮 SB_1、SB_2 要串联在一起,这样就可以分别在甲、乙两点(地)启动和停止同一台电动机 M,达到操作方便的目的。对于三地或多地控制,只要将各地的启动按钮并联、停止按钮串联就可以实现多点控制。

143

任务八 行程控制线路的安装

在生产过程中，常用行程开关实现生产机械的位置或限位控制，因而叫行程控制。如镗床、万能铣床、摇臂钻床及桥式起重机等机床设备的自动或半自动控制。

行程开关控制的自动往返控制线路图如图 6-21 所示。

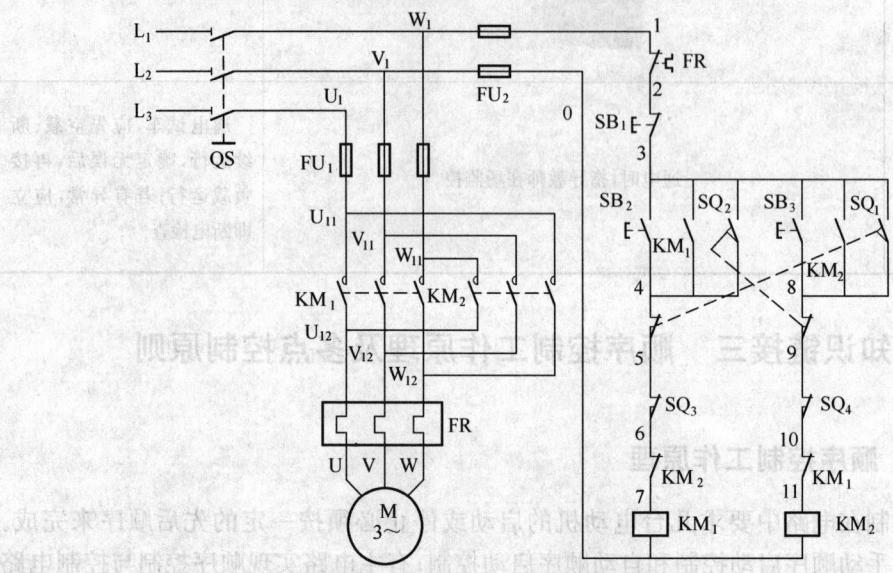

图 6-21 自动往返控制线路原理图

【工作过程】（建议两个学生一组分工合作完成）

1. 学生绘制接线安装图

自动往返控制电路接线安装图如图 6-22 所示。

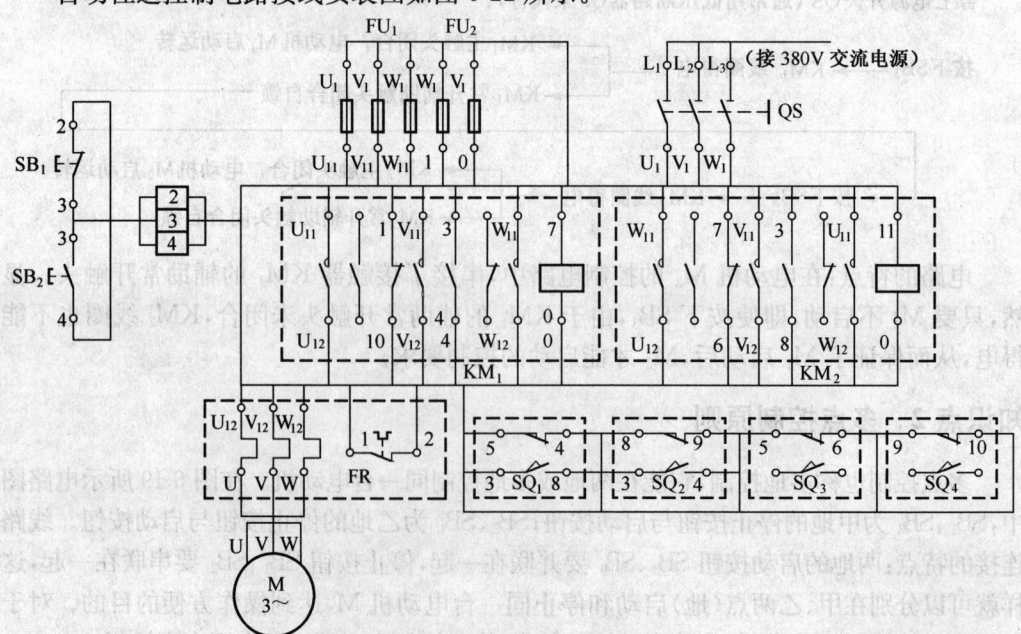

图 6-22 自动往返控制电路接线安装图

144

注意事项:
①接线安装图根据原理图及实际元器件布置图而绘制。
②学生可徒手绘制接线安装图。
③安装可结合实际的设备进行,应灵活运用。

2. 学生进行接线安装操作
①选用工具:尖嘴钳、剥线钳、断线钳、测电笔、螺钉旋具、电工刀等。
②仪表:UT33B 型数字万用表。
③学生接线安装过程见表 6-8。

表 6-8 自动往返电路接线安装过程

序号	过程	图示及步骤	说明或注意事项
1	连接 QF 与熔断器	(图:FU、QF 低压断路器)	①电源进线应接在螺旋熔断器的下接线座上,出线应接在上接线座上。②控制电路分别接入 U 相与 V 相
2	控制电路接触器接线端点	(图:KM₁、KM₂)	对于同一种电器元件可根据其构造掌握其端点的功能

145

(续)

序号	过程	图示及步骤	说明或注意事项
3	控制电路控制按钮接线端点	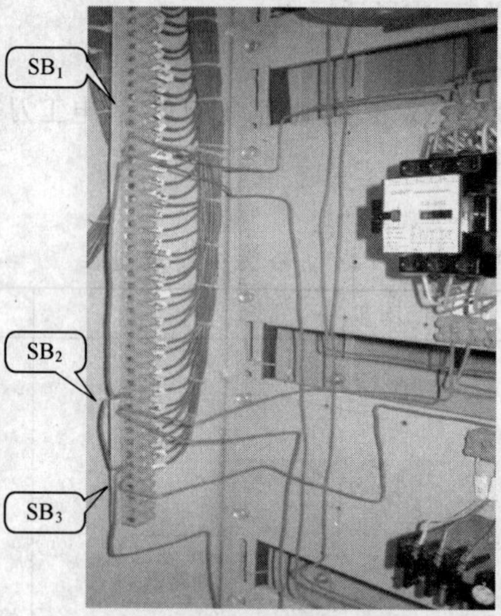 （图示：SB$_1$、SB$_2$、SB$_3$）	若出现线头松动而导致接线有误的情况可利用万用表进行检测，确定常开与常闭触点的连接点
4	行程开关接线端点（SQ$_1$、SQ$_2$、SQ$_3$、SQ$_4$）	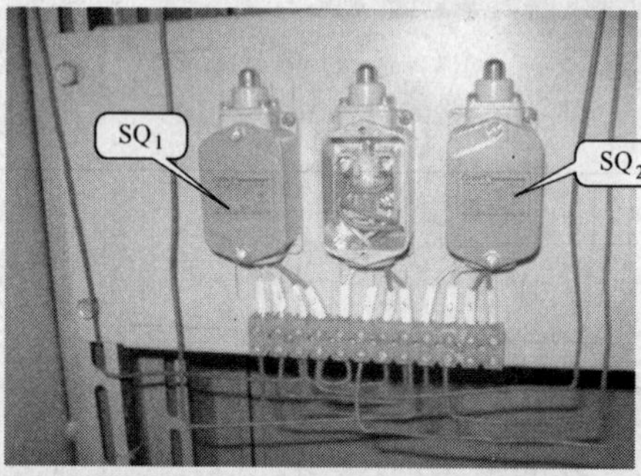  （图示：SQ$_1$、SQ$_2$、SQ$_3$、SQ$_4$）	SQ$_1$、SQ$_2$为一对复合触头（常闭与常开各一对）；SQ$_3$、SQ$_4$为常闭触头。用万用表欧姆挡（可调至2000Ω)测量判断

(续)

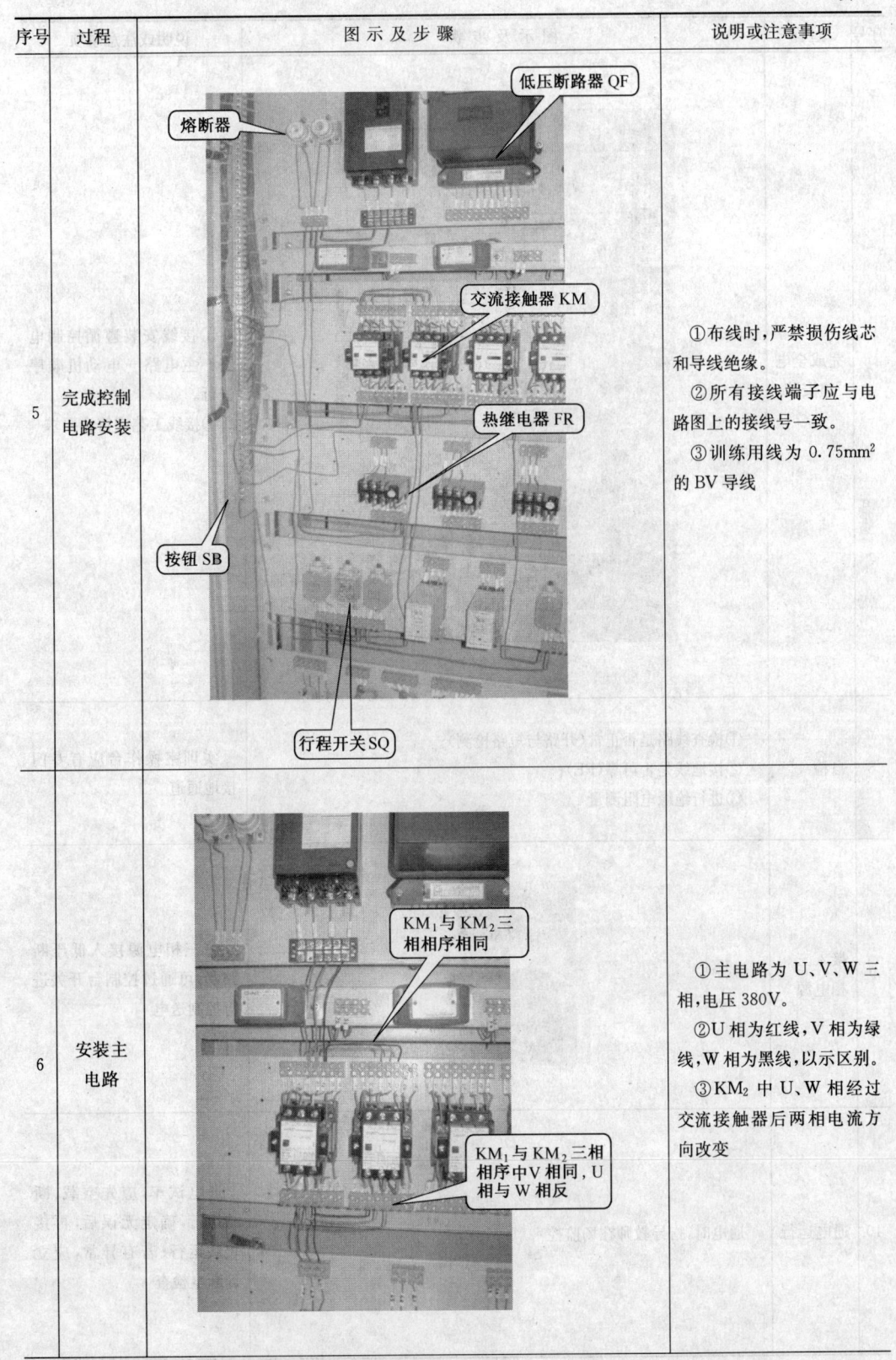

序号	过程	图示及步骤	说明或注意事项
5	完成控制电路安装	图示标注：熔断器、低压断路器QF、交流接触器KM、热继电器FR、按钮SB、行程开关SQ	①布线时，严禁损伤线芯和导线绝缘。 ②所有接线端子应与电路图上的接线号一致。 ③训练用线为0.75mm²的BV导线
6	安装主电路	图示标注：KM₁与KM₂三相相序相同、KM₁与KM₂三相相序中V相同，U相与W相反	①主电路为U、V、W三相，电压380V。 ②U相为红线，V相为绿线，W相为黑线，以示区别。 ③KM₂中U、W相经过交流接触器后两相电流方向改变

147

(续)

序号	过程	图示及步骤	说明或注意事项
7	完成全电路安装		①接线安装遵循控制电路—主电路—电动机顺序进行。 ②接线工艺应符合要求
8	自检	①检查线路是否正常(开路与短路检测)。 ②接地线是否可靠(PE)。 ③进行绝缘电阻测量	实训室操作台应有专门接地通道
9	接入三相电源		将三相电源接入低压断路器,可通过控制台开关进行控制送电
10	通电运行	通电时,指导教师在场监控	通电试车,应先空载、断续运行,确定无误后,再接负载运行;若有异常,应立即断电检查

知识链接四　行程控制的工作原理

自动往返控制线路如图 6-21 所示。生产机械的工作台在一定行程内实现自动往返运动，如图 6-23 示。行程开关 SQ_1、SQ_2、SQ_3、SQ_4 安装在工作台需限位的地方。SQ_1、SQ_2 自动换接电动机正、反转控制电路，实现工作台的自动往返；使用 SQ_3、SQ_4 作为终端保护，以防止 SQ_1、SQ_2 失灵，工作台越过限定位置而造成事故。在工作台边的 T 形槽中装有两块挡铁，挡铁 1 只能与 SQ_1、SQ_3 相碰撞，挡铁 2 只能与 SQ_2、SQ_4 相碰撞。

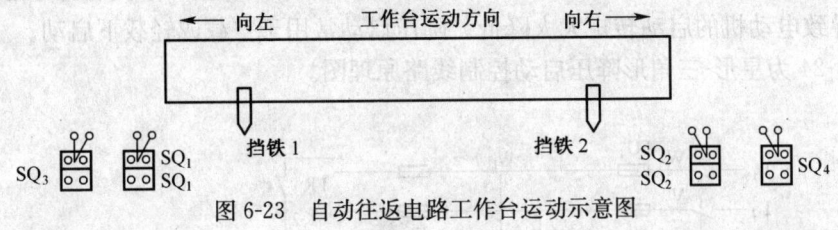

图 6-23　自动往返电路工作台运动示意图

线路工作原理如下：

合上电源开关 QS。

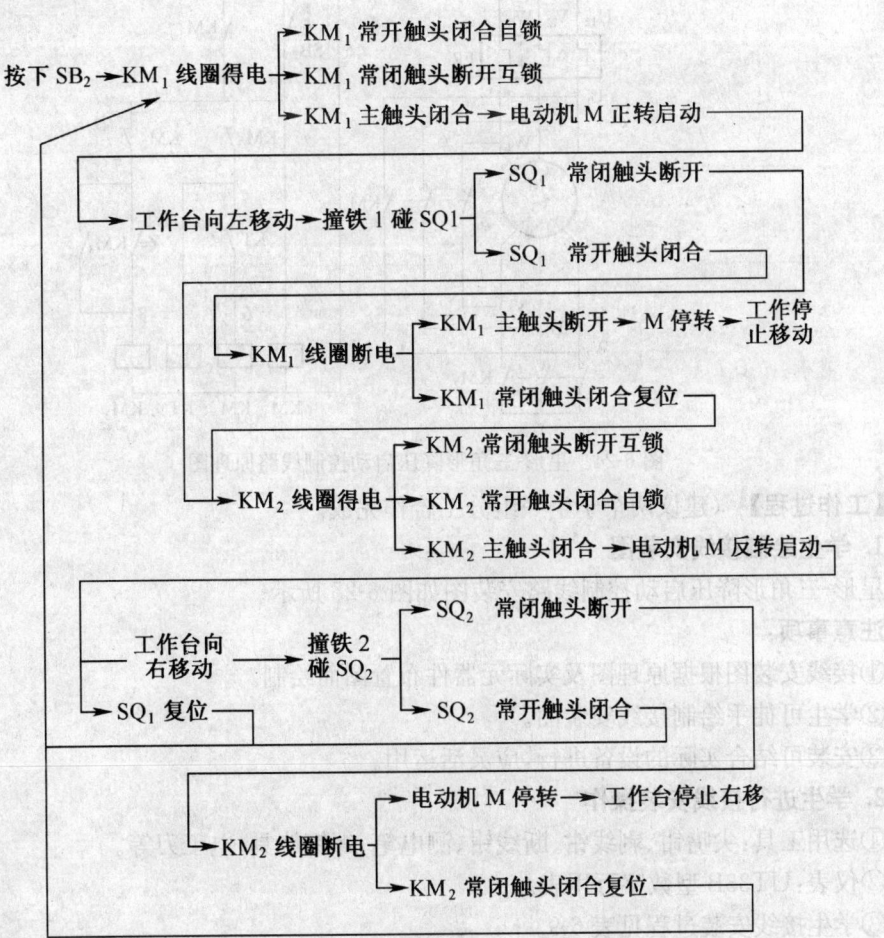

按下 SB_2 → KM_1 线圈得电
- → KM_1 常开触头闭合自锁
- → KM_1 常闭触头断开互锁
- → KM_1 主触头闭合 → 电动机 M 正转启动

→ 工作台向左移动 → 撞铁 1 碰 SQ_1
- → SQ_1 常闭触头断开
- → SQ_1 常开触头闭合

→ KM_1 线圈断电
- → KM_1 主触头断开 → M 停转 → 工作停止移动
- → KM_1 常闭触头闭合复位

→ KM_2 线圈得电
- → KM_2 常闭触头断开互锁
- → KM_2 常开触头闭合自锁
- → KM_2 主触头闭合 → 电动机 M 反转启动

→ 工作台向右移动 → 撞铁 2 碰 SQ_2
- → SQ_2 常闭触头断开
- → SQ_2 常开触头闭合

→ SQ_1 复位

→ KM_2 线圈断电
- → 电动机 M 停转 → 工作台停止右移
- → KM_2 常闭触头闭合复位

如此循环往复，拖动工作台左右运动，直到按下 SB_1 为止。再行工作时也可按下 SB_3，其工作原理与按 SB_2 相同，只是电动机转动时先反转再正转。

任务九　降压启动控制线路的安装

降压启动是利用启动设备将电压适当降低后加到电动机的定子绕组上进行启动，待电动机启动运转后，再使其电压恢复到额定值正常运转。由于电流随电压的降低而减小，所以降压启动能减小启动电流。但是，由于电动机转矩与电压的平方成正比，故降压启动将导致电动机的启动转矩大大降低。降压启动常用于空载或轻载下启动。

图 6-24 为星形-三角形降压启动控制线路原理图。

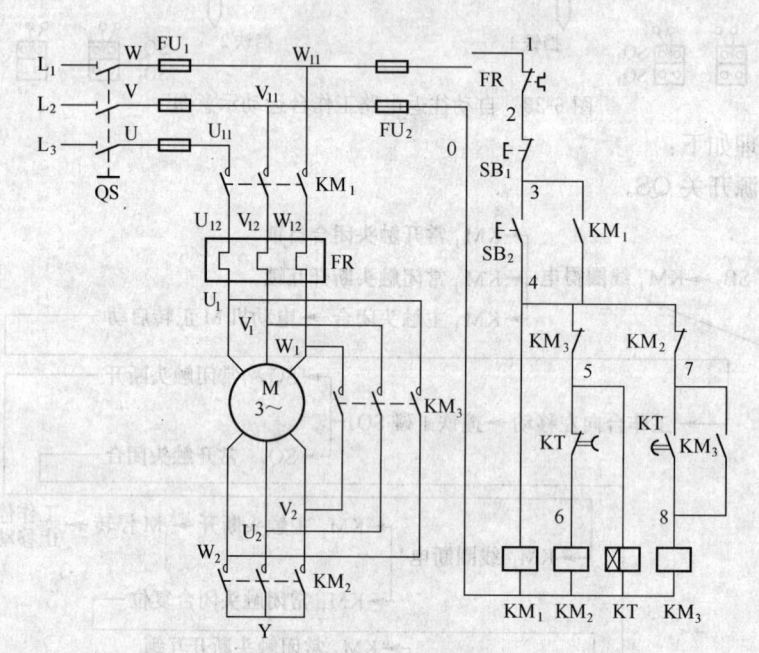

图 6-24　星形-三角形降压启动控制线路原理图

【工作过程】（建议两个学生一组分工合作完成）

1. 学生绘制接线安装图

星形-三角形降压启动控制线路安装图如图 6-25 所示。

注意事项：

①接线安装图根据原理图及实际元器件布置图而绘制。

②学生可徒手绘制接线安装图。

③安装可结合实际的设备进行，应灵活运用。

2. 学生进行接线安装操作

①选用工具：尖嘴钳、剥线钳、断线钳、测电笔、螺钉旋具、电工刀等。

②仪表：UT33B 型数字万用表。

③学生接线安装过程见表 6-9。

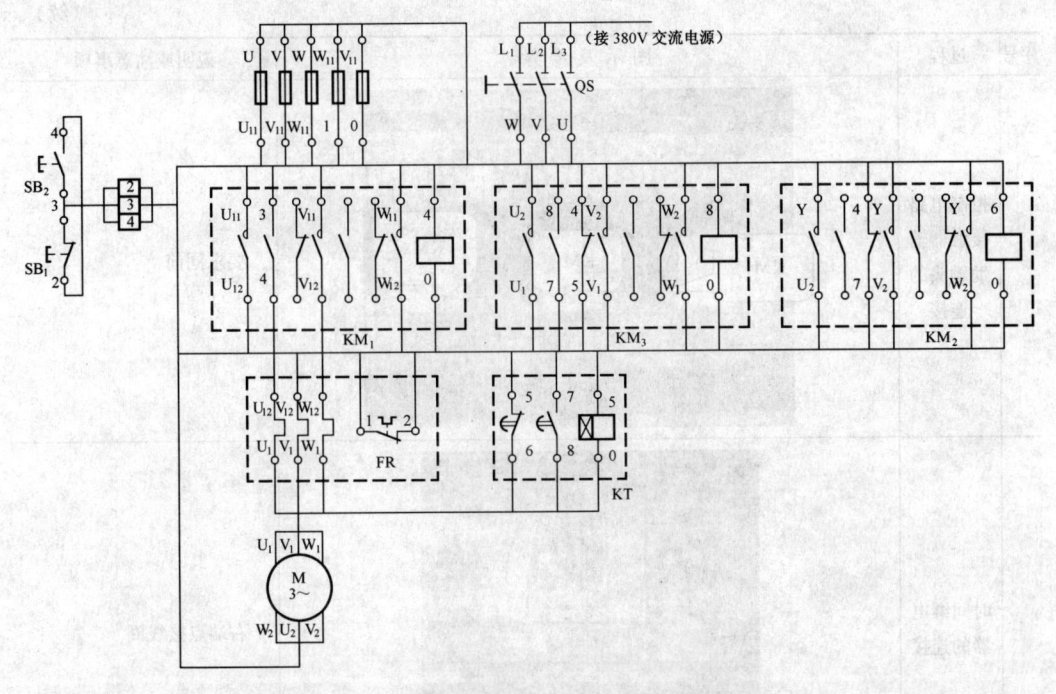

图 6-25　星形-三角形降压启动控制线路安装图

表 6-9　星形-三角形降压启动控制线路接线安装过程

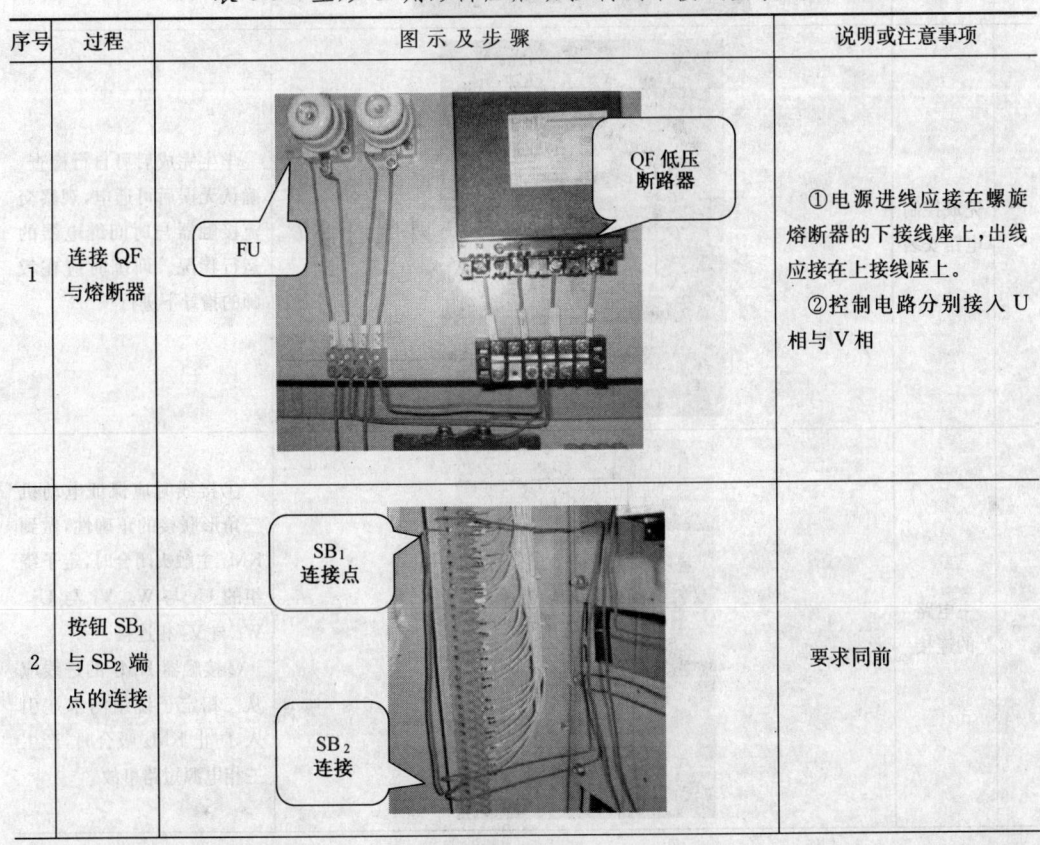

序号	过程	图示及步骤	说明或注意事项
1	连接 QF 与熔断器		①电源进线应接在螺旋熔断器的下接线座上，出线应接在上接线座上。②控制电路分别接入 U 相与 V 相
2	按钮 SB$_1$ 与 SB$_2$ 端点的连接		要求同前

151

(续)

序号	过程	图示及步骤	说明或注意事项
3	控制电路接触器辅助触头的连接	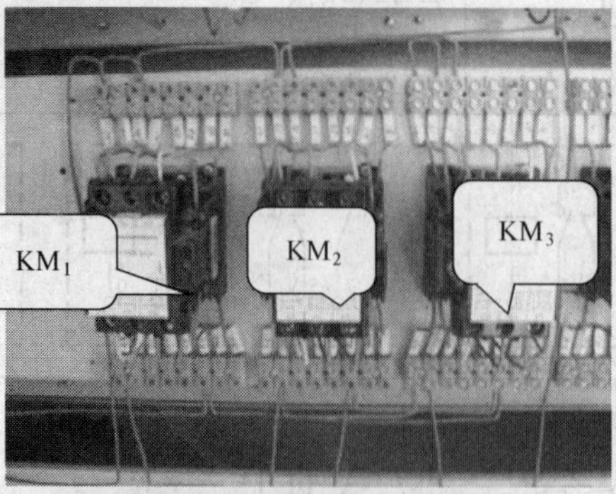 KM₁ KM₂ KM₃	要求同前
4	时间继电器的连接		右端点接线圈
5	完成控制电路安装	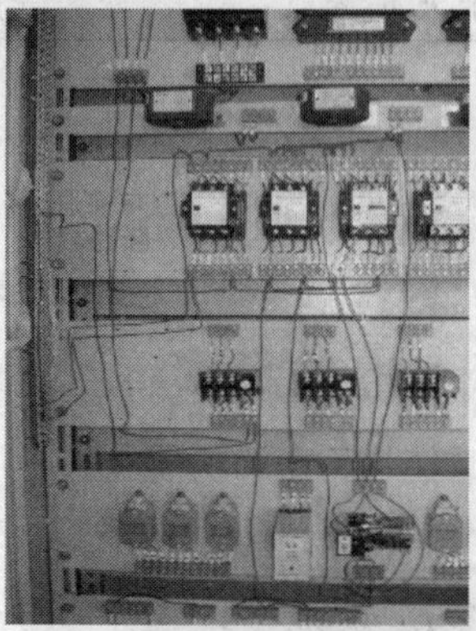	学生完成后可自行检查，确认无误后可通电，观察交流接触器与时间继电器的运行状况。训练时应在教师的指导下进行
6	主电路的连接		①接线时应保证电动机三角形联接的正确性，做到 KM₃ 主触头闭合时，定子绕组的 U_1 与 W_2、V_1 与 U_2、W_1 与 V_2 相连接。②接触器 KM₂ 的进线应从三相定子绕组的末端引入，防止 KM₂ 吸合时，产生三相电源短路事故

(续)

序号	过程	图示及步骤	说明或注意事项
7	电动机的连接		用星形-三角形降压启动控制的电动机必须有六个出线端子,其定子绕组在三角形连接时的额定电压应等于三相电源线电压
8	完成全电路安装		①电路连接按照控制电路—主电路—电动机的连接顺序进行。 ②训练中应注意接线工艺要求,教师巡回指导
9	自检	①检查线路是否正常(开路与短路检测)。 ②接地线是否可靠(PE)。 ③进行绝缘电阻测量	实训室操作台应有专门接地通道
10	接入三相电源		将三相电源接入低压断路器,可通过控制台开关进行控制送电
11	通电运行	通电时,指导教师在场监控	通电试车,应先空载、断续运行,确定无误后,再接负载运行;若有异常,应立即断电检查

153

知识链接五　时间控制、降压启动的类型及工作原理

知识点 1　时间控制的工作原理

在时间控制线路中,时间继电器能实现触头的延时闭合或分断的自动控制。在图 6-24 中,当合上电源开关 QS,按下启动按钮 SB2,时间继电器 KT 线圈获电,计时开始。当达到 KT 整定时间后,其延时闭合,常开触点闭合,接触器 KM3 线圈获电,交流接触器 KM3 主触头闭合;同时,KT 延时断开,常闭触头断开,KM2 主触头断开,这样电动机绕组就由星形连接变为三角形连接,实现了电动机由降压启动向全压运行的控制。

知识点 2　降压启动的类型及工作原理

电动机启动时加在定子绕组上的电压为电动机的额定电压,属于全压启动,也称直接启动。直接启动的优点是电气设备少、线路简单、维修量较小。但直接启动时启动电流较大,一般为额定电流的 4 倍~7 倍。直接启动会导致电源变压器输出电压下降,使电动机本身的启动转矩减小,影响同一供电线路中其他电气设备的正常工作。因此,较大容量的电动机启动时,需要采用降压启动的方法。

通常规定:电源容量在 180kVA 以上、电动机容量在 7kW 以下的三相异步电动机可采用直接启动。

判断一台电动机能否直接启动,可根据经验公式来确定:

$$\frac{I_{st}}{I_N} \leqslant \frac{3}{4} + \frac{S}{4P}$$

式中　I_{st}——电动机全压启动电流,A;
　　　I_N——电动机额定电流,A;
　　　S——电源变压器容量,kVA;
　　　P——电动机功率,kW。

凡不满足直接启动条件的,均须采用降压启动。

常见的降压启动方法有:定子绕组串接电阻降压启动、自耦变压器降压启动、星形-三角形降压启动、延边三角形降压启动等。

1. 定子绕组串接电阻降压启动控制线路

定子绕组串接电阻降压启动是指电动机启动时,把电阻串接在电动机定子绕组与电源间,通过电阻的分压作用来降低定子绕组上的启动电压。待电动机启动后,再将电阻短接,使电动机在额定电压下正常运行。图 6-26 所示为时间继电器控制的串接电阻降压启动控制线路原理图。

时间继电器控制定子绕组串接电阻降压启动线路的工作过程如下:

合上电源开关 QF。

停止:按下 SB_2 即可实现。

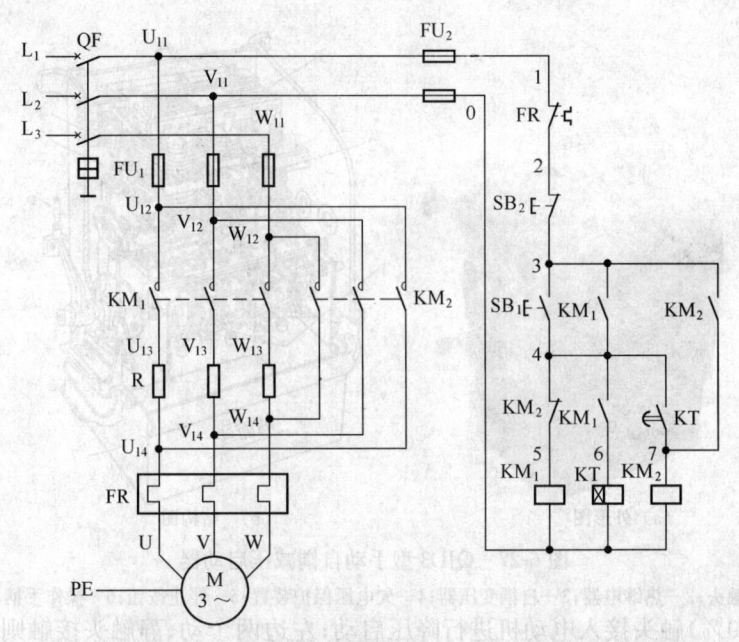

图 6-26 时间继电器控制的串接电阻降压启动控制线路原理图

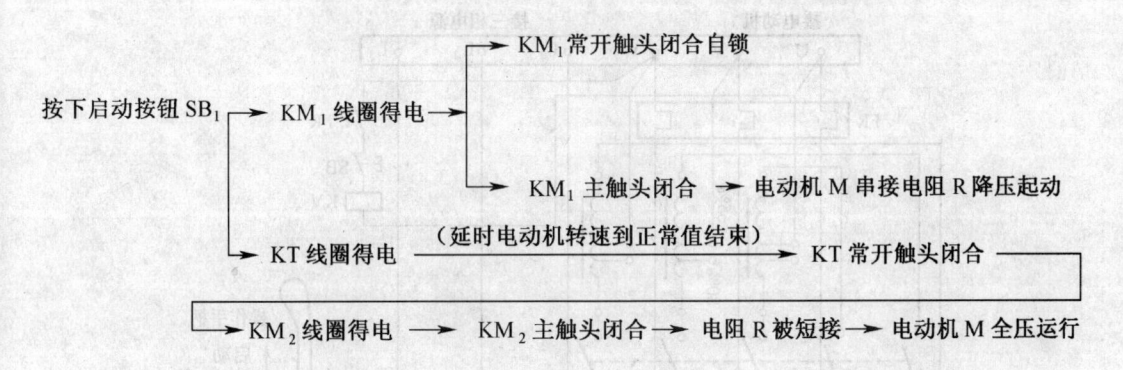

按下启动按钮 SB₁ → KM₁ 线圈得电 → KM₁ 常开触头闭合自锁
→ KM₁ 主触头闭合 → 电动机 M 串接电阻 R 降压起动
→ KT 线圈得电 —（延时电动机转速到正常值结束）→ KT 常开触头闭合 →
→ KM₂ 线圈得电 → KM₂ 主触头闭合 → 电阻 R 被短接 → 电动机 M 全压运行

  串电阻降压启动减小了电动机的启动转矩,同时启动时在电阻上功率消耗也较大。若启动频繁,则电阻的温度会很高,对于精密的设备会有一定的影响,因此,这种降压启动的方法,在生产实际的应用中逐步减少。

2. 自耦变压器降压启动控制线路

  自耦变压器降压启动控制是利用自耦变压器来降低启动时加在定子绕组上的电压,以达到限制启动电流的目的。待电动机启动后,再使电动机与自耦变压器脱离,从而在全压下正常运行。

  利用自耦变压器来进行降压的启动装置称为自耦减压启动器,其产品有手动式和自动式两种。图 6-27 所示为 QJD3 型手动自耦减压启动器。

  QJD3 型手动自耦减压启动器的电路图如图 6-28 所示。其动作原理如下:

  当操作手柄扳到"停止"位置时,装在主轴上的动触头与上、下两排静触头都不接触,电动机处于断电停止状态。

  当操作手柄向前推到"启动"位置时,装在主轴上的动触头与上面一排启动静触头接触,三相电源 L₁、L₂、L₃ 通过右边 3 个动、静触头接入自耦变压器,又经过自耦变压器的 3

155

(a) 外形图　　　　　　(b) 结构图

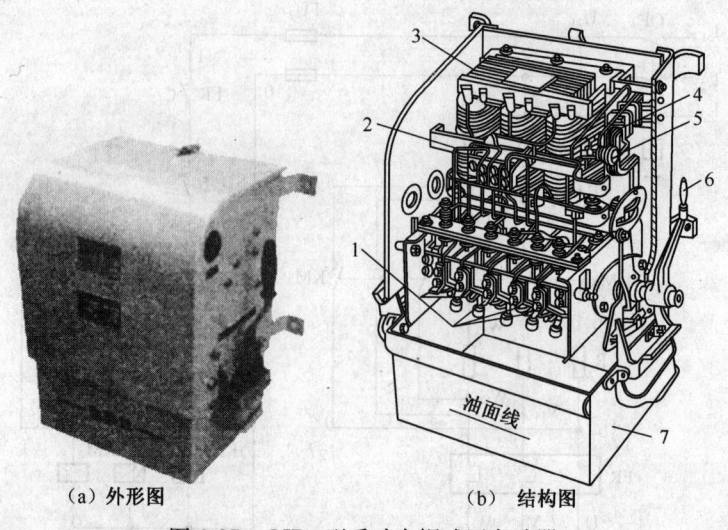

图 6-27　QJD3 型手动自耦减压启动器

1—启动静触头；2—热继电器；3—自耦变压器；4—欠电压保护装置；5—停止按钮；6—操作手柄；7—油箱。

个 65%（或 80%）触头接入电动机进行降压启动；左边两个动、静触头接触则把自耦变压器接成星形。

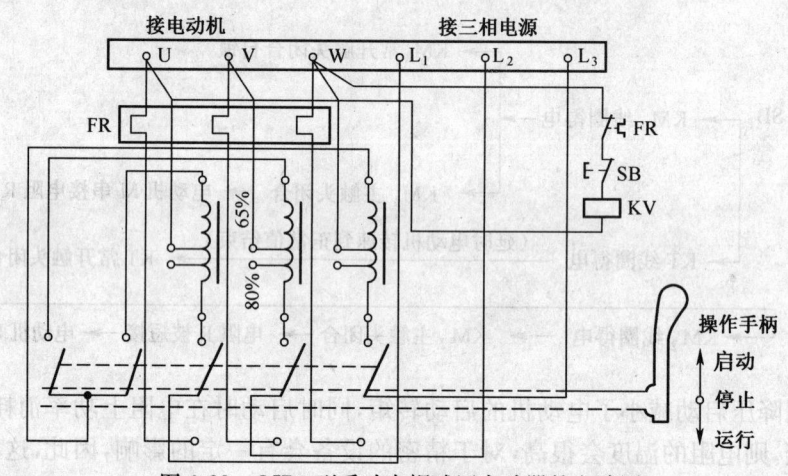

图 6-28　QJD3 型手动自耦减压启动器的电路图

当电动机的转速上升到一定值时，将操作手柄向后迅速扳到"运行"位置，使右边 3 个动触头与下面一排的 3 个运行静触头接触，这时自耦变压器脱离，电动机与三相电源 L_1、L_2、L_3 直接相接全压运行。

停止时，只要按下停止按钮 SB，失压脱扣器 KV 线圈失电，衔铁下落释放，通过机械操作机构使启动器掉闸，操作手柄便自动回到"停止"位置，电动机断电停转。

由于热继电器 FR 的常闭触头、停止按钮 SB、失压脱扣器线圈 KV 串接在 U、V 两相电源上，所以当出现电源电压不足、突然停电、电动机过载和停车等情况时都能使启动器掉闸，电动机断电停转。

3. 星形—三角形降压启动控制线路

星形—三角形降压启动控制线路由 3 个接触器、1 个热继电器、1 个时间继电器和 2 个按钮组成，如图 6-26 所示。

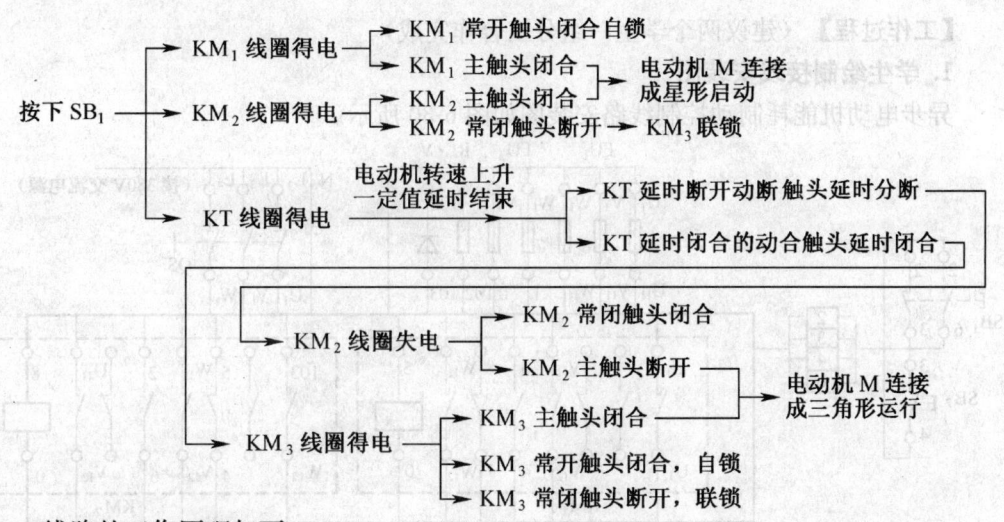

按下 SB₁ → KM₁ 线圈得电 → KM₁ 常开触头闭合自锁
                     → KM₁ 主触头闭合 ┐
           → KM₂ 线圈得电 → KM₂ 主触头闭合 ┤ 电动机 M 连接成星形启动
                     → KM₂ 常闭触头断开 → KM₃ 联锁

           → KT 线圈得电 ── 电动机转速上升一定值延时结束 → KT 延时断开动断触头延时分断
                                              → KT 延时闭合的动合触头延时闭合

           → KM₂ 线圈失电 → KM₂ 常闭触头闭合
                       → KM₂ 主触头断开 ┐
                                      ├ 电动机 M 连接成三角形运行
           → KM₃ 线圈得电 → KM₃ 主触头闭合 ┘
                       → KM₃ 常开触头闭合，自锁
                       → KM₃ 常闭触头断开，联锁

线路的工作原理如下：
合上电源开关 QF。
停止：按下 SB₂ 即可。

任务十 制动控制线路的安装

三相异步电动机从切断电源到完全停止转动，由于机械惯性，总需经过一定时间，这常常不能满足生产机械迅速停车的要求，同时也影响生产效率的提高。因此，电动机停止转动时，应采取相应制动控制措施。

所谓制动，就是给电动机一个与转动方向相反的转矩使它迅速停转（或限制其转速）。如起重机的吊钩需要准确定位、万能铣床要求立即停转等。

图 6-29 所示三相异步电动机能耗制动控制线路。

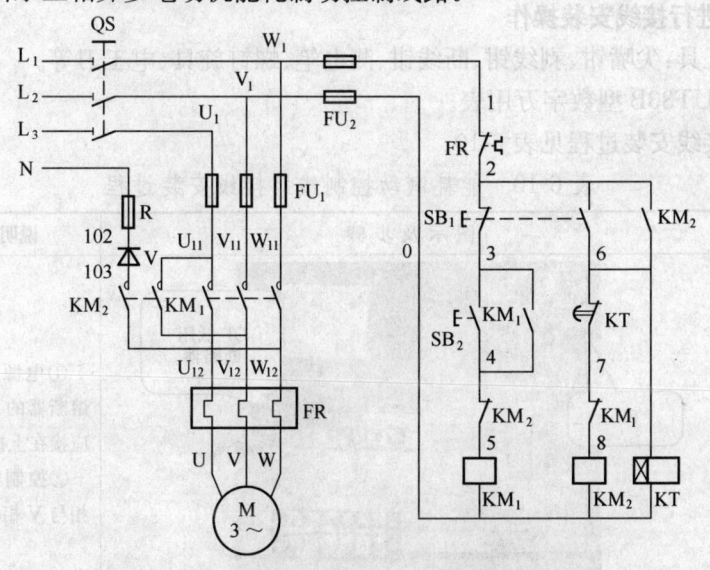

图 6-29 三相异步电动机能耗制动控制线路原理图

【工作过程】（建议两个学生一组分工合作完成）

1. 学生绘制接线安装图

异步电动机能耗制动控制线路安装图如图 6-30 所示。

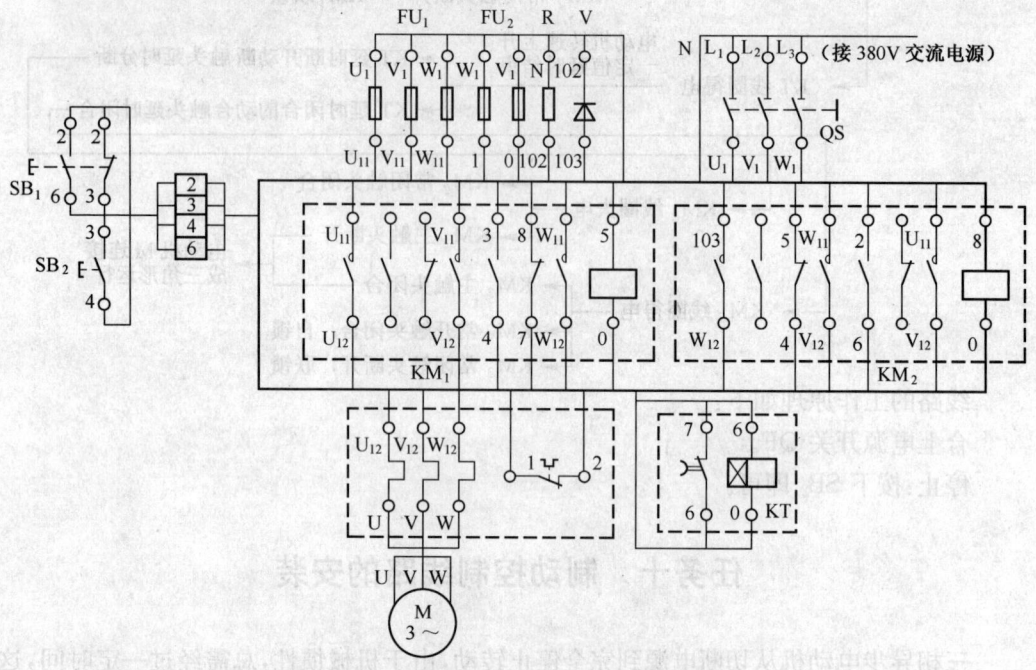

图 6-30 能耗制动控制线路接线安装图

注意事项：

①接线安装图根据原理图及实际元器件布置图而绘制。
②学生可徒手绘制接线安装图。
③安装可结合实际的设备进行，应灵活运用。

2. 学生进行接线安装操作

①选用工具：尖嘴钳、剥线钳、断线钳、测电笔、螺钉旋具、电工刀等。
②仪表：UT33B 型数字万用表。
③学生接线安装过程见表 6-10。

表 6-10 能耗制动控制线路接线安装过程

序号	过程	图示及步骤	说明或注意事项
1	连接 QF 与熔断器	（FU；QF 低压断路器）	①电源进线应接在螺旋熔断器的下接线座上，出线应接在上接线座上。②控制电路分别接入 U 相与 V 相

158

(续)

序号	过程	图示及步骤	说明或注意事项
2	按钮 SB₁、SB₂ 端点的连接	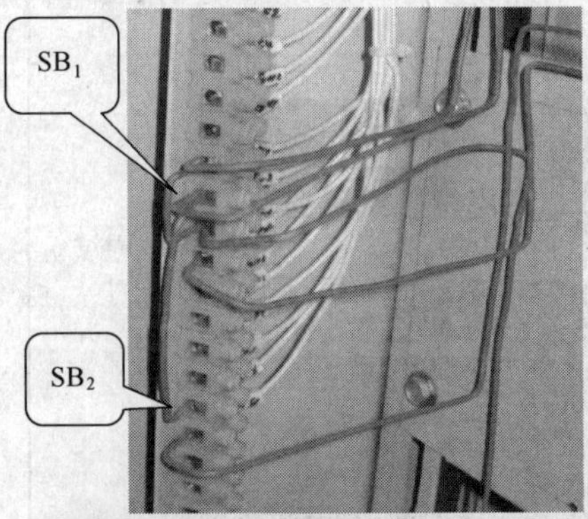 SB₁ / SB₂	SB₁ 的四个端点（一对常闭与常开），构成复合按钮；SB₂ 只用到一对常开触头
3	交流接触器上端点的连接	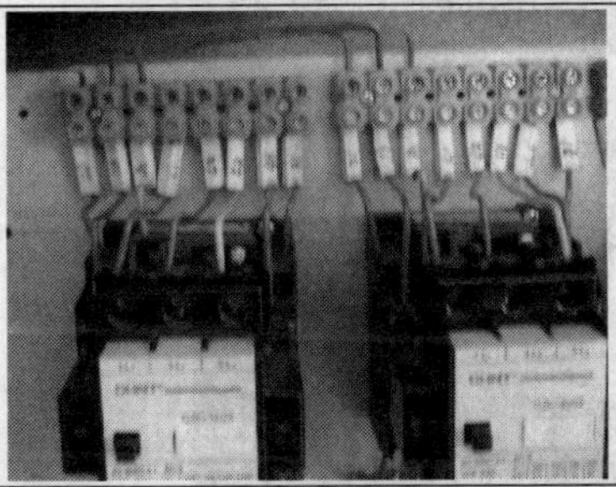	
4	交流接触器下端点的连接		
5	时间继电器的连接	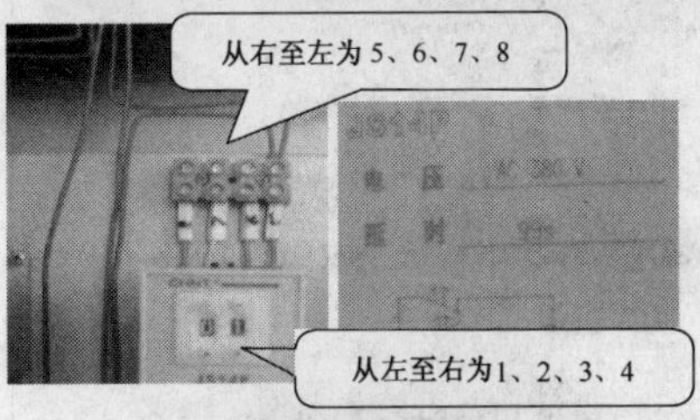 从右至左为 5、6、7、8；从左至右为 1、2、3、4	JS14P 型时间继电器的接线图
6	二极管整流器的连接	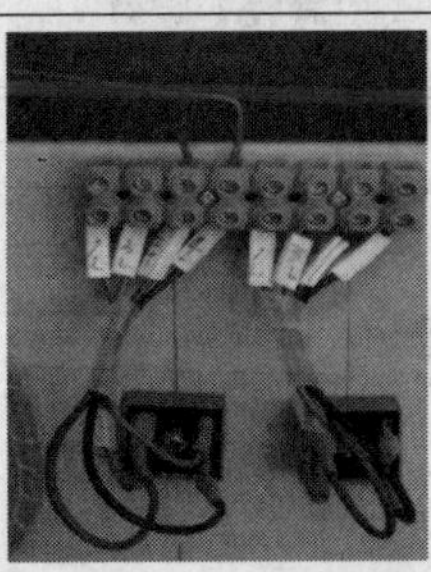	接线中采用桥式整流器中的半波整流功能

(续)

序号	过程	图示及步骤	说明或注意事项
7	完成控制电路安装		控制电路的接线顺序： 1—2—3—4—5—0； 2—6—7—8—0；2—6—0
8	二极管整流器与电源、接触器的连接	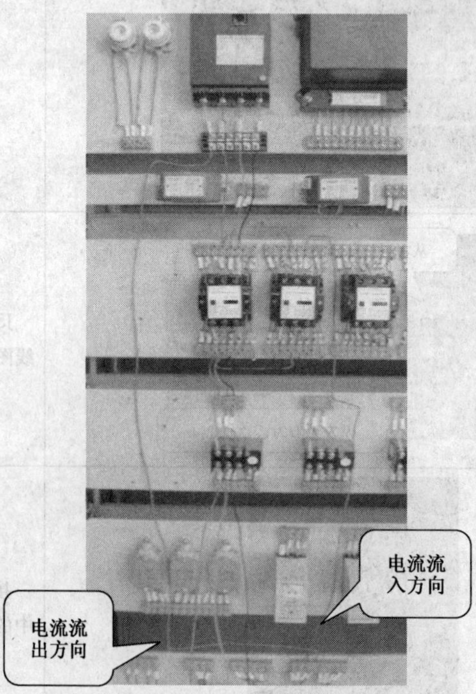 电流流出方向　电流流入方向	注意二极管整流器的连接方向。可利用万用表欧姆挡进行测量

160

(续)

序号	过程	图示及步骤	说明或注意事项
9	安装主电路	 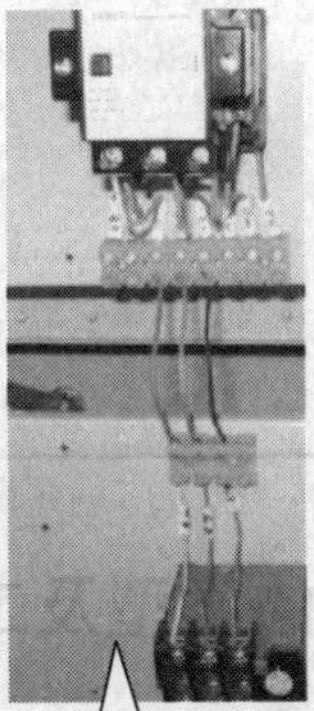  连接QF与KM₁　连接KM₁-FR　连接FR与电动机	①主电路为 U、V、W 三相，电压 380V。 ②U 相为红线，V 相为绿线，W 相为黑线，以示区别。 ③主电路接线：$U_1-U_{11}-U_{12}-U$；$V_1-V_{11}-V_{12}-V$；$W_1-W_{11}-W_{12}-W$
10	完成全电路安装		安装时可参照配电柜上各标示端点对照原理图与接线图进行接线
11	自检	①检查线路是否正常（开路与短路检测）。 ②接地线是否可靠（PE）。 ③进行绝缘电阻测量	实训室操作台应有专门接地通道
12	接入三相电源		将三相电源接入低压断路器，可通过控制台开关进行控制送电

(续)

序号	过程	图示及步骤	说明或注意事项
13	通电运行	通电时,指导教师在场监控	通电试车,应先空载、断续运行,确定无误后,再接负载运行;若有异常,应立即断电检查

知识链接六 制动的类型及工作原理

知识点 1 制动的类型

电动机制动的方法一般有两类:机械制动和电气制动。

1. 机械制动

机械制动是利用机械装置产生机械力来强迫电动机迅速停车。常采用的机械制动设备是电磁抱闸制动器。图 6-31 所示为电磁抱闸制动器。

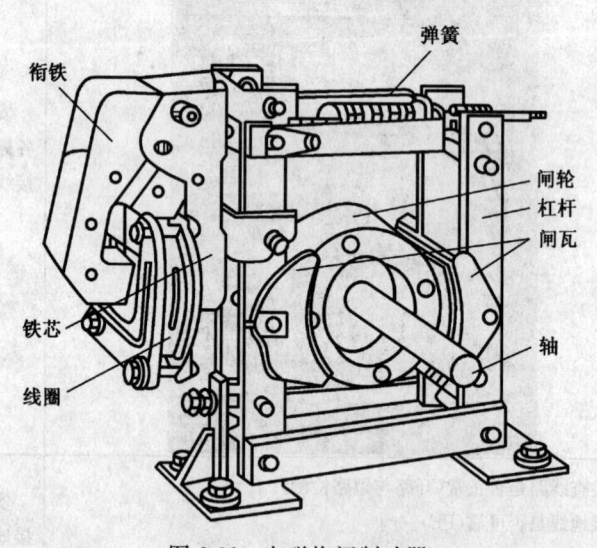

图 6-31 电磁抱闸制动器

2. 电气制动

电气制动通过产生与电动机旋转方向相反的电磁转矩,对电动机进行制动。常见的电气制动有反接制动、能耗制动、再生制动和电容制动等。

知识点 2 制动的工作原理

1. 电磁抱闸制动器断电制动控制线路

电磁抱闸制动器断电制动控制线路原理图如图 6-32 所示。

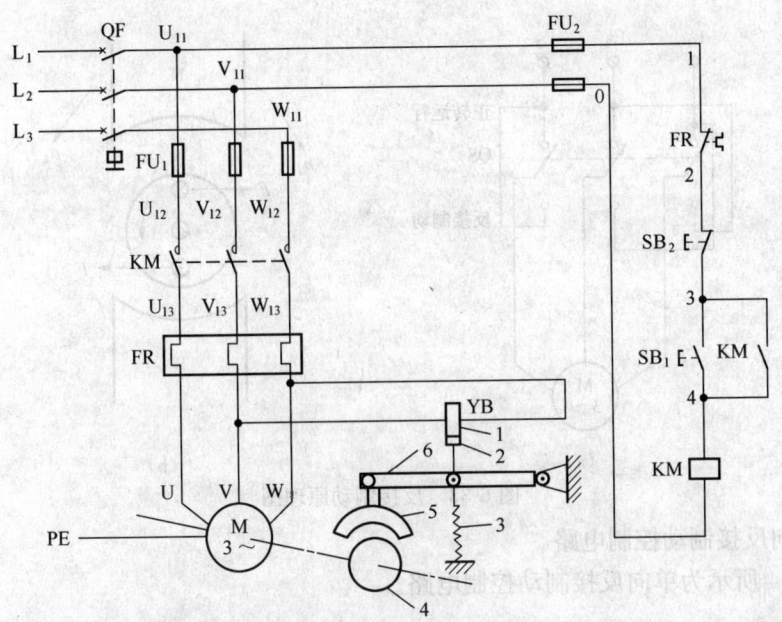

图 6-32 电磁抱闸制动器断电制动控制线路原理图

电磁抱闸制动器断电控制工作原理如下：

合上开关 QF。

启动运转：

按下 SB₁ → KM 线圈通电 → KM 主触头闭合 → 电动机 M 接通电源
→ YB 线圈得电，衔铁与铁芯吸合，衔铁克服弹簧拉力，迫使制动杠杆向上移动，使闸瓦与闸轮分开，电动机正常转动

制动停转：

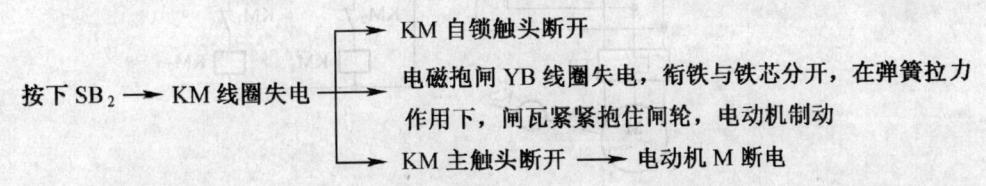

按下 SB₂ → KM 线圈失电 → KM 自锁触头断开
→ 电磁抱闸 YB 线圈失电，衔铁与铁芯分开，在弹簧拉力作用下，闸瓦紧紧抱住闸轮，电动机制动
→ KM 主触头断开 → 电动机 M 断电

2. 反接制动

反接制动是利用改变电动机电源的相序，使定子绕组产生相反方向的旋转磁场，通过产生的制动转矩而迫使电动机迅速停转的一种方法。常见的反接制动有电动机单向反接制动控制。下面学习电动机单向反接制动控制电路。

1）反接制动的原理

图 6-33(a)中，当 QS 向上闭合时，电动机定子绕组电源相序为 L₁—L₂—L₃，电动机沿图 6-33(b)中顺时针方向旋转，且 $n < n_1$。

当 QS 断开后，向下闭合，则电动机定子绕组电源相序变为 L₂—L₁—L₃，旋转磁场反转（图 6-33(b)中逆时针方向），转子将以 $n_1 + n$ 的相对转速沿原转动方向切割旋转磁场，在转子绕组中产生感应电流。此时转矩方向与电动机的转动方向相反，使电动机制动并迅速停转。

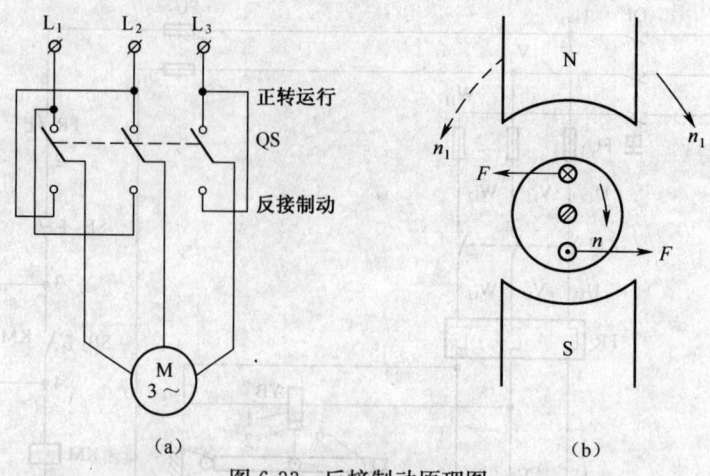

图 6-33 反接制动原理图

2) 单向反接制动控制电路

图 6-34 所示为单向反接制动控制电路。

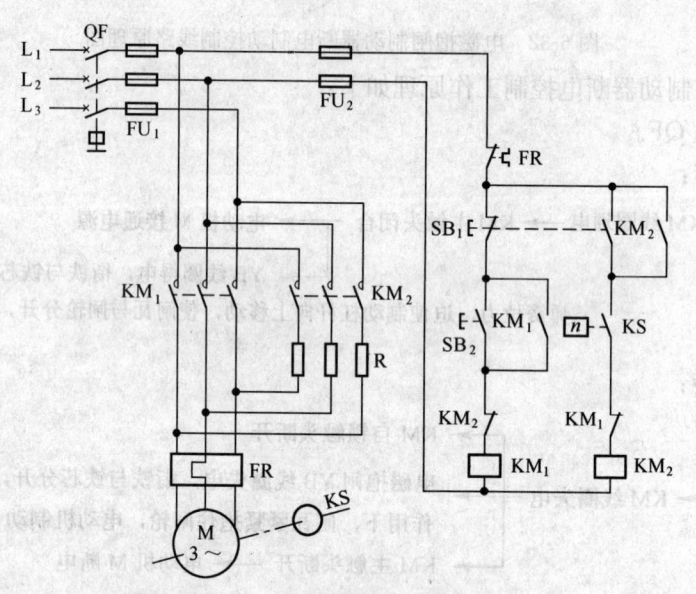

图 6-34 单向反接制动控制电路

单向反接制动控制电路图的工作原理如下：

先合上电源开关 QF。

启动：

按 SB$_2$ → KM$_1$ 线圈得电 → KM$_1$ 主触头闭合，电动机 M 启动运转
　　　　　　　　　　　　→ KM$_1$ 常开触头闭合自锁
　　　　　　　　　　　　→ KM$_1$ 常闭触头断开互锁

→ 电动机转速升高到一定值（130r/min），速度继电器 KS 的常开触头闭合，为反接制动准备

停止：

$$
\begin{array}{l}
按\ SB_1 \left\{
\begin{array}{l}
\longrightarrow KM_1 线圈断电 \longrightarrow KM_1 主触头断开 \longrightarrow 电动机 M 断电，因惯性减速运转 \\
\longrightarrow KM_2 线圈得电 \left\{
\begin{array}{l}
\longrightarrow KM_2 常开触头闭合自锁 \\
\longrightarrow KM_2 常闭触头断开互锁 \\
\longrightarrow KM_2 主触头闭合，串入电阻 R，接入反相序三相交流电源
\end{array}
\right.
\end{array}
\right.
\end{array}
$$

反接制动，电动机转速迅速下降。当下降到 100r/min 以下时，速度继电器 KS 常开触头断开，KM_2 线圈断电，防止反向启动。

反接制动时转子绕组中感应电流较大，因此常在电路中串入电阻 R，以限制反接制动电流。限流电阻 R 的大小可依据如下经验公式估算：

$$R \approx 1.5 \times \frac{220}{I_{st}}$$

式中 I_{st} 为电动机全压启动电流(A)。

3. 能耗制动

能耗制动是当电动机被断开三相交流电源后，向任意二相定子绕组内通入直流电源，建立一个静止恒定的磁场，惯性运转的转子绕组切割恒定磁场产生制动转矩，使电动机迅速地停车制动。常见的能耗制动电路包括无变压器半波整流能耗制动电路和有变压器全波整流能耗制动电路。

1)能耗制动原理

能耗制动的原理如图 6-35 所示。

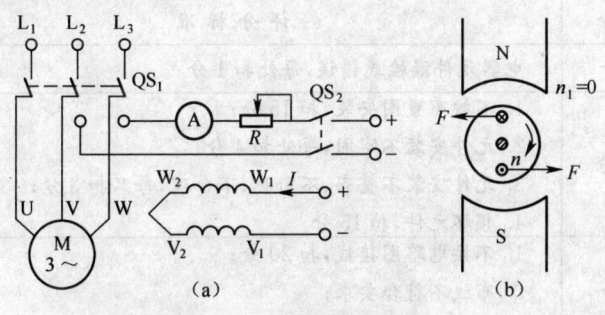

图 6-35 能耗制动原理图

2)无变压器半波整流能耗制动

无变压器半波整流能耗制动控制线路如图 6-29 所示。该线路简单，成本低，常用于 10kW 以下小容量电动机，且对制动要求不高的场合。线路工作原理：

合上电源开关 QS。

启动：

$$
按下\ SB_2 \longrightarrow KM_1 线圈得电 \left\{
\begin{array}{l}
\longrightarrow KM_1 常开触头闭合自锁 \\
\longrightarrow KM_1 常闭触头断开，对 KM_2 互锁 \\
\longrightarrow KM_1 主触头闭合，电动机 M 启动
\end{array}
\right.
$$

停止：

$$
按下\ SB_1 \left\{
\begin{array}{l}
\longrightarrow SB_1 常闭触头先分断 \longrightarrow KM_1 线圈失电 \left\{
\begin{array}{l}
\longrightarrow KM_1 自锁触头分断，解除自锁 \\
\longrightarrow KM_1 主触头分断，M 暂时失电 \\
\longrightarrow KM_1 联锁触头闭合
\end{array}
\right. \\
\longrightarrow SB_1 常开触头后闭合
\end{array}
\right.
$$

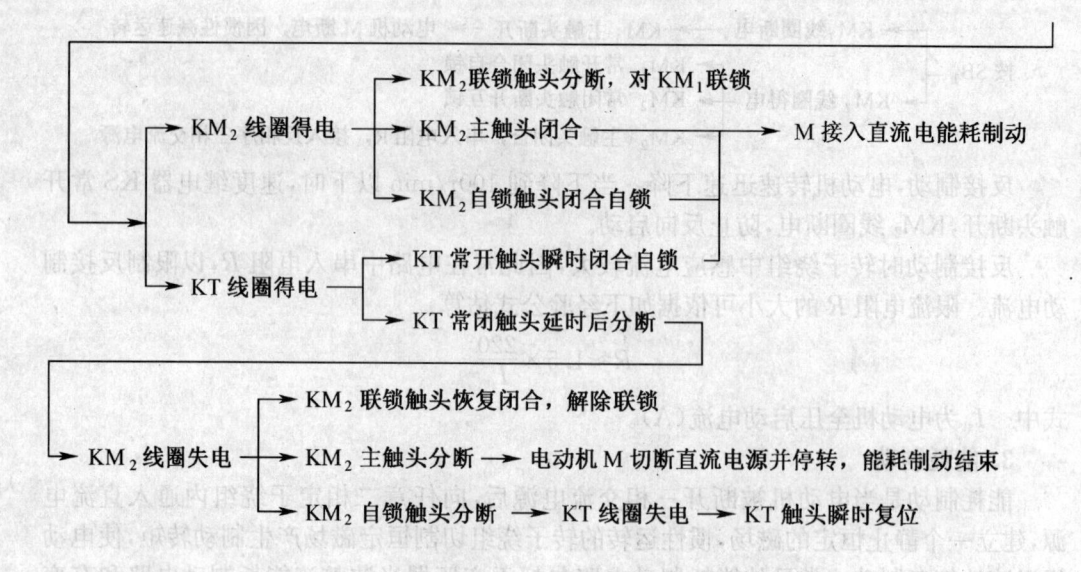

```
                    ┌─→ KM₂联锁触头分断，对KM₁联锁
    ┌─→ KM₂线圈得电 ─┼─→ KM₂主触头闭合 ──────────────┐
    │               └─→ KM₂自锁触头闭合自锁          ├─→ M 接入直流电能耗制动
    │               ┌─→ KT 常开触头瞬时闭合自锁      │
    └─→ KT 线圈得电 ─┤                              
                    └─→ KT 常闭触头延时后分断

         ┌─→ KM₂联锁触头恢复闭合，解除联锁
→ KM₂线圈失电 ─┼─→ KM₂主触头分断 ─→ 电动机 M 切断直流电源并停转，能耗制动结束
         └─→ KM₂自锁触头分断 ─→ KT 线圈失电 ─→ KT 触头瞬时复位
```

项目学习评价小结

1. 任务评价标准

项目	配分	评分标准	扣分
装前检查	5分	电器元件漏检或错误，每处扣1分	
安装元件	15分	1. 不按布置图安装，扣15分； 2. 元件安装不牢固，每处扣4分； 3. 元件安装不整齐、不匀称、不合理，每只扣3分； 4. 损坏元件，扣15分	
布线	40分	1. 不按电路图接线，扣20分； 2. 布线不符合要求： ①主控电路未分开，扣2分； 　主电路每处扣4分； 　控制电路每处扣2分； ②接点不符合要求（每个接点线数不超过3个），每个扣1分； ③损坏导线绝缘或线芯，每根扣5分； ④接线压胶、反圈、露铜，每个扣1分； ⑤漏接地线，扣10分	
通电试车	40分	1. 第一次试车不成功扣20分； 2. 第二次试车不成功扣30分； 3. 第三次试车不成功扣40分	
安全文明操作		违反文明操作规程（视实际情况进行扣分）	

指导教师签名：

2. 学生自我评价

(1)填空题

①在电动机控制线路中，短路保护常采用_____电器来实现；过载保护常由

_____电器来实现。

②电动机双重联锁正、反转控制电路是指电路中有_____和_____的控制电路。

③常见的降压启动方法有_____、_____、_____、_____。

④图 6-23 中的 SQ_3、SQ_4 的作用是_____。

(2)判断题

①电动机接触器自锁控制线路具有欠压和失压保护。(　　)

②当一个接触器得电动作时,通过其辅助常闭触头使另一个接触器不能得电动作,接触器间的这种相互制约的作用叫接触器自锁。(　　)

③学生在接线安装过程中,可以不按电路图接线,只要能工作。(　　)

④实现位置控制的电器元件是时间继电器。(　　)

⑤降压启动控制适用于电动机空载或轻载状态。(　　)

(3)简答题

简述电动机基本控制线路安装的一般步骤。

3. 项目评价报告表

项目完成时间: 　年　月　日——　年　月　日							
评价项目			评分依据	优秀 (10~8)	良好 (7~5)	合格 (4~2)	继续努力 (<2)
自我评价 (30)	学习态度 (10)		1. 所有项目都出全勤,无迟到早退现象。 2. 认真完成各项任务,积极参与活动与讨论。 3. 尊重其他组员与教师,能够很好地交流与合作				
^	团队角色 (10)		1. 具有较强的团队精神、合作意识。 2. 积极参与各项活动、小组讨论、安装等过程。 3. 组织协调能力强,主动性强,表现突出				
^	作业情况 (10)		认真完成项目任务: ①掌握基本控制线路的安装; ②具备安装基本控制线路的基本工艺技术				
自我评价总分				合计:			
小组内互评 (20)	其他组员		评分依据	优秀 (20~18)	良好 (17~15)	合格 (14~12)	继续努力 (<12)
^			1. 所有项目都出全勤,无迟到早退现象。 2. 具有较强的团队精神、合作意识。 3. 积极参与各项活动、小组讨论、安装等过程。 4. 组织协调能力强,主动性强,表现突出。 5. 能客观有效地评价组员的学习。 6. 能认真完成项目任务: ①掌握基本控制线路的安装; ②具备安装基本控制线路的基本工艺技术				
小组内互评平均分				合计:			

(续)

评价项目	评分依据	优秀 (50~48)	良好 (47~45)	合格 (44~42)	继续努力 (＜42)
教师评价 (50)	1. 所有项目都出全勤,无迟到早退现象。 2. 在完成项目期间,认真完成各项任务,积极参与活动与讨论。 3. 团结、尊重其他组员与教师,能够很好地交流与合作。 4. 具有较强的团队精神、合作意识、竞争意识,积极参与团队活动。 5. 主动思考、大胆发言,为团队做贡献。 6. 完成学习任务,各项作业按要求上交,并能做到及时准点。 7. 项目完成有创新,能自主学习探索,方法好。 8. 能客观有效地评价组员的学习,通过学习能感悟并有一定收获				
	教师评价总分	合计:			
	总分				

168

项目七 常用机床电气控制线路的基本维护

项目情景展示

机床的电气设备在运行过程中,由于自然的或人为的原因会发生各种故障,致使设备停止运行而影响生产,甚至造成人身伤害或设备故障。为了保证设备的安全正常运行,一方面需要及时地排除故障,另一方面必须坚持对电气线路进行经常性的维护,消除隐患,预防或减少故障的发生。

图7-1所示为常用机床的实物图片。

(a) CD6240 车床

(b) M7130 平面磨床　　(c) Z3032 钻床

图 7-1　常用机床

项目学习目标

学习目标		学习方式	学时
技能目标	1. 掌握常见机床电气控制箱结构。 2. 熟练使用工具,对机床进行基本维护及简单电气故障维修。	教师指导, 学生实践操作	8
知识目标	1. 了解常见机床电路的基本原理。 2. 掌握常见机床电气的基本控制线路。	教师讲授	6

任务一　普通车床控制线路的基本维护

查找机床故障时应参照：电路图、接线图、电盘布置图。

一、照明灯不亮

照明灯不亮的故障排除方法见表 7-1。

表 7-1　照明灯不亮的故障排除方法

操作内容	操作图示	操作方法说明
1. 灯泡是否良好		可用新灯泡替代
2. 24V 是否正常		检查控制变压器 TC 5—6 端
3. FU_4 保险丝是否正常		观察红色指示灯是否亮
4. SA_1 开关是否正常		通过万用表测量 SA_1 电阻来判断 SA_1 好坏

(续)

操作内容	操作图示	操作方法说明
5. 电路中的接线、灯头座是否良好		对于采用圆平垫圈的接线柱的接线，导线端头应顺时针弯成闭合的圆，圆的内径应与接线螺钉直径相吻合，以使接线牢固可靠

二、主轴不旋转

主轴不旋转的故障排除方法见表 7-2。

表 7-2 主轴不旋转的故障排除方法

操作内容	操作图示	操作方法说明
1. 电源是否缺相		万用表测量，三组电压都应为 380V
2. 皮带防护罩是否关好	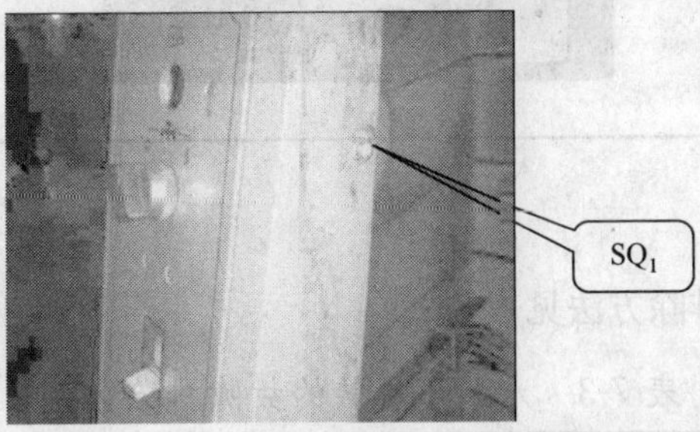 SQ_1	皮带防护罩开关 SQ_1 常开触点是否正常
3. 电箱门是否关好	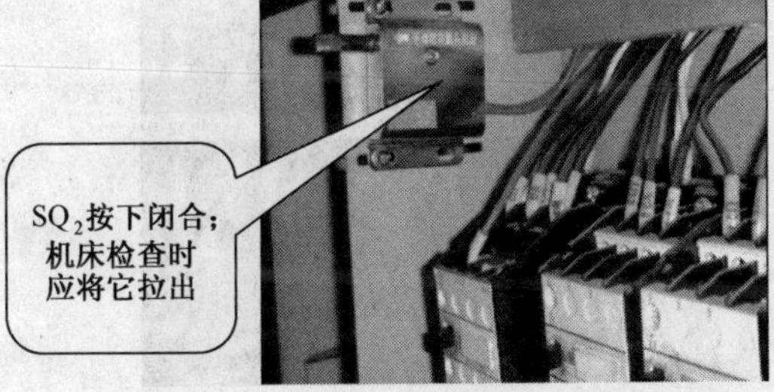 SQ_2 按下闭合；机床检查时应将它拉出	电箱门开门断电开关 SQ_2 常开触点是否正常

171

(续)

操作内容	操作图示	操作方法说明
4. 操作手柄是否正确	如图所示位置正确，容易放在空挡，主轴不转 要想主轴转动，手柄必须提起	
5. 启动按钮 SB_3 的常开触点是否正常，接线是否正确。急停按钮 SB_4 的常闭触点是否正常，接线否正确	急停按钮 SB_4 应为闭合状态。时间久后触点容易断开 启动按钮 SB_3 点动，按下闭合	
6. 接触器触点吸合和断开是否正常		① 万用表测量。 ② 也可用螺丝刀按下接触器 KM_1 判断线圈是否正常

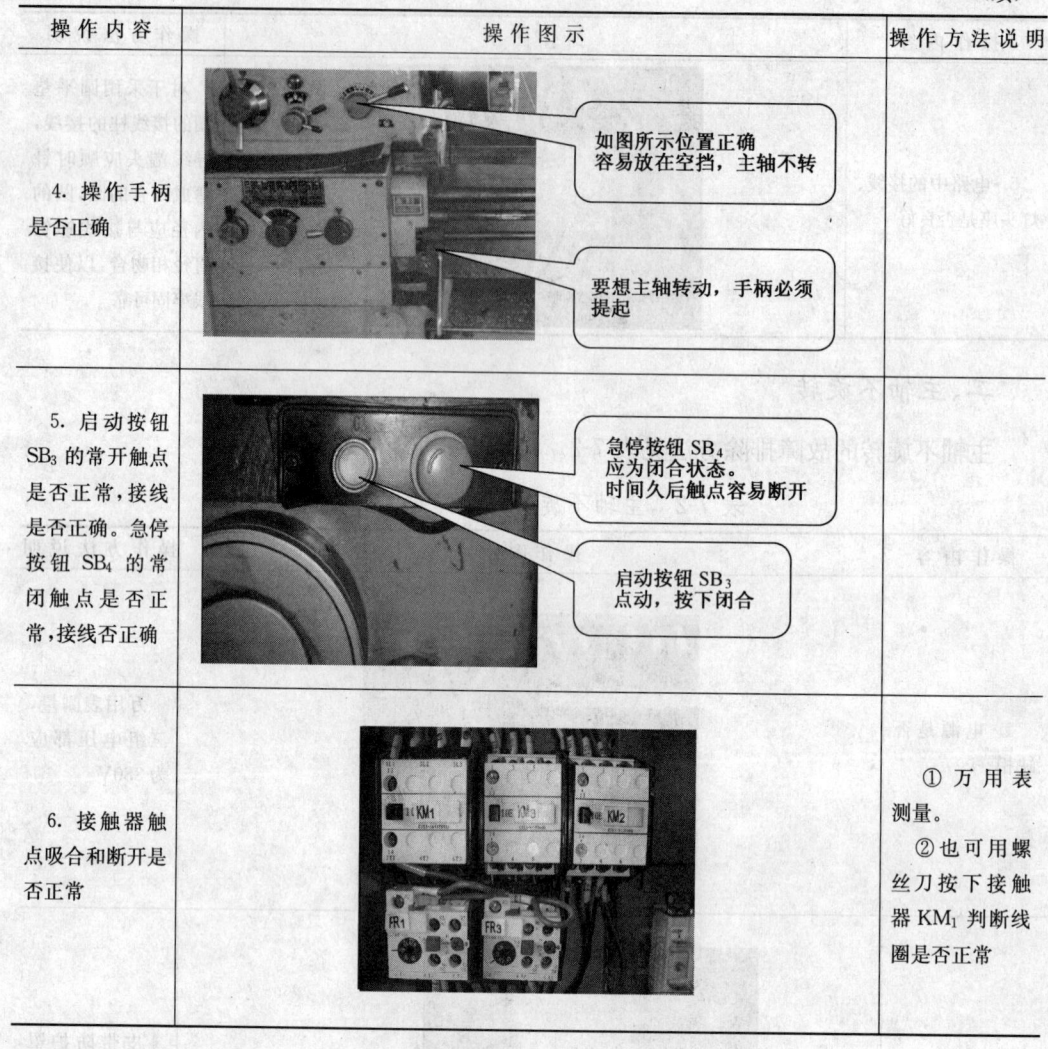

三、水泵不旋转

水泵不旋转的故障排除方法见表 7-3。

表 7-3　水泵不旋转的故障排除方法

操作内容	操作图示	操作方法说明
1. 电源是否缺相		测量 U_3、V_3、W_3 电压是否是 380V，检查接线是否良好，颜色有无变色（时间长容易使接线处烧焦）

172

(续)

操作内容	操作图示	操作方法说明
2. 旋钮 SB₂ 的常开触点是否正常,接线是否正确		无需拆外壳的按钮(LA₂ 型),需从底部拆下螺钉,拆下内有触点的底座。接线按线路测量
3. 接触器触点吸合和断开是否正常	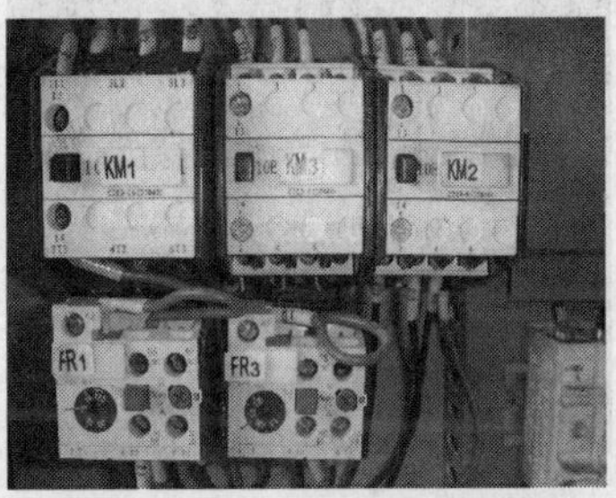	①万用表测量。②也可用螺丝刀按下接触器 KM₃ 判断线圈是否正常
4. 水泵电动机接线盒中的接线端子是否松动	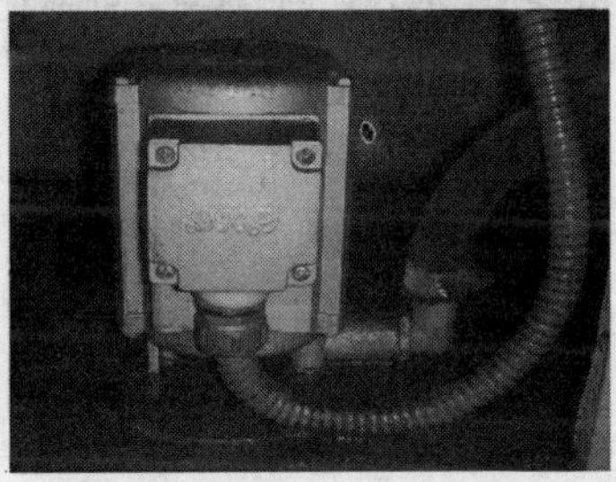	拆卸下螺丝,用万用表测量接线端

四、快速电动机不旋转

快速电动机不旋转的故障排除方法见表 7-4。

表 7-4 快速电动机不旋转的故障排除方法

操作内容	操作图示	操作方法说明
1. 电源是否缺相	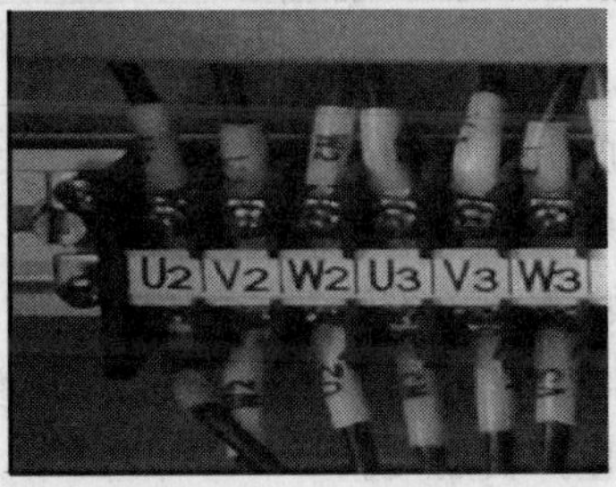	测量 U₂、V₂、W₂ 电压是否是 380V,检查接线是否良好,颜色有无变色(时间长容易使接线处烧焦)

173

(续)

操作内容	操作图示	操作方法说明
2. 按钮 SB₁ 的常开触点是否正常，接线是否正确	由于按钮经常需要按动并左右扳动，触点及接头导线经常损坏	
3. 接触器触点吸合和断开是否正常		①用万用表测量。②也可用螺丝刀按下接触器 KM₂ 判断线圈是否正常
4. 电路中的接线端子是否松动		对于采用圆平垫圈的接线柱的接线，导线端头应顺时针弯成闭合的圆，圆的内径应与接线螺钉直径相吻合，以使接线牢固可靠
5. 电动机是否正常		先不要着急拆快速电动机壳螺丝，应从启动按钮 SB₃、急停按钮 SB₄ 处拆下固定螺丝，掏出接线盒，再用万用表测量

工作提示：

①注意安全操作，这是机床电气维护的头等大事，重中之重。
②拆装过程要对准位置，不可强硬撬扳、捶压。
③拆装过程中要轻拿轻放，避免碰撞而造成的损伤。
④螺丝等细小零部件要存放好，必要时用盒子存放，以免零部件失落。
⑤拆装弹簧时要细心，防止弹簧崩飞。
⑥合理选用拆装工具。

知识链接一　普通车床的电气结构

知识点 1　普通车床的工作特点

车床主要用于加工各种回转表面,如外圆柱面、圆锥面、成形回转表面、螺纹面等。车床上使用的刀具主要是车刀,还可采用各种孔加工刀具及螺纹刀具。车床的主运动是主轴的回转运动,进给运动是刀具(或刀架)的直线移动。在一般机器制造厂中,车床的应用最为普遍,约占机床总台数的 30% 左右。以大连机床 CD6140A * 750 普通车床为例,分析其工作原理。

C—车床
D—大连机床
61—卧式车床
40—床身上最大回转直径的 1/10,单位是 mm
A—改进顺序号
750—最大工件长度

知识点 2　普通车床的线路分析

图 7-2 是 CD6140A 车床的电气原理图。该电路由三部分组成。其中从电源到三台电动机的电路称为主电路,这部分电路中通过的电流大;而由接触器、继电器等组成的电路称为控制电路,采用 380V 电源供电;第三部分是照明及指示回路,由变压器 TC 次级供电,均为 24V 安全电压。

该车床共有三台电动机,其中 M_1 为主电动机,功率为 7.5kW,通过 KM_1 控制,并具有过载保护、短路保护和零压保护装置;M_2 为快速电动机,275W 三相电动机,由接触器 KM_2 控制;M_3 为水泵电动机,功率为 150W,它受 KM_3 控制。

下面介绍电路工作原理。

1. 启动准备

合上电源总开关 QF,接通电源,变压器 TC 副边有电,则指示灯 HL_2 亮。合上 SA_1,照明灯 HL_1 点亮照明。

2. 主电动机启动

主电动机工作过程如下:在皮带罩开关 SQ_1、电柜开门断电开关 SQ_2、卡盘防护开关 SQ_3、主轴急停按钮 SB_4 均闭合的情况下,按下主轴启动按钮 SB_3,即从 7—12 接通,故 3—4—15—5—11—7—12—13—0 接通,接触器 KM_1 得电吸合,它的主触点闭合,使主电动机 M_1 启动正转,同时 KM_1 的常开辅助触点闭合实现自锁。

3. 水泵电动机启动

在主轴电动机启动后,可扭动开关 SB2,12—8 接通,使水泵电动机 M_3 启动运转。

4. 快速电动机启动

在电源开关 QF 闭合后,按下快速按钮 SB_1,7—14 接通,接触器 KM_2 得电吸合,它的主触点闭合,使快速电动机 M_2 启动,松开断电,快速电动机停止。

CD6140A 电气接线图如图 7-3 所示。

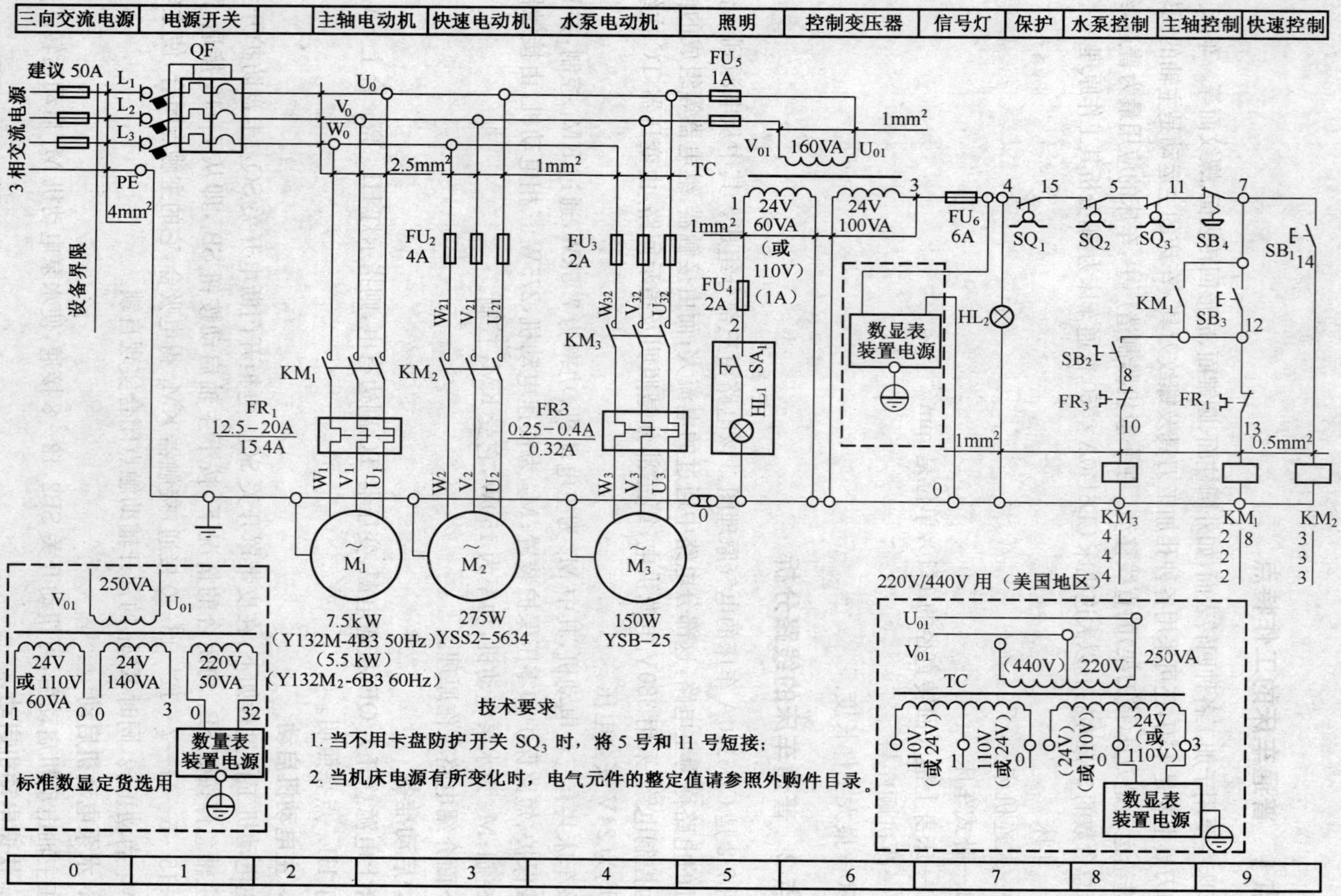

图7-2 CD6140A电气原理图

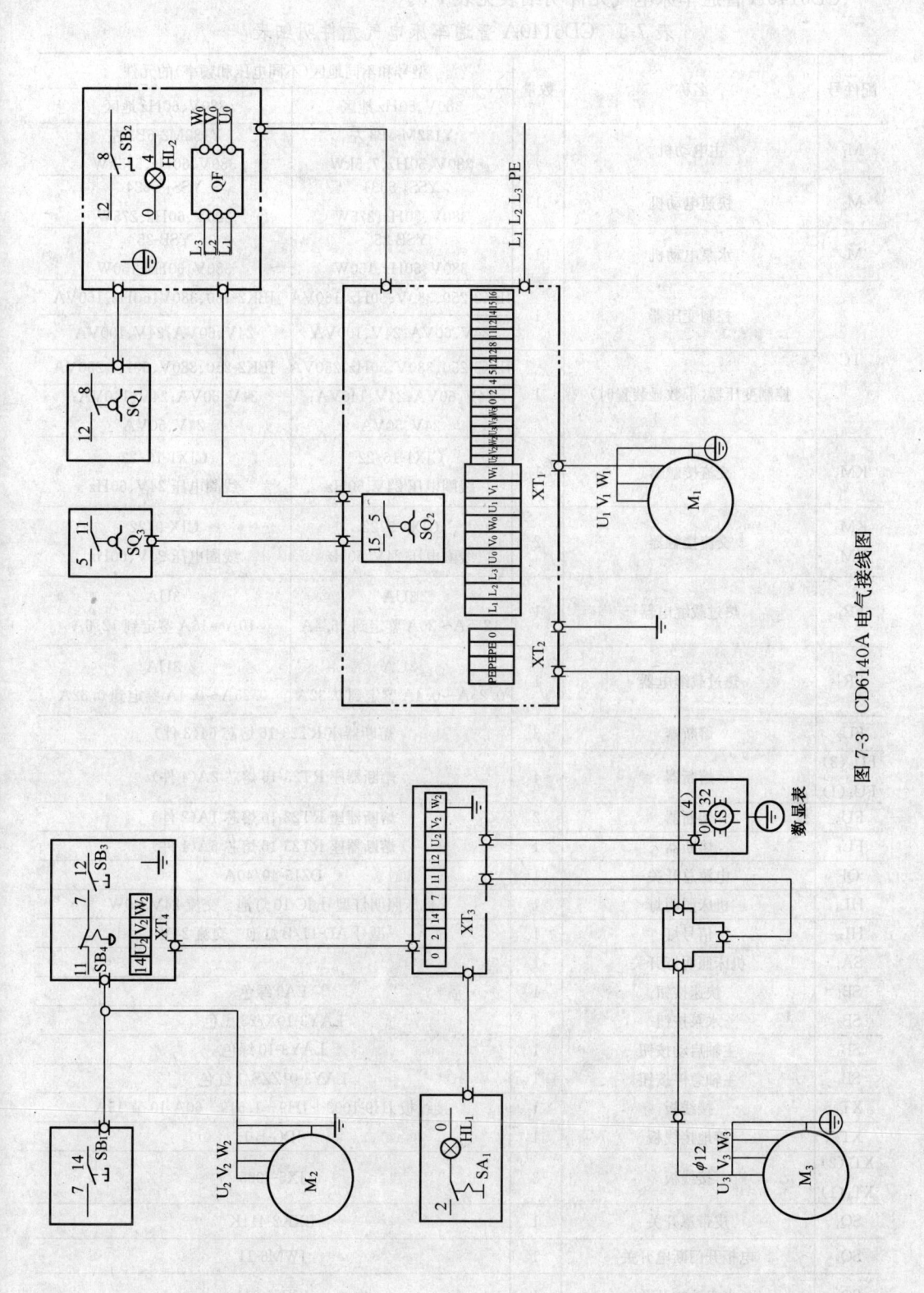

图 7-3 CD6140A 电气接线图

CD6140A 普通车床电气元件明细表见表 7-5。

表 7-5 CD6140A 普通车床电气元件明细表

配件号	名称	数量	型号和不同地区(不同电压和频率)的元件	
			380V、50Hz 地区	380V、60Hz 地区
M_1	主电动机	1	Y132M-4B3 左 380V、50Hz、7.5kW	Y132M2-6B3 左 380V、60Hz、5.5kW
M_2	快速电动机	1	YSS_2-5634 380V、50Hz、275W	YSS_2-5634 380V、60Hz、275W
M_3	水泵电动机	1	YSB-25 380V、50Hz、150W	YSB-25 380V、60Hz、150W
TC	控制变压器	1	JBK2-250、380V、50Hz、160VA 24V、60VA;24V、100VA	JBK2-160、380V、60Hz、160VA 24V、60VA;24V、100VA
	控制变压器(带数显装置时)	1	JBK2-250、380V、50Hz、250VA 24V、60VA;24V、140VA; 24V、50VA	JBK2-250、380V、60Hz、250VA 24V、60VA;24V、140VA; 24V、50VA
KM_1	交流接触器	1	CJX1-16/22 线圈电压 24V、50Hz	CJX1-16/22 线圈电压 24V、60Hz
KM_2 KM_3	交流接触器	2	CJX1-9/22 线圈电压 24V、50Hz	CJX-9/22 线圈电压 24V、60Hz
FR_1	热过载继电器	1	3UA 12.5A~20A 鉴定到 15.4A	3UA 10A~16A 鉴定到 12.6A
FR_3	热过载继电器	1	3UA 0.25A~0.4A 鉴定到 0.32A	3UA 0.25A~0.4A 鉴定到 0.32A
FU_2	熔断器	3	熔断器座 RT23-16 熔芯 64(3 件)	
$FU_3(3)$ $FU_4(1)$	熔断器	4	熔断器座 RT23-16 熔芯 2A(4 件)	
FU_5	熔断器	2	熔断器座 RT23-16 熔芯 1A(2 件)	
FU_6	熔断器	1	熔断器座 RT23-16 熔芯 6A(1 件)	
QF	电源总开关	1	DZ15-40/40A	
HL_1	机床照明灯	1	机床照明灯型号 JC-10 灯泡　交流 24V、40W	
HL_2	信号灯	1	型号 AD-11/B 灯泡　交流 24V	
SA_1	机床照明灯开关	1		
SB_1	快速按钮	1	LA9 绿色	
SB_2	水泵按钮	1	LAY3-10X/23 黑色	
SB_3	主轴启动按钮	1	LAY3-10 绿色	
SB_4	主轴急停按钮	1	LAY3-01ZZS/1 红色	
XT_1	接线板	1	接线板 JH9-1009+JH9-1.519　60A 10 节 15A	
XT_2	接地接线板	1	JDG-B-1	
$XT_3(2)$ $XT_4(1)$	接线板	3	JX5-1005	
SQ_1	皮带罩开关	1	LXK2-411K	
SQ_2	电柜开门断电开关	1	JWM6-11	
SQ_3	卡盘防护开关	1	LXK1-311	

知识点 3　普通车床的电气安装

1. 开车前的准备
用专用工具打开电箱门,检查各接线端子是否连接可靠,将松动的端子紧固,检查完毕,关好电箱门。

确定各防护罩处于正确位置。

将操作手柄处于中间位置。

2. 开机
将皮带罩侧上方操作面板上总电源开关 QF 向上扳至 ON 位置接通电源,QF 上方的白色指示灯 HL 亮。

3. 主电动机的启动及停止
按床鞍上的绿色启动按钮 SB_3,接触器 KM_1 得电吸合,主电动机 M_1 旋转。按红色急停按钮 SB_4,KM_1 失电释放,主电动机 M_1 停止旋转。

4. 水泵的启动和停止
将皮带罩侧上方操作面板上的水泵旋钮旋至 I 位置,KM_3 得电吸合,水泵 M_3 旋转,旋至 O 位置,KM_3 失电释放,水泵 M_3 停止旋转。为防止水泵电动机短路,电路中设置熔断器 FU_3,进行短路保护;另外还设置热继电器 FR_3 进行过载保护。

5. 快速电动机的启动和停止
将快速进给手柄扳到所需方向,按住快速进给手柄内的快速按钮 SB_1,KM_2 得电吸合,快速电动机旋转,即可向该方向快速移动。松开 SB_1,KM_2 失电释放,快速电动机 M_2 停止旋转,为防止快速电动机短路,电路中设置熔断器 FU_2,进行短路保护。

6. 紧急停止及解除
按下床鞍上带自锁的紧急停止按钮 SB_4,所有电动机均停止运转,机床处于紧急停止状态。按箭头的方向旋转停止按钮 SB_4,紧急停止按钮将复位,紧急停止状态解除。

注意:按下急停按钮后机床内的某些电器元件仍然带电,只有关闭总电源开关 QF,机床内除总电源开关输入端的接线端子 L_1、L_2、L_3 带电外,均不带电。

7. 机床照明
按下照明开关 SA_1,照明灯 HL_1 亮,再按一下,照明灯灭。照明电路短路保护通过熔断器 FU_4 实现。

8. 控制回路及变压器的保护
控制变压器的一次侧的短路保护由 FU_5 实现,二次侧的控制回路的短路保护由 FU_6 实现。

9. 关机
如机床停止使用,为人身和设备安全需断开总电源开关 QF。

10. 车床电气系统的预防性检查
为保障人身和设备的安全,该设备的电气部分每年应检查一次,并做好检测记录,如发现问题应立即采取措施。

11. 绝缘电阻的测量
用 500V 兆欧表对主回路和控制回路进行测量,其绝缘电阻应大于 $1M\Omega$。

12. 接地保护的检查

本机床的各个电动机,皮带罩侧上方操作面板、按钮板、接线板都采用了接地保护,检查时应检查各接地线是否连续,接地螺钉必须牢固。

任务二　Z3040摇臂钻床控制线路的基本维护

一、主轴电动机不能启动

主轴电动机不能启动的故障排除方法见表7-6。

表7-6　主轴电动机不能启动的故障排除方法

操作内容	操作图示	操作方法说明
1. 首先应判断故障发生在主电路还是控制电路中		可在按总启动按钮SB_2时,注意能否听到中间继电器KA_1的吸合声; 若有吸合声,说明主电路的三相电源、控制线路电源基本正常; 如果听不到KA_1的吸合声,可根据电源指示灯HL_1或照明灯EL_1来判断电源是否正常
2. 再按主轴启动按钮SB_4,听是否有接触器KM_1的吸合声		若有吸合声,说明主轴电动机的启动控制线路也是正常的,故障发生在从KM_1主触头到电动机M_1之间的线路上。常见的故障原因是KM_1主触头接触不良,M_1绕组断线、接线松动脱落等
3. 若指示灯和照明灯都不亮	照明　　　指示灯	说明电源部分有问题,应检查自动开关QF_1、QF_2是否掉闸,触头是否接触不良等

(续)

操作内容	操作图示	操作方法说明
4. 若照明灯亮,指示灯不亮		说明主电路电源线路是好的,应检查控制变压器 TC_1 是否完好,可用万用表测量 TC_1 原边、副边绕组电压是否正常来判断故障来源。常见故障是 TC_1 绕组断线或烧坏等
5. 若测得副边电压正常		说明故障发生在中间继电器 KA_1 线圈的控制线路上,应检查按钮 SB_1、SB_2 是否接触不良,自动开关 QF_3 是否掉闸,或其触点是否接触不良,KA_1 线圈是否断线或接线松脱等
6. 若 KA_1 吸合正常,而 KM_1 不能吸合		说明故障出在 KM_1 的控制线路中,常见的故障原因有:热继电器 FR_1 常闭触点(2—4)接触不良,FR_1 因过载而脱扣,或因整定电流过小而动作,按钮 SB_3、SB_4 接触不良,KM_1 线圈断线等

二、按下主轴启动按钮后,主轴电动机不能启动,可听到显著的"嗡嗡"声

这是主轴电动机缺相通电造成的,故障排除方法见表 7-7。

表 7-7 主轴电动机"嗡嗡"响而不能启动的故障排除方法

操作内容	操作图示	操作方法说明
1. 接触器 KM_1 主触头中有一个接触不良		依次扭紧,注意螺丝刀要垂直于接触器,不要倾斜,防止碰断接触器间隔片

181

(续)

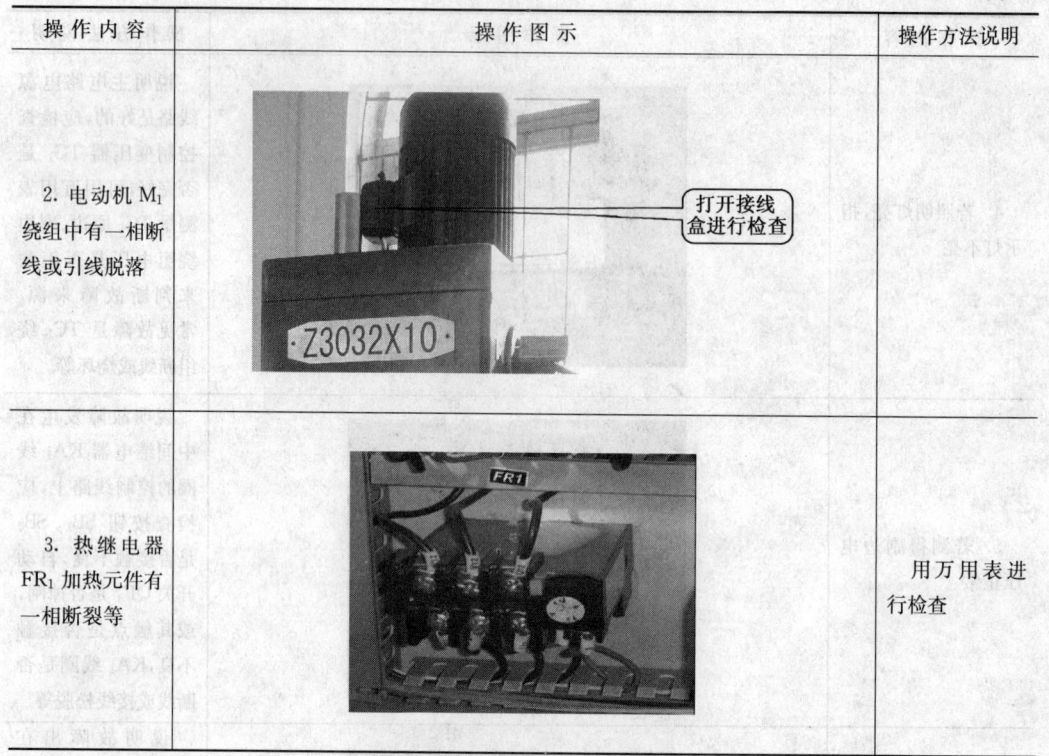

操作内容	操作图示	操作方法说明
2. 电动机 M_1 绕组中有一相断线或引线脱落	打开接线盒进行检查	
3. 热继电器 FR_1 加热元件有一相断裂等		用万用表进行检查

三、摇臂不能升、降

由摇臂上升、下降的动作过程可知：升降电动机 M_2 正转，带动摇臂上升；M_2 反转，带动摇臂下降。而 M_2 的正、反转是由接触器 KM_2、KM_3 控制的。摇臂不能升、降的故障排除方法见表 7-8。

表 7-8　摇臂不能升、降的故障排除方法

操作内容	操作图示	操作方法说明
1. 摇臂没有松开		摇臂的松开、夹紧和主轴箱、立柱的松开、夹紧都是通过控制液压泵电动机 M_3 的正、反转来实现的，检修时，首先应检查一下主轴箱、立柱的松开动作是否正常。如果正常，说明接触器 KM_4、液压泵电动机 M_3 是好的，故障发生在摇臂松开的专用控制电路上。如时间继电器 KT_1 线圈是否断线，常开触头(33—35)在闭合时是否接触良好，限位开关 SQ_1 常闭触头 SQ_{1-1}（15—17）、SQ_{1-2}（27—17）、SQ_2 常闭触头 SQ_{2-2}（17—33）、时间继电器 KT_1 常闭触头（35—37）等是否接触不良

182

(续)

操作内容	操作图示	操作方法说明
2. 限位开关 SQ₂ 动作不正常		这是导致摇臂不能升降的最常见的故障。如 SQ₂ 的安装位置移动，就会使摇臂松开后，活塞杆压不到 SQ₂，摇臂不能升降。有时，液压系统发生故障，使摇臂放松不够，也会压不上 SQ₂，造成摇臂不能升降。SQ₂ 的位置应配合机械、液压调整好后紧固
3. 升降电动机电源相序故障		升降电动机电源相序接反，使得按上升或下降按钮时，摇臂非但不放松，反而夹紧，SQ₂ 不能动作，摇臂也就不能升降
4. 升降电动机 M₂ 本身出故障		如定子绕组线圈断线、接线松脱等
5. 其他	至于接触器 KM₂、KM₃ 同时出故障的几率是很少的，但在前面几方面的原因都排除之后，对 KM₂、KM₃ 及其控制线路进行仔细检查则是必不可少的	

四、摇臂上升正常，但不能下降

摇臂的上升、下降分别由上升按钮 SB₅ 和接触器 KM₂、下降按钮 SB₆ 和接触器 KM₃ 进行控制。摇臂上升正常，不能下降，说明上升控制电路和公共电路是好的，故障出在下降的专用控制电路上。常见的故障排除方法见表 7-9。

183

表 7-9 摇臂上升正常,但不能下降的故障排除方法

操作内容	操作图示	操作方法说明
1. 接触器 KM₃ 线圈断线或其主触头接触不良等		测量,替换
2. 下降按钮 SB₆ 的常开触头 SB₆₋₁（7—27）、KM₂ 的常闭触头（29—31）、SB₅ 的常闭触头、限位开关 SQ₁ 的常闭触头 SQ₁₋₂（27—17）等接触不良		在切断电源的情况下,利用万用表的电阻挡进行检测,从而迅速确定故障点

知识链接二　Z3040 摇臂钻床的工作特点及线路分析

图 7-3 为 Z3040 系列摇臂钻床电气控制原理图。

知识点 1　电气控制线路特点

Z3040 系列摇臂钻床是经过系列更新的产品,采用四台电动机拖动:主电动机 M_1、摇臂升降电动机 M_2、液压泵电动机 M_3 和冷却泵电动机 M_4。其控制特点如下:

①主轴电动机担负主轴的旋转运动和进给运动,受接触器控制,只能单方向旋转。主轴的正/反转、制动停车、空挡、主轴变速和变速系统的润滑,都是通过操纵机构液压系统实现的。这个系统的压力油由主电动机拖动齿轮泵获得,通过操纵手柄改变操纵阀内的相互位置,使压力油作不同的分配来得到不同的动作。热继电器 FR_1 作 M_1 的过载保护。

②摇臂升降电动机 M_2 由接触器 KM_2、KM_3 实现正、反转控制。摇臂的升降由 M_2 拖动,摇臂的松开、夹紧则通过夹紧机构液压系统来实现(电气—液压配合实现摇臂升降与放松、夹紧的自动循环)。因 M_2 为短时工作,故不设过载保护。

③液压泵电动机 M_3 受接触器 KM_4 和 KM_5 控制,M_3 的主要作用是供给夹紧装置压力油,实现摇臂的松开与夹紧,立柱和主轴箱的松开与夹紧。热继电器 FR_2 为 M_2 的过载保护电器。

④冷却泵电动机 M_4 功率很小,由组合开关 QS_1 直接控制其起停,不设过载保护。

⑤主电路、控制线路、信号(指示)灯线路、照明线路的电源引入开关分别采用自动开

关 DF_1—QF_5，自动开关中的电磁脱扣器作为短路保护电器取代了熔断器，并具有零压保护和欠压保护作用。

⑥摇臂升降与其夹紧机构动作之间插入时间继电器 KT_1，使得摇臂升降完成。升降电动机电源切断后，需延时一段时间，才能使摇臂夹紧，避免了因升降机构惯性造成间隙，再次启动摇臂升降时产生的抖动。

⑦本机床立柱顶上没有汇流环装置，消除了因汇流环接触不良带来的故障。

⑧设置了明显的指示装置，如主轴箱、立柱松开指示、夹紧指示、主轴电动机旋转指示等。

知识点2　电路工作原理(图7-4)

在开车之前，首先将自动开关 QF_2—QF_5 接通，同时将配电盘上面的电门盖好并锁上。然后将自动开关 QF_1 扳到"接通"位置，引入三相交流电源。总电源指示灯点亮，表示机床电气线路已进入带电状态。按下总启动按钮 SB_2，中间继电器线圈 KA_1 得电并自锁，为主轴电动机以及其他电动机的启动做好准备。

1. 主轴旋转的控制

主轴的旋转运动由主轴电动机 M_1 拖动，M_1 由主轴启动按钮 SB_4、停止按钮 SB_3、接触器 KM_1 实现单方向启动、停止控制。指示灯 HL_4 作为主轴电动机旋转指示，在 M_1 启动时，HL_4 亮，表示主轴电动机旋转。

主轴的启动、停车、正/反转、空挡、主轴变速和进给变速、空挡等，都要通过操纵机构液压系统的操作手柄来控制。操作手柄有五个空间位置，分别对应空挡、变速、正转、反转停车。在主轴电动机已启动运转的情况下，将操作手柄扳到所需位置，就可满足其工作状态要求。

主轴启动时，先按下主轴电动机启动按钮 SB_4，再扳动操作手柄至所需转向位置，主轴立即旋转。

主轴空挡时，将操作手柄扳至空挡位，即可轻便地用手转动主轴。

主轴变速及进给变速时，先将主轴转速或主轴进给量调到所需数值，再将操作手柄扳到变速位，直到主轴开始转动才松手，操作手柄自动复位，主轴转速及主轴进给量变换完毕。

主轴停车时，将操作手柄扳到停车位，由液压系统控制使主轴制动停车。

必须指出，主轴的正、反转运动是液压系统和正、反转摩擦离合器配合，共同实现的。

2. 摇臂升降的控制

摇臂的上升、下降分别由按钮 SB_5、SB_6 点动控制。以摇臂上升为例：按下上升按钮 SB_5 时间继电器 KT_1 得电吸合，KT_1 的常开触点(33—35)闭合，接触器 KM_4 得电吸合，液压泵电动机 M_3 启动供给压力油，压力油经分配阀体进入摇臂松开油腔，推动活塞使摇臂松开。与此同时，活塞杆通过弹簧片压动限位开关 SQ_2，其常闭触点 SQ_{2-2} 断开，接触器 KM_4 线圈断电释放，液压泵电动机 M_3 停止运转。SQ_2 的常开触点 SQ_{2-1} 闭合，使接触器 KM_2 的线圈通电，其主触点接通摇臂升降电动机 M_2 的电源，M_2 启动正向旋转，带动摇臂上升。如果摇臂没有松开，SQ_2 的常开触点 SQ_{2-1} 就不能闭合，KM_2 就不能通电，M_2 不能旋转，保证了只有在摇臂可靠松开后才能使摇臂上升。

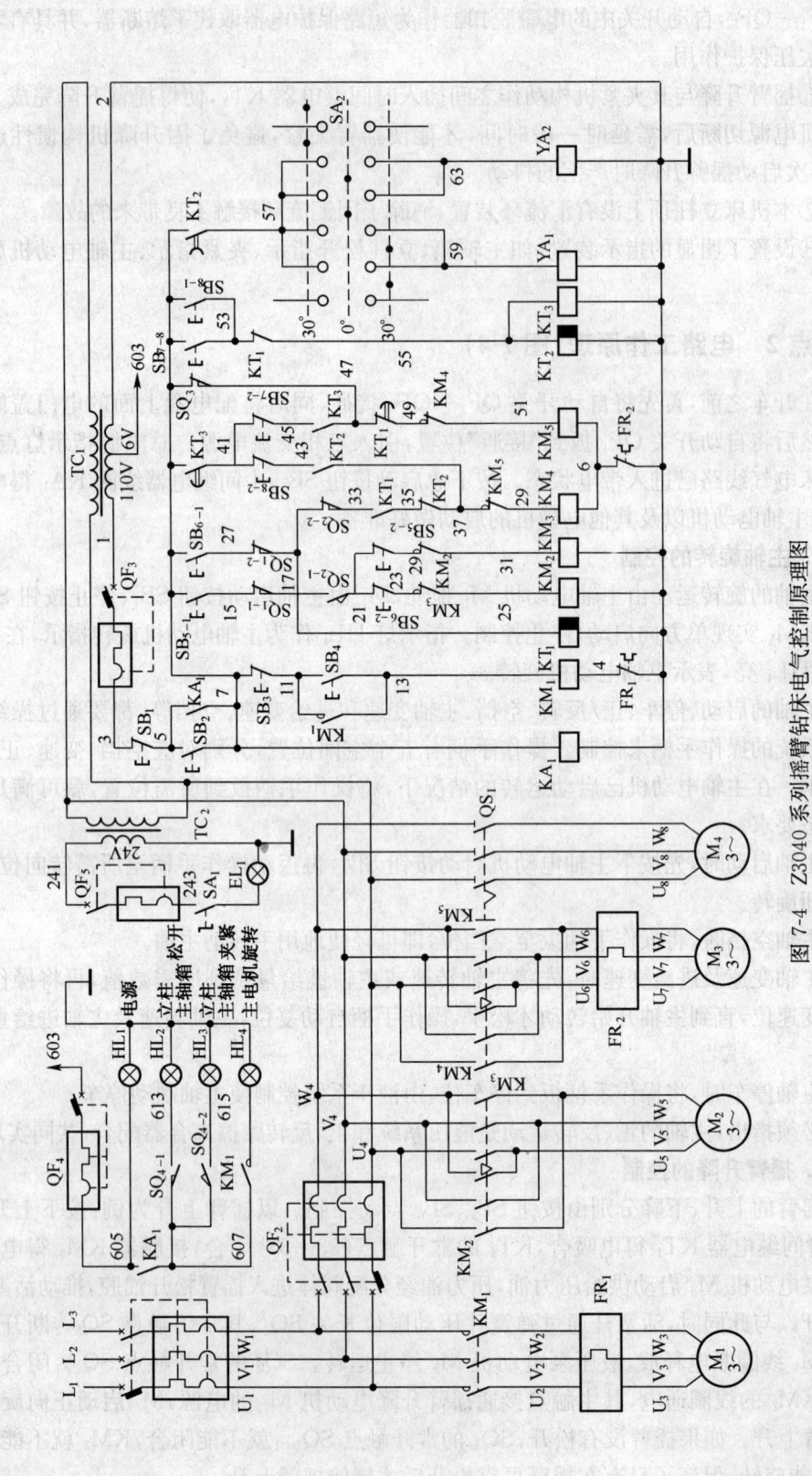

图 7-4 Z3040 系列摇臂钻床电气控制原理图

当摇臂上升到所需位置时,松开按钮 SB_5,接触器 KM_2 和时间继电器 KT_1 的线圈同时断电,摇臂升降电动机 M_2 断电停止,摇臂停止上升。当持续 1s～3s 后,KT_1 的延时闭合的常闭触点(47—49)闭合,接触器 KM_5 的线圈经 1—3—5—7—47—49—51—6—2 线路通电吸合,液压泵电动机 M_3 反向启动旋转,压力油经分配阀进入摇臂的夹紧油腔,反方向推动活塞,使摇臂夹紧。同时,活塞杆通过弹簧片使限位开关 SQ_3 的常闭触点(7—47)断开,接触器 KM_5 断电释放,液压泵电动机 M_3 停止旋转,完成了摇臂的松开—上升—夹紧动作。

摇臂的下降过程与上升过程基本相同,它们的夹紧和放松电路完全一样。所不同的是按下下降按钮 SB_6 时为接触器 KM_3 线圈通电,摇臂升降电动机 M_2 反转,带动摇臂下降。时间继电器 KT_1 的作用是控制 KM_5 的吸合时间,使 M_2 停止运转后,再夹紧摇臂。KT_1 的延时时间应视摇臂在 M_2 断电至停转前的惯性大小调整,应保证摇臂停止上升(或下降)后才进行夹紧,一般调整在 1s～3s。

行程开关 SQ_1 担负摇臂上升或下降的极限位置保护。SQ_1 有两对常闭触点,SQ_{1-1} 触点(15—7)是摇臂上升时的极限位置保护,SQ_{1-2} 触点(27—17)是摇臂下降时的极限位置保护。SQ_1 两对触头应调整在同时接通位置,当保护动作时,则是一对接通,另一对断开。

行程开关 SQ_3 的常闭触点(7—47)在摇臂可靠夹紧后断开。如果液压夹紧机构出现故障,或 SQ_3 调整不当,将使液压泵电动机 M_3 过载。为此,采用热继电器 FR_2 进行过载保护。

3. 立柱和主轴箱的松开、夹紧控制

立柱与主轴箱的松开及夹紧控制既可单独进行,也可同时进行,由转换开关 SA_2 和复合按钮 SB_7(或 SB_8)进行控制。转换开关有三个位置:在中间位置(零位)时,立柱和主轴箱的松开或夹紧同时进行;扳到左边位置时,为立柱的夹紧或放松;扳到右边位置时,为主轴箱的夹紧或放松。复合按钮 SB_7、SB_8 分别为松开和夹紧控制按钮。

任务三　磨床控制线路的基本维护

M7130 卧轴矩台平面磨床适用于加工各种零件的平面。

主运动是由一台砂轮电动机带动砂轮的旋转而实现的;砂轮架由一台交流电动机带动。使砂轮在垂直方向做快速移动;砂轮在垂直方向上可进行手动进给和液压自动进给。工件的纵向和横向进给运动由工作台的纵向往复运动和横向移动实现。工件的夹紧采用电磁吸盘。

冷却液由一台冷却泵电动机带动冷却泵供给。液压系统的压力油由一台交流电动机带动液压泵提供。

下面介绍常见电气故障与维修。

一、所有电动机均不能启动

对该故障应该从两方面入手:首先检查主电源部分,然后检查控制回路部分。该故障排除方法见表 7-10。

表 7-10 所有电动机均不能启动的故障排除方法

操作内容	操作图示	操作方法说明
1. 先检查电网进入自动开关 QS 前、后的三相电源电压是否正常		380V 正常：判断 QS 良好。 380V 不正常：判断 QS 触点接触不良或损坏。 排除：替换
2. 控制回路部分的检查		对控制回路部分的检查首先应该查控制变压器 TC_1 输入、输出端电压是否正常，然后检查保险丝 FU_1、FU_2、FU_3 是否完好，接触是否可靠
3. 检查自动开关		最后检查自动开关 QF_1、QF_2、欠电流继电器 JL_1 中是否有误动作或保护启动等，其触电是否有损坏或接触不良等

二、砂轮电动机 M_1 和冷却泵电动机 M_2 均不能启动

此故障排除方法见表 7-11。

表 7-11 砂轮电动机 M_1 和冷却泵电动机 M_2 均不能启动的故障排除方法

操作内容	操作图示	操作方法说明
1. 自动开关 QF_1 是否完好		① 看是否跳闸。 ② 用万用表检查

(续)

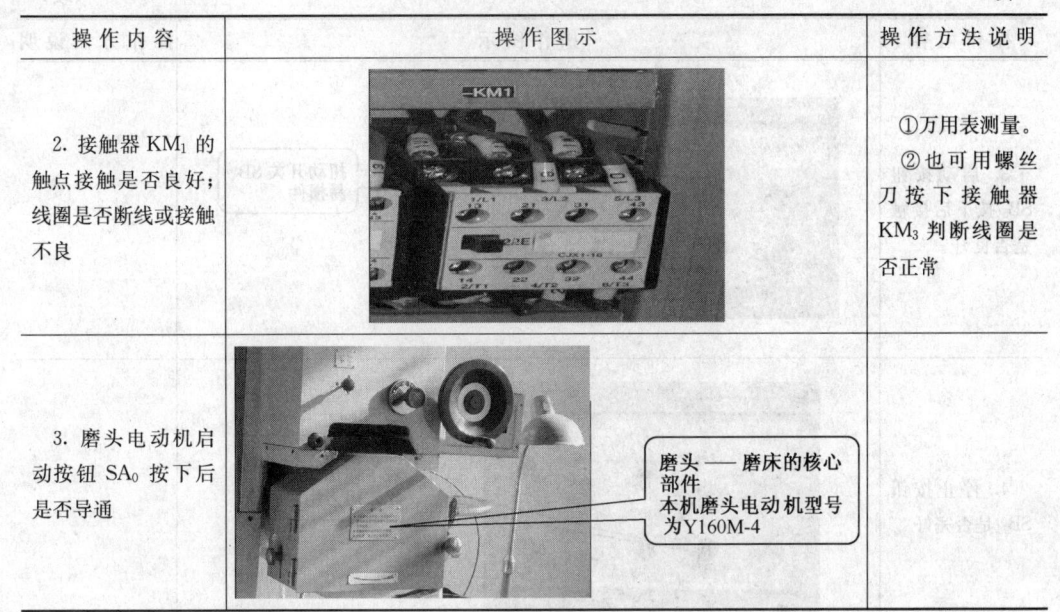

操作内容	操作图示	操作方法说明
2. 接触器 KM$_1$ 的触点接触是否良好；线圈是否断线或接触不良		①万用表测量。②也可用螺丝刀按下接触器 KM$_3$ 判断线圈是否正常
3. 磨头电动机启动按钮 SA$_0$ 按下后是否导通	磨头——磨床的核心部件 本机磨头电动机型号为 Y160M-4	

三、液压泵电动机 M$_3$ 不能启动

此故障排除方法见表 7-12。

表 7-12 液压泵电动机 M$_3$ 不能启动的故障排除方法

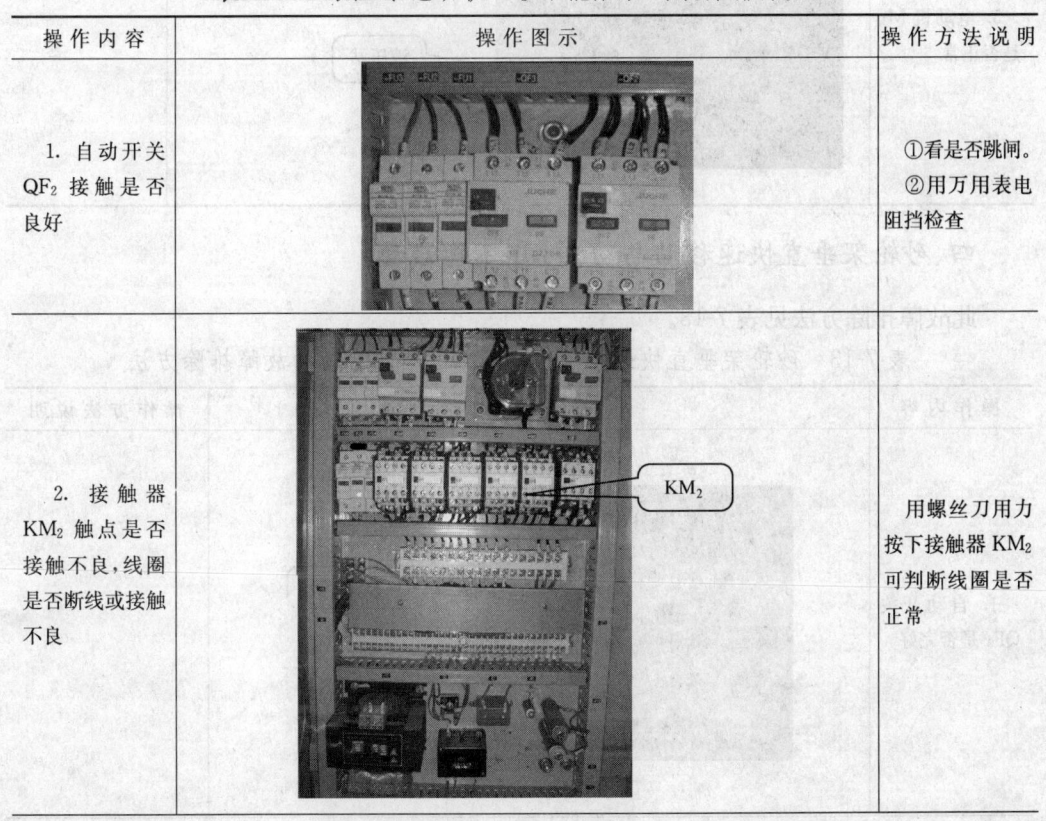

操作内容	操作图示	操作方法说明
1. 自动开关 QF$_2$ 接触是否良好		①看是否跳闸。②用万用表电阻挡检查
2. 接触器 KM$_2$ 触点是否接触不良，线圈是否断线或接触不良	KM$_2$	用螺丝刀用力按下接触器 KM$_2$ 可判断线圈是否正常

(续)

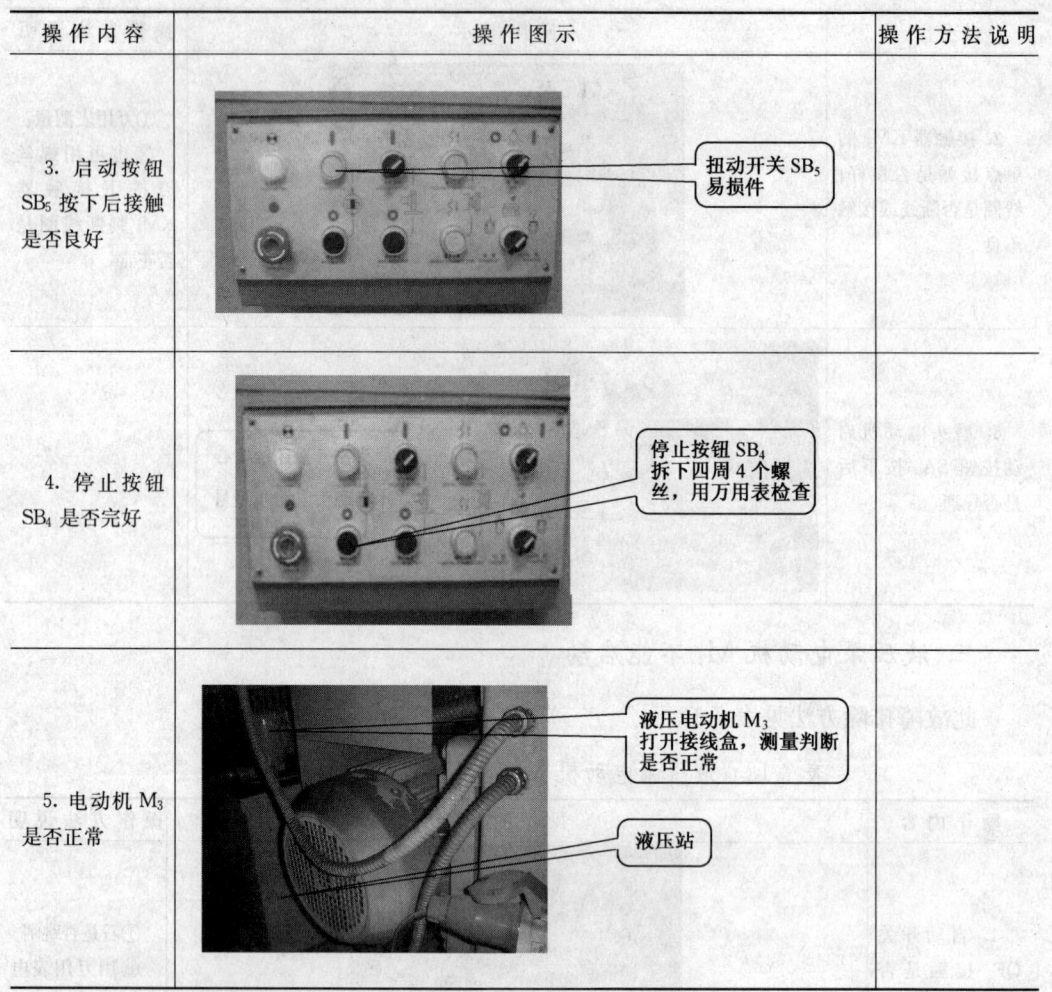

操作内容	操作图示	操作方法说明
3. 启动按钮 SB₅ 按下后接触是否良好	扭动开关 SB₅ 易损件	
4. 停止按钮 SB₄ 是否完好	停止按钮 SB₄ 拆下四周 4 个螺丝，用万用表检查	
5. 电动机 M₃ 是否正常	液压电动机 M₃ 打开接线盒，测量判断是否正常；液压站	

四、砂轮架垂直快速移动电动机 M₄ 不能启动

此故障排除方法见表 7-13。

表 7-13 砂轮架垂直快速移动电动机 M₄ 不能启动的故障排除方法

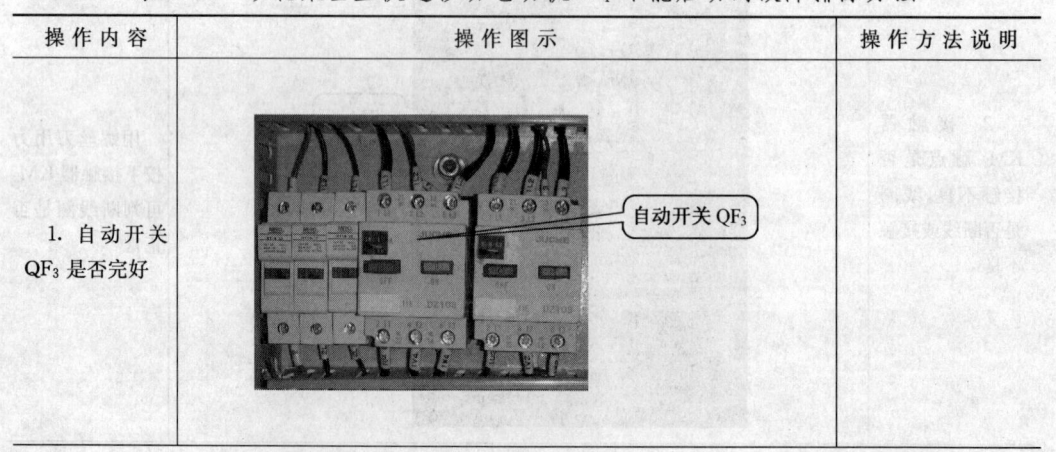

操作内容	操作图示	操作方法说明
1. 自动开关 QF₃ 是否完好	自动开关 QF₃	

（续）

操作内容	操作图示	操作方法说明
2. 接触器 KM$_3$、KM$_4$		① 接触器 KM$_3$、KM$_4$ 触点接触是否良好,线圈是否断线或接触不良。 ② 接线处是否良好。 ③ 用万用表测量电压判断较好。 ④ 按图纸上的标号查找较快捷
3. 自动升降开关 SQ$_1$ 是否接触不良	SQ$_1$	
4. 按钮开关 SB$_6$、SB$_7$ 触点接触是否良好	SB$_5$　SB$_6$	

五、电磁盘 YH$_1$ 无吸力

此故障排除方法见表 7-14。

表 7-14　电磁盘 YH$_1$ 无吸力故障排除方法

操作内容	操作图示	操作方法说明
1. 若无输出		先检查 127V 输出是否正常,检查熔断器 FU$_4$ 是否完好。再检查 VC 输出端是否有电压输出,若无输出,可说明 VC 损坏

(续)

操作内容	操作图示	操作方法说明
2. 若有直流 110V 输出		先检查 FU$_6$ 是否正常,再检查转换开关 SA$_1$、接触器 KM$_5$、KM$_6$ 触点是否接触不良或损坏;欠电流继电器 JL$_1$ 线圈是否断路;电磁吸盘 YH$_1$ 是否接触不良或损坏
3. 电磁盘吸力不足	电磁盘	将转换开关 SA$_1$ 置于"停"位置,用万用表检查 VC 空载输出电压,如低于 120V 则说明由于 VC 输出电压太低造成吸力不足。 若 VC 空载输出在 130V 左右,则直流输出正常,应检查转换开关 SA$_1$ 触点是否接触不良;电磁吸盘内部线圈是否接触不良或存在局部短路

知识链接三　磨床的工作特点及线路分析

M7130 平面磨床电气主线路如图 7-5 所示,电气控制线路如图 7-6 所示,电气线路互联图如图 7-7 所示。

知识点 1　电路的组成

包括主电路、交流控制电路、直流控制电路和照明电路四部分。

1. 主电路的组成

①砂轮主轴润滑电动机电路。　　　⑤冷却泵电动机电路。
②油泵电动机电路。　　　　　　　⑥头架电动机调速器电路。
③磨顶尖电动机电路。　　　　　　⑦拖板电动机调速器电路。
④砂轮电动机电路。

2. 交流控制电路的组成

①砂轮主轴润滑电动机控制电路。　⑤冷却泵电动机控制电路。
②油泵电动机控制电路。　　　　　⑥头架电动机调速器控制电路。
③磨顶尖电动机控制电路。　　　　⑦拖板电动机调速器控制电路。
④砂轮电动机控制电路。

3. 直流控制电路的组成

①拖板、大海轮架及其他部分的控制。　③拖板电动机晶闸管调整电路。
②头架电动机晶闸管调整电路。

4. 照明电路的组成

工作灯和信号灯控制电路。

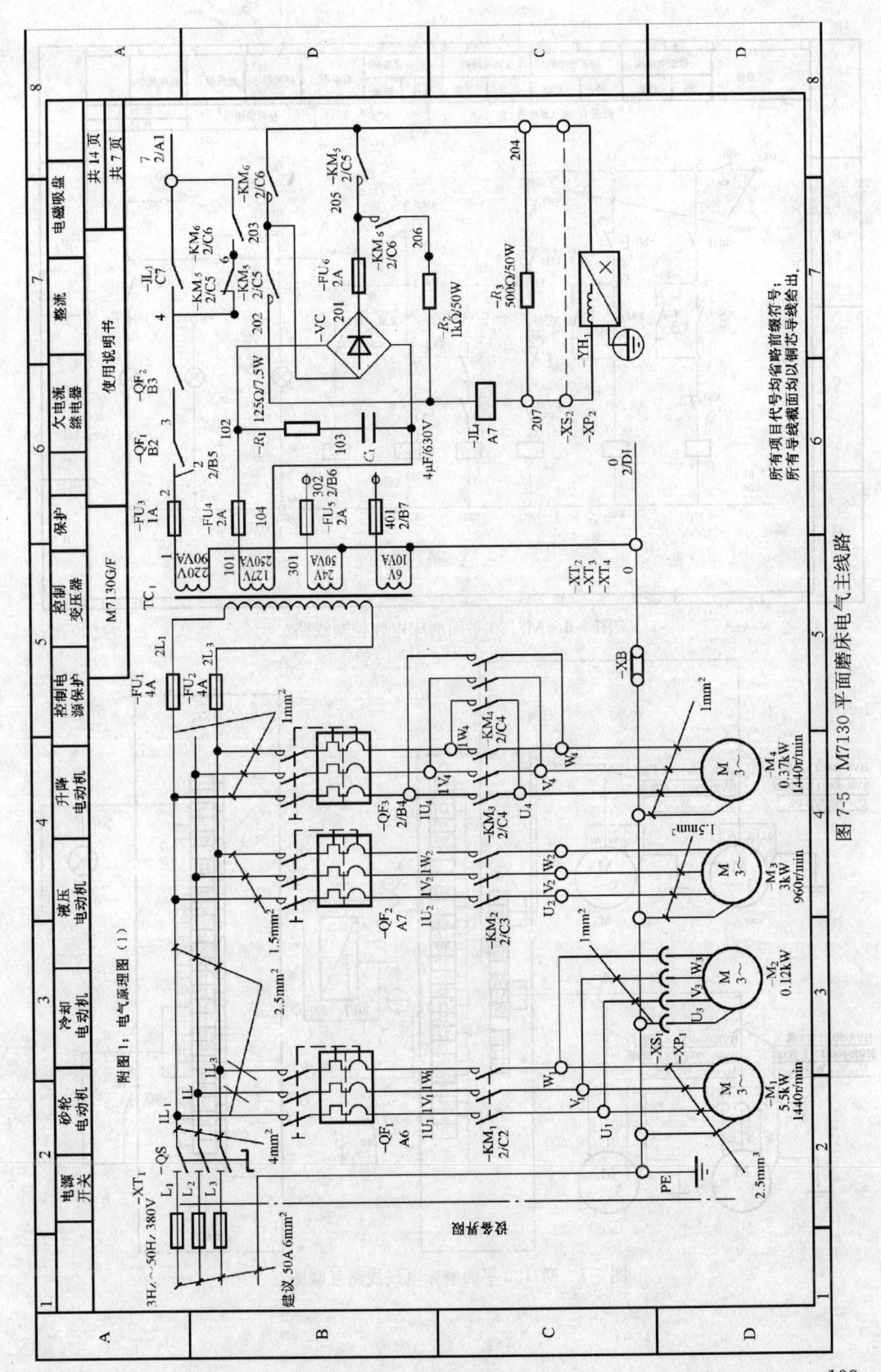

图 7-5 M7130 平面磨床电气主线路

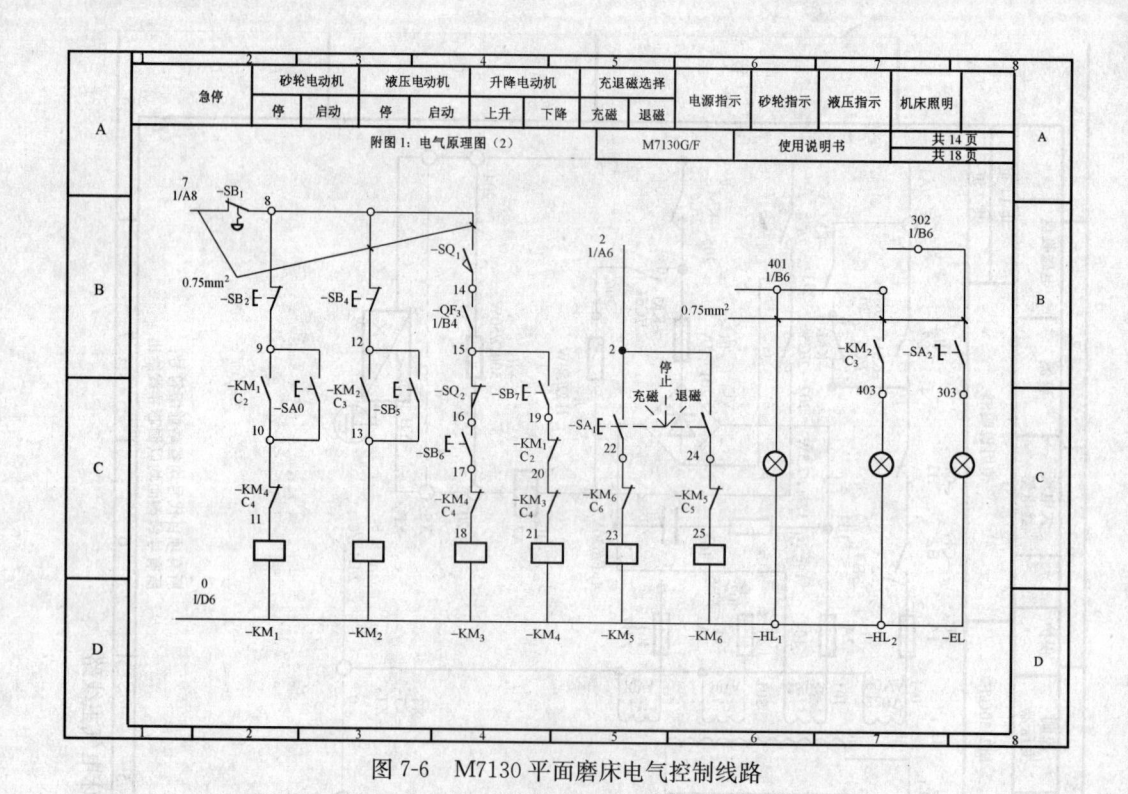

图 7-6　M7130 平面磨床电气控制线路

图 7-7　M7130 平面磨床电气线路互联图

194

知识点 2　控制原理

合上电源开关 QS,电磁盘转换开关 SA_1 扳向"接通"位置。

1. 砂轮电动机的启动、停止

启动:按下 SA_0 启动按钮,接触器 KM_1 吸合。电流通路:8—SB2—9—10—11—KM_1—0。KM_1 吸合后通过 9—辅助触点—10 电路自锁,主触点闭合,砂轮电动机 M_1 和冷却泵电动机 M_2 同时启动运转。

停止:按下停止按钮 SB_2,KM_1 断电释放,砂轮电动机和冷却泵电动机同时停止运转。砂轮电动机和冷却泵电动机的过热过载保护由自动开关 QF_1 担任,当电动机因故障发热时,QF_1 自动跳闸,电动机停止运转。

2. 液压泵电动机 M_3 的启动、停止

启动:按下 SB_4,接触器 KM_2 得电吸合。电流路径:8—SB4—12—SB5—13—KM_2 线圈—0。KM_2 吸合后,通过 12—KM_2 C_3—13 电路自锁。KM_2 吸合后主触点闭合,液压泵电动机 M_3 启动运转。

停止:按停止按钮 SB_4,KM_2 断电释放,液压泵电动机停止运转。

3. 砂轮架垂直快速移动电动机启动、换向、停止、限位

向上移动:按下 SB_6,接触器 KM_3 得电吸合。电流路径:8—SQ_1—14—QF_3—15—SQ_2—16—SB_6—17—KM_4—18—KM_3 线圈—0。KM_3 吸合后主触点闭合,砂轮架电动机 M_4 转动,砂轮架快速向上移动。当放开 SB_6 时,KM_3 失电释放,M_4 停止运转,砂轮架停止移动。向下移动:按下 SB_7,接触器 KM_4 得电吸合。电流路径:15—SB7—19—KM_1—20—KM_3—21—KM_4 线圈—0。KM_4 吸合后,主触点闭合,砂轮架电动机 M_4 反向转动,砂轮架快速向下移动。当放开 SB_7 时,KM_4 断电释放,电动机 M_4 停止转动,砂轮架停止移动。

限位:当砂轮架向上运动达到顶端位置时,限位开关 SQ_2 被顶开,接触器 KM_3 断电释放,砂轮架电动机停止运转,砂轮架停止向上移动。

4. 电磁盘控制电路

该机床电磁盘励磁是用变压器 TC_1 和整流桥 VC 来提供电磁盘所需的直流电。电阻 R_1、电容 C_1 的作用是吸收浪涌电流。电阻 R_3 的作用是:当手柄置于停止位置时,避免断电时因线圈自感所产生的过电压损坏线圈绝缘。

励磁:将转换开关 SA_1 置于"接通"位置,按下按钮开关 SB_6,KM_5 吸合,电磁盘 YH_1 得电励磁。同时,欠流继电器 JL_1 得电,常开触点闭合,常闭触点断开。

电磁盘欠磁保护:JL_1、KM_5、KM_6 组成了电磁盘欠磁保护电路。当线路电压正常时,JL_1 得电后 C_7 闭合,主控制电路得电,砂轮、冷却泵和液压泵电动机均能启动。当线路电压因故下降,使流过欠电流继电器的电流相应下降,电磁盘的电磁力也随着下降。当降低到调定值以下时 JL_1 复位。其常开触点 C_7 打开,主控制电路失电,使砂轮、冷却泵及液压泵电动机停止运转,液压自动进给停止,从而保证了操作安全。

退磁:工件磨好后,将吸盘转换开关 SA_1 置于"退磁"位置,KM_6 得电吸合,电磁吸盘 YH_1 通过 KM_6 触点、整流桥 VC、电阻 R_2 及 R_1 放电,实现退磁。

知识点 3　M7130 卧轴矩台平面磨床的电气安装与维护

1. 机床的工作环境

机床安装处的环境温度不得高于 40℃，最低温度不得低于 +5℃，24 小时内的平均温度不得超过 +35℃。

机床必须安装在海拔 2000m 以下。

机床工作环境的空气中不得含有灰尘、酸盐和腐蚀性气体。

电气设备工作温度处在 20℃ 以下时，环境相对湿度允许达到 90%。

当机床最高工作温度处在 40℃ 时，相对湿度不得超过 50%。机床电器的防护等级为 IP54，电气系统的总容量可参看电气箱门上的电气数据铭牌。

2. 机床的电气系统

本机床采用三相四线制电源供电，线电压为 380V，频率为 50Hz，进线为 L_1、L_2、L_3 三根线和 PE 接地线。设备使用前请将机床电气箱中的接地母线与工厂的接地系统用不小于 $6mm^2$ 的多股铜芯线可靠连接，以防机床漏电，确保安全。若工厂所在电网的电压波动超过 10%，频率低于 49Hz，或高于 51Hz，用户必须外加稳压、稳频装置。本机床具有砂轮电动机 M_1、液压电动机 M_3、升降电动机 M_4 和冷却泵电动机 M_2 共 4 台电动机。

3. 电气系统的操作说明

①妥善连接电源进线和接地线，电源进线由右侧的电源进线孔引入，并直接连接到接线板 XT_1 的 L_1、L_2、L_3、N 端头上，接地线连接到电气箱内的接地母线上。

②在接通电源之前，应将所有插头对号插好，然后合上电气箱上的电源开关 QS_1，按钮板上的电源指示 HL_1 亮，此时表示电源已接通，机床的电气系统已可以操作。

注意：磨削加工时，在启动砂轮电动机 M_1、液压电动机 M_3 之前，首先必须操作充退磁选择旋钮开关 SA_1，使之处于充磁位置(这步操作是通常情况使用电磁吸盘吸持工件，进行磨削加工时所必需的)，电磁吸盘即被磁化。当不需要电磁吸盘吸持工件，进行磨削加工时，必须操作充退磁选择旋钮开关 SA_1，使之处于中间位置，应用其他方法固定工件，再操作充退磁选择旋钮开关 SA_1，使之处于退磁位置，方可启动砂轮电动机 M_1 和液压电动机 M_3。

③砂轮电动机启动和停止：

砂轮电动机—M_1 的主电路由 QF_1、KM 控制，当顺时针旋转磨头启动旋钮 SA_0 时，砂轮电动机即开始运转，此时，务必检查电动机 M_1 的运转方向(应为顺时针方向)，以便确认电源相序是否正确。若要停止砂轮电动机，只要按压磨头停止按钮 SB_2 即可。

④液压电动机 M_3 启动和停止：

磨削加工时，在启动液压电动机之前，首先必须操作充退磁选择旋钮开关 SA_1，使之处于充磁位置。电磁吸盘即被磁化，然后按压液压启动 SB_5，液压电动机即启动运转。

若要停止液压电动机，只要按压液压停止按钮 SB_4 即可。

⑤磨头快速升降电动机 M_4 的启动和停止：

通过操作使磨头升降运动来实现对工件的对刀和调整。磨头快速升降电动机 M_4，由装在床身正面的把手所联动的开关来控制。若把手往外拉，机械离合器断开，同时常开触点接通，按压按钮 SB_6，升降电动机正转，磨头快速上升；按压按钮 SB_7，升降电动机反转,磨头快速下降;SQ_2是磨头上升限位开关,一旦压上,升降电动机就不再上升。当磨头需要快速下降时,必须停掉砂轮电动机,否则不能实现磨头快速下降。

⑥冷却电动机－M_2通过插座－XS_1插接与－M_1并联,启动、停止受－SB_2、SA_0控制。

⑦电磁吸盘的工作:

电磁吸盘是供工件夹持用的,因此磨削前应将工件妥善放在电磁吸盘上,必须操作充退磁选择旋钮开关SA_1,使之处于充磁位置,则吸盘充磁,只有在确定电磁吸盘已可靠吸持工件后,才能使工作台纵向运动。当充退磁选择旋钮开关SA_1旋至退磁位置时,则吸盘退磁。

在充磁情况下,正常工作时,一旦失磁,则欠电流继电器断电,切断机床的控制电路,使砂轮停止旋转,台面停止移动,从而防止工件"飞出"事故。

项目学习评价小结

1. 常用机床电气维护考核标准

项目内容	配分	评分标准	扣分	得分
机床配电柜及电器元件拆卸	20分	(1)损坏或失落零件,每只扣10分; (2)拆卸顺序错误,每次扣5分; (3)工具应用不合理,每次扣5分; (4)零件、工具摆放杂乱,每次扣5分		
机床配电柜及电器元件装配	30分	(1)装配顺序错误,每次扣5分; (2)工具应用不合理,每次扣5分; (3)装配位置错误,每次扣10分; (4)损坏或多余零件,每只扣10分		
机床电气故障维修	30分	(1)故障判断错误,每次扣10分; (2)电器元件安装拆卸错误,每次扣5分; (3)万用表使用不当,每次扣10分; (4)线路图、实物图、连线图看不懂,每次扣5分		
安全文明操作	20分	每违反一次扣5分		
工时	180分钟	每超过10分钟扣10分		
开始时间:		结束时间:	实际时间:	

2. 学生自我评价

排除故障:根据下列故障现象,写出维修思路。

故障一:CD6140普通车床开机后水泵始终转动。

故障二:Z3040摇臂钻床 摇臂上升正常,但不能下降。

故障三:M7130卧轴矩台平面磨床砂轮架只能向下快速移动。

故障四:M7130卧轴矩台平面磨床热继电器经常跳闸。

故障五:CD6140普通车床按快速启动按钮就烧控制电路保险。

3. 项目评价报告表

项目完成时间：		年 月 日—— 年 月 日				
评价项目		评分依据	优秀 (10~8)	良好 (7~5)	合格 (4~2)	继续努力 (<2)
自我评价 (30)	学习态度 (10)	1. 所有项目都出全勤，无迟到早退现象。 2. 认真完成各项任务，积极参与活动与讨论。 3. 尊重其他组员和老师，能够很好地交流合作				
	团队角色 (10)	1. 具有较强的团队精神、合作意识。 2. 积极参与各项活动、小组讨论、操作等过程。 3. 组织、协调能力强，主动性强，表现突出				
	实践情况 (10)	认真完成项目任务：拆装过程准确无误，工具使用合理，各部件维护保养正确				
		自我评价总分	合计：			
小组内互评 (20)	其他组员	评分依据	优秀 (20~18)	良好 (17~15)	合格 (14~12)	继续努力 (<12)
		1. 所有项目都出全勤，无迟到早退现象。 2. 具有较强的团队精神、合作意识。 3. 积极参与各项活动、小组讨论、操作等过程。 4. 组织、协调能力强，主动性强，表现突出。 5. 能客观有效地评价组员的学习。 6. 能认真完成项目任务：拆装过程准确无误，工具使用合理，各部件维护保养正确				
		小组内互评平均分	合计：			
评价项目		评分依据	优秀 (50~48)	良好 (47~45)	合格 (44~42)	继续努力 (<42)
教师评价 (50)		1. 所有项目都出全勤，无迟到早退现象。 2. 完成项目期间认真严谨，积极参与活动与讨论。 3. 团结尊重其他组员和老师，能很好地交流合作。 4. 具有较强的团队精神，积极合作参与团队活动。 5. 主动思考、发言，对团队贡献大。 6. 完成学习任务，各项目齐全完整。 7. 项目完成期间有创新、改进学习的方法。 8. 能客观地评价同伴的学习，通过学习有所收获。 9. 能安全、文明规范地对各项目进行操作				
		教师评价总分	合计：			
		总分				

附录 A 低压电器产品全型号组成形式

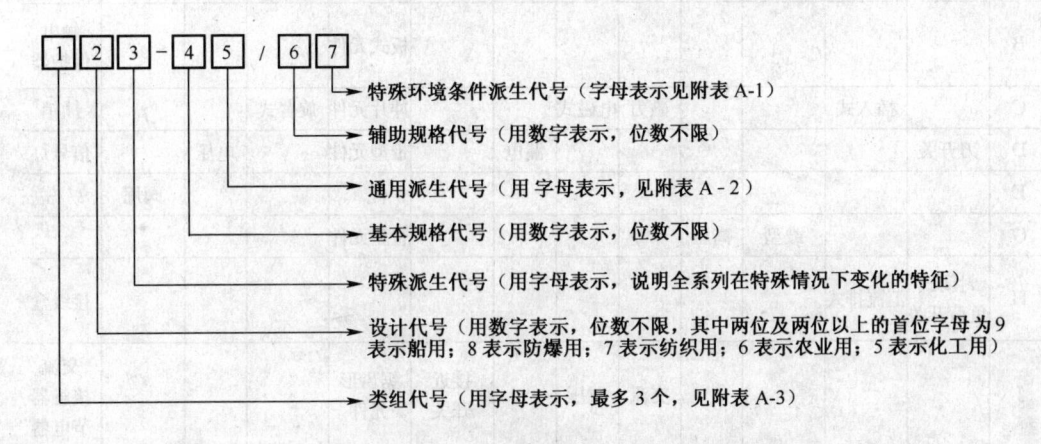

```
1 2 3 - 4 5 / 6 7
            │ │   │ │
            │ │   │ └→ 特殊环境条件派生代号（字母表示见附表 A-1）
            │ │   └→ 辅助规格代号（用数字表示，位数不限）
            │ └→ 通用派生代号（用字母表示，见附表 A-2）
            └→ 基本规格代号（用数字表示，位数不限）
  │ │ └→ 特殊派生代号（用字母表示，说明全系列在特殊情况下变化的特征）
  │ └→ 设计代号（用数字表示，位数不限，其中两位及两位以上的首位字母为9表示船用；8表示防爆用；7表示纺织用；6表示农业用；5表示化工用）
  └→ 类组代号（用字母表示，最多3个，见附表 A-3）
```

附表 A-1 特殊环境条件派生代号表

派生字母	说明	备注
T	湿热带临时措施制造	
TH	湿热带	
TA	干热带	此项派生代号加注在产品全型号后
G	高原	
H	船用	
Y	化工防腐用	

附表 A-2 通用派生代号表

派生字母	含义
A、B、C、D、…	结构设计稍有改进或变化
C	插入式、抽屉式
D	达标验证攻关
E	电子式
J	交流、防溅式、较高通断能力型、节电型
Z	直流、自动复位、防震、重任务、正向、组合式、中性接线柱式
W	无灭弧装置、无极性、失压、外销用
N	可逆、逆向
S	有锁住机构、手动复位、防水式、三相、三个电源、双线圈
P	电磁复位、防滴式、单相、两个电源、电压、电动机操作
K	开启式
H	保护式、带缓冲装置
M	密封式、灭磁、母线式
Q	防尘式、手车式、柜式
L	电流式、摺板式、漏电保护、单独安装式
F	高返回、带分离脱扣、纵缝灭弧结构式、防护盖式
X	限流
G	高电感、高通断能力型

附表 A-3 低压电器产品型号类组代号表

代号	H	R	D	K	C	Q	J	L	Z	B	T	M	A
名称	刀开关和转换开关	熔断器	自动开关	控制器	接触器	启动器	控制继电器	主令电器	电阻器	变阻器	调整器	电磁铁	其他
A						按钮式		按钮					
B									板式元件				触电保护器
C		插入式			磁力	电磁式			冲片元件	旋臂式			插销
D	刀开关						漏电		带型元件		电压		信号灯
E												阀用	
G			鼓型	高压					管型元件				
H	封闭式负荷开关	汇流排式											接线盒
J					交流	减压		接近开关	锯齿形元件				交流接触器节电器
K	开启式负荷开关					真空		主令控制器					
L		螺旋式	照明					电流		励磁			电铃
M		封闭管式	灭磁		灭磁								
P					平面	中频		频率		频敏			
Q										启动		牵引	
R	熔断器式刀开关						热		非线性电力电阻				
S	转换开关	快速	快速		时间	手动	时间	主令开关	烧结元件				石墨
T		有填料管式		凸轮	通用		通用	脚踏开关	铸铁元件	启动调速			
U					油浸			旋钮		油浸启动			
W			万能式		无触点	温度		万能转换开关		液体启动		起重	
X		限流	限流			星三角		行程开关	电阻器	滑线式			
Y		其他	其他	其他	其他	其他	其他	其他	硅碳电阻元件	其他		液压	
Z		组合开关	自复	装置式		直流	综合	中间				制动	

举例说明如下：

1. RT0-600/400TH RT 为类组代号，表示有填料管式熔断器；0 表示设计代号；600 表示熔断器额定电流为 600A；400 表示熔体额定电流为 400A；TH 表示湿热带型。全型号表示湿热带型 600A 有填料管式熔断器，熔体额定电流为 400A。

2. CJ12B-150 CJ 为类组代号，表示交流接触器；12 表示设计代号；B 为特殊派生代号，表示灭弧方式采用栅片；150 表示额定电流为 150A。全型号表示 150A 交流接触器，采用栅片灭弧。

附录 B 电气原理图中常用电气符号表

名称	图形符号	文字符号	名称		图形符号	文字符号	名称		图形符号	文字符号
一般三极电源开关		QS	按钮	启动		SB	速度继电器	常开触点		KA
组合开关		SA		停止				常闭触点		
空气开关		QF		急停			压力继电器			KA
限位开关	常开触点	SQ		旋钮开关		SA		线圈		
	常闭触点			复合		SB		断电延时线圈		
	复合触点		接触器	线圈		KM	时间继电器	通电延时线圈		
单极开关		S		主触点				常开延时闭合触点		KT
				常开辅助触点				常闭延时打开触点		
熔断器		FU		常闭辅助触点				常闭延时闭合触点		

201

(续)

名称	符号 图形符号	文字符号	名称	符号 图形符号	文字符号	名称	符号 图形符号	文字符号
时间继电器	常开延时打开触点	KT	制动电磁铁		YB	蜂鸣器		HA
热继电器	热元件	FR	电磁离合器		YC	接插器		X
	常闭触点		电位器		RP	电磁铁		YA
继电器	中间继电器线圈	KA	桥式整流装置		VC	电磁吸盘		YH
	欠电压继电器线圈	KA	照明灯		EL	三相绕线式异步电动机		M
	过电流继电器线圈	KI	信号灯		HL	单相变压器 整流变压器 照明变压器		T
	常开触点	相应继电器符号	电阻器	或	R	控制电路电源用变压器		TC
	常闭触点							
	欠电流继电器线圈	KI	电抗器	或	L	三相自耦变压器		T
转换开关		SA	电铃		HA	三相笼型异步电动机		M

参考文献

[1] 尚艳华．电力拖动．北京：电子工业出版社，2001.
[2] 许翏．工厂电气控制设备．北京：机械工业出版社，2000.
[3] 程周．电机与电气控制．北京：高等教育出版社，2005.
[4] 李明．电机与电力拖动．北京：电子工业出版社，2006.
[5] 刘子林．电机与电气控制．北京：电子工业出版社，2008.

参考文献

[1] 胡寿松. 电力系统. 北京: 电子工业出版社, 2007.
[2] 张晋. 门户网站的构建. 北京: 机械工业出版社, 2000.
[3] 王勇. 电脑动画大全集. 西安: 陕西教育出版社, 2002.
[4] 王新. 如何做市场调查. 北京: 电子工业出版社, 2005.
[5] 刘宁. 电脑维修实战. 成都: 电子工业出版社, 2008.